中国能源研究会
抽水蓄能专委会年会论文集
2023

中国能源研究会抽水蓄能专业委员会　组编

中国电力出版社
CHINA ELECTRIC POWER PRESS

图书在版编目（CIP）数据

中国能源研究会抽水蓄能专委会年会论文集. 2023 / 中国能源研究会抽水蓄能专业委员会组编. —北京：中国电力出版社，2023.12

ISBN 978-7-5198-8378-2

Ⅰ.①中… Ⅱ.①中… Ⅲ.①抽水蓄能水电站－工程技术－文集 Ⅳ.①TV743-53

中国国家版本馆 CIP 数据核字（2023）第 224560 号

出版发行：中国电力出版社
地　　址：北京市东城区北京站西街 19 号（邮政编码 100005）
网　　址：http://www.cepp.sgcc.com.cn
责任编辑：安小丹（010-63412367）
责任校对：黄　蓓　郝军燕
装帧设计：赵姗姗
责任印制：吴　迪

印　　刷：北京九州迅驰传媒文化有限公司
版　　次：2023 年 12 月第一版
印　　次：2023 年 12 月北京第一次印刷
开　　本：787 毫米 ×1092 毫米　16 开本
印　　张：21
字　　数：357 千字
定　　价：98.00 元

目　录

基于时序生产模拟的抽水蓄能促进新能源消纳作用量化研究

倪晋兵[1]，张云飞[1]，施浩波[2]，张　弓[1]，秦晓辉[2]，丁保迪[2]

（1. 国网新源控股有限公司抽水蓄能技术经济研究院，北京市　100761；
2. 中国电力科学研究院，北京市　100192）

摘要　构建新型电力系统是推动可持续发展、实现碳达峰碳中和目标的重要举措。抽水蓄能作为新型电力系统的重要组成部分，具有保障大电网安全、服务清洁能源消纳和促进电力系统优化运行三大作用。本文构建考虑系统整体碳排放的电力电量平衡模型，通过8760h时序生产模拟，对抽水蓄能在典型省级电网中促进新能源消纳的作用进行了量化研究。首先，结合某典型省级受端电网现有资源情况，通过有无抽水蓄能场景对比表明，配置抽水蓄能可以使系统风光综合弃电率分别下降6.3%和6.8%，当风光新能源装机比例提高9.74%时，配置相同容量抽水蓄能促进新能源消纳的电量提升约61.05%。其次，当抽水蓄能装机容量不断上升时，从对应曲线变化趋势可以看出，系统中配置抽水蓄能对促进新能源消纳和碳减排存在饱和效应；通过年度效益折算现值发现，抽水蓄能促进新能源消纳和碳减排的等效经济效益现值随容量不断增大逐渐与建设成本持平。最后，比较分析某典型省级受端电网与典型省级送端电网计算结果表明，由于两地负荷特点区别较大，抽水蓄能促进新能源消纳和碳减排取得的效果具有明显差异。

关键词　新型电力系统；抽水蓄能；促进新能源消纳；碳减排；等效经济效益

基金项目：国网新源公司科技项目（SGXYKJ-2002-042）。

0 研究背景

2020 年 9 月，习近平总书记在第 75 届联合国大会上作出“碳达峰、碳中和”庄严承诺，并在 12 月的气候雄心峰会上进一步宣布 2030 年我国非化石能源占比达到 25% 以上、风电太阳能发电装机达到 12 亿 kW 以上。2021 年 3 月，中央财经委员会第九次会议提出构建新型电力系统战略，指出“要着力提高利用效能，实施可再生能源替代行动”。在此形势下，我国风光等新能源进入高速发展期[1-3]。然而风光等新能源出力的波动性、随机性和间歇性为电力系统运行带来了巨大挑战，需在系统中配置大量的灵活性资源以保证系统的安全稳定和新能源的高效利用。

抽水蓄能是目前技术最成熟、应用最广泛、经济性最优的灵活性调节电源，在能源清洁低碳转型发展过程中充当着重要角色，能够在提高电网的调节能力与新能源消纳水平方面发挥重要作用[4-5]。2021 年 9 月，国家能源局发布《抽水蓄能中长期发展规划（2021—2035 年）》提出，到 2025 年，抽水蓄能投产总规模 6200 万 kW 以上；到 2030 年，投产总规模达到 1.2 亿 kW 左右。2022 年 6 月，国家发展改革委等九部门印发《“十四五”可再生能源发展规划》提出，要加快推进抽水蓄能电站建设。随着开发建设进度的不断加快，量化分析抽水蓄能在系统中促进新能源消纳、减少碳排放的作用有利于抽水蓄能价值效益的正确评价，有利于抽水蓄能科学合理规划，有利于抽水蓄能电站的科学调度运行。

国内外许多学者围绕优化抽水蓄能在系统中的容量配置提升风光等新能源的消纳开展了研究，文献［6-8］对新能源消纳的主要影响因素、考虑消纳成本的最优发展路径、建立新能源消纳影响因素的贡献度评估模型等方面进行了研究。文献［9-11］研究了风光出力和抽水蓄能的互补性，抽水蓄能参与风电等新能源联合供电系统的优化配置方案及经济运行计算模型。文献［12］针对抽水蓄能参与新能源电力系统并网消纳，以火电系统运行成本最低为优化目标，构建了风光火蓄联合发电系统优化调度模型。上述研究主要集中在电源结构和调度运行方式对新能源消纳的影响分析，在抽水蓄能促进新能源消纳效果及碳减排效益方面研究相对较少。

目前已有开展基于时序仿真模拟的新能源发展规划研究中，文献［13］提出一种基于时序仿真的新能源消纳措施量化评估方法，为电网制定新能源消纳措施提供了理论依据。文献［14］以最大化提升新能源消纳效益为目标，通过时序仿真模拟得到更为符合电力系统实际的运行模型，为地区风光建设提供指导。文献［15-16］根据风电多角度发电特性构建风电出力时间序列模型，为构建未来风电出力场景提供新方法。但均未涉及抽水蓄能在时序生产模拟中的模型构建及量化作用分析。

本文在已有研究的基础上采用了时序生产模拟方法以小时为时间间隔、以日为单位开展系统全年电力电量平衡分析，相对真实地模拟了电力系统调度计划安排和实际生产过程，通过生产模拟计算，得出抽水蓄能在负荷曲线上的工作位置、全年生产过程中的利用小时数、抽水发电电量等参数和系统整体的新能源消纳电量和碳排放量，实现抽水蓄能促进风光新能源消纳和碳减排作用的量化计算。

1　基于时序生产模拟的抽水蓄能促进新能源消纳和碳减排量化模型

本文采用时序生产模拟方法[17]，考虑新能源出力、火电出力、水电出力以及抽水蓄能出力特点为约束条件，在典型省级电网中进行电力电量平衡，通过全年 8760h 时序生产模拟计算系统弃风弃光电量和整体碳排放量，并使用折现方法分析了对应的等效经济效益。

1.1　电力电量平衡

1.1.1　电力平衡方面

电力平衡的本质是系统装机容量规划的充裕性问题。我国长期以来一直采用确定性准则（即保证一定的系统装机备用率）来衡量系统装机是否可以满足电力平衡的要求。

1.1.2　电量平衡方面

当生产模拟中出现因系统调峰不足而导致的新能源弃电时，需配置适量抽蓄和储能以减少新能源弃电，提高新能源合理利用率，尽量使得新能源利用小时数接近初始预计值。

抽水蓄能电站能够以抽水和发电两种工况参与平衡，其中，抽水工况以单机容量为最小单位参与平衡，发电工况一般按电站装机容量参与平衡，且抽水和发电电量都受上下库容限制，发电量同时受到转换效率影响。

1.2 时序生产模拟

时序生产模拟需要满足电力平衡、电量平衡和调峰平衡的约束，本研究中通过日前开机安排满足电力平衡，即结合新能源的出力预测，以及水电、抽蓄、储能的预安排情况，按照满足高峰负荷时刻备用容量要求，确定系统日前火电开机容量，以保证系统电力平衡，见图 1。

电量平衡与调峰平衡则是在日中基于日前确定的火电开机容量，通过合理安排各类电源的出力时序曲线及其在负荷曲线上的工作位置，实现对日负荷曲线的堆积填充。如图 2 所示，P_{L} 为系统负荷需求，P_{RES} 为新能源出力预测，E 为预测误差百分比，$P_{\mathrm{L}}-(1-E)P_{\mathrm{RES}}$ 为去除新能源日中模拟出力的系统净负荷曲线，体现了新能源优先消纳的原则。在此曲线上，首先需要把水电强迫出力安排到基荷位置；其次综合考虑来水情况、当日需发电量、水头高度以及强迫出力等多种因素，安排水电机组的工作位置，确定水电参与系统电力平衡的可计容量；然后再根据削峰填谷的需要，安排抽水蓄能工作位置；最后再根据净负荷曲线的高峰值和热备用需求，确定日内火电机组开机容量。

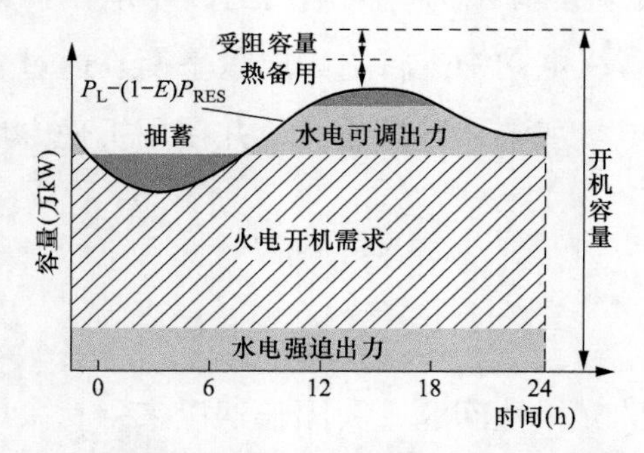

图 1 系统日前电力平衡模拟原理方法示意图

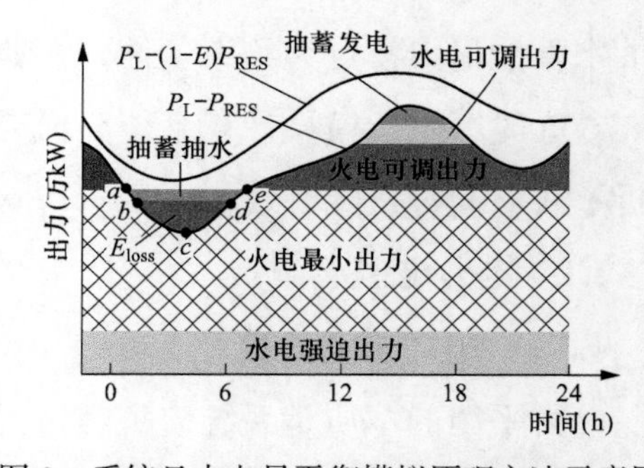

图 2 系统日中电量平衡模拟原理方法示意图

根据日前电力平衡确定的火电机组开机容量，在日中的最小出力部分将被安排在基荷位置，增加系统净负荷曲线低谷位置的调峰负担，在抽蓄抽水和储能充电的功能满载后，若仍存在调峰不足，将导致新能源产生弃电。

综上所述，在时序生产模拟中，抽水蓄能根据优先消纳新能源原则，以满足削峰填谷需求确定工作位置，降低风光波动导致调峰不足产生的弃电现象，起到促进新能源消纳的作用；通过降低火电利用小时数起到促进系统碳减排的作用。

1.3 风光弃电率计算

如图 2 所示，净负荷曲线低谷位置 *abcde* 围合面积为系统总调峰需求，抽蓄抽水和储能充电可以满足的调峰需求为 *abde* 围合面积，在不考虑联络线调峰等因素的情况下，*bcd* 围合面积为系统调峰缺口，对应新能源弃电量 E_{loss}，则风光综合弃电率 θ_{loss} 计算见式（1）：

$$\theta_{loss}=\frac{E_{loss}}{E_s}\times 100\% \tag{1}$$

式中：E_{loss} 为系统弃风弃光总量，亿 kWh；E_s 为系统风光总发电量，亿 kWh。

1.4　碳排放计算

本研究中系统整体碳排放量主要来源于燃煤机组和燃气机组等火电电源。构建的 8760h 生产时序模拟软件根据机组不同运行深度考虑了对应的单位煤耗变化。参考《2021、2022 年度全国碳排放交易配额总量设定与分配实施方案》，火电机组碳排放量计算公式见式（2）：

$$A_e=Q_e\times B_e\times F_1\times F_r\times F_f \tag{2}$$

式中：Q_e 为机组供电量，MWh；B_e 为机组所需类别的供电基准值，tCO_2/MWh；F_1 为机组冷却方式修正系数；F_r 为机组供热量修正系数，燃煤机组供热量修正系数为 1−0.22× 供热比，燃气机组供热量修正系数为 1−0.6× 供热比；F_f 为机组负荷（出力）系数修正系数。

1.5　抽水蓄能促进新能源消纳与碳减排对应等效经济效益计算

抽水蓄能促进风光等新能源消纳增加和碳减排增加产生的等效经济效益计算公式见式（3）：

$$V=V_1+V_2=Q_1\times P_e+T_1\times P_c \tag{3}$$

式中：V 为抽水蓄能促进新能源消纳和碳减排年度等效经济效益；V_1 为促进新能源消纳等效经济效益；V_2 为促进碳减排等效经济效益；Q_1 为增加风电、光伏消纳电量合计值；P_e 为典型省级电网对应燃煤标杆电价，某典型省级受端电网取 0.3634 元 /kWh，某典型省级送端电网取 0.2595 元 /kWh；T_1 碳减排量增加值；P_c 参照目前碳交易市场价格平均水平，暂取 60 元 /t。

假定典型场景年份计算得出的 V 值会随着系统中风光新能源比例的不断增加而增大，为简化计算，暂以假定场景年份计算得出的 V 值代表抽水蓄能经营期平均水平，将抽水蓄能年度经济效益换算成等效初始收益现值的计算公式，见式（4）

$$V_t=V\times[(1+i)\wedge n-1]/[i\times(1+i)\wedge n] \tag{4}$$

式中：V_t 为抽水蓄能促进新能源消纳和碳减排产生经济效益的等效初始收益现值；V 为抽水蓄能促进新能源消纳和碳减排年度等效经济效益；i 为内部收益率取；n 为经营期，参照《国家发展改革委关于进一步完善抽水蓄能价格形成机制的意见》中容量电价核算办法，i 取 6.5%，n 取 40 年。需要说明的是，V_t 值仅仅计算了抽水蓄能促进新能源消纳和碳减排产生的效益，对于抽水蓄能保障大电网安全、促进系统优化运行等其他效益暂未量化考虑。

2 抽水蓄能在典型省级电网中促进新能源消纳和碳减排作用量化研究算例

本研究主要构建三个算例，算例一以某典型省级受端电网 2025 年和 2030 年场景为研究对象，结合区域内已建及在建抽水蓄能电站实际情况，确定抽水蓄能容量为 604.6 万 kW，计算各场景对应促进新能源消纳量和碳减排量，并纵向对比了 2025 年和 2030 年配置抽水蓄能场景的差异；算例二在该典型省级受端电网 2030 年场景下，通过逐渐增加抽水蓄能装机容量，分析了促进新能源消纳和碳减排的变化趋势，并使用等效经济效益计算方法比较了抽水蓄能促进新能源消纳和碳减排产生的经济效益与抽水蓄能固定建设成本的关系；考虑到我国能源分布特点差异较大[18]，选取某典型省级送端电网构建算例三进行分析，并比较了抽水蓄能在不同特点电网中发挥促进新能源消纳与碳减排作用的差异。

2.1 算例一

2.1.1 场景构建

某典型省级受端电网 2025 年及 2030 年电网负荷和各电源装机情况见表 1 和表 2。

表 1　　2025 年与 2030 年某典型省级受端电网尖峰负荷及电量预测

项目	2025 年	2030 年
尖峰负荷（万 kW）	9100	10900
负荷总电量（亿 kWh）	4620	5471
受入电量（亿 kWh）	1092.7	1092.7

表 2　　2025 年与 2030 年某典型省级受端电网各电源装机容量预测

项目	2025 年	2030 年
燃煤机组（万 kW）	6141.7	6141.7
燃气机组（万 kW）	1596.4	1596.4

续表

项目	2025 年	2030 年
抽水蓄能机组（万 kW）	604.6	604.6
水电机组（万 kW）	48.2	48.2
风电机组（万 kW）	2908.0	4200.0
光伏机组（万 kW）	2755.0	4200.0
合计（万 kW）	14053.9	16790.9
风光新能源装机占比（%）	40.29%	50.03%

分别构建 2025 年、2030 年有无抽水蓄能模拟场景，见表 3。

表 3　2025 年与 2030 年某典型省级受端电网仿真模拟场景

场景	抽水蓄能装机容量（万 kW）
2025 无抽水蓄能	0
2025 有抽水蓄能	604.6
2030 无抽水蓄能	0
2030 有抽水蓄能	604.6

2.1.2　算例分析

（1）有无抽蓄配置场景对比分析。

上述场景分别进行 8760h 时序生产模拟仿真，2025 年无抽水蓄能场景风力发电 609 亿 kWh、光伏发电 335 亿 kWh、水电 11 亿 kWh、风力发电弃电 42.2 亿 kWh、光伏发电弃电 44.5 亿 kWh，采用式（1）计算得出新能源弃电率 8.4%，新能源消纳率 91.6%。同理计算得出 2025 年有抽水蓄能、2030 年无抽水蓄能和 2030 年有抽水蓄能各场景系统新能源消纳率，见图 3。

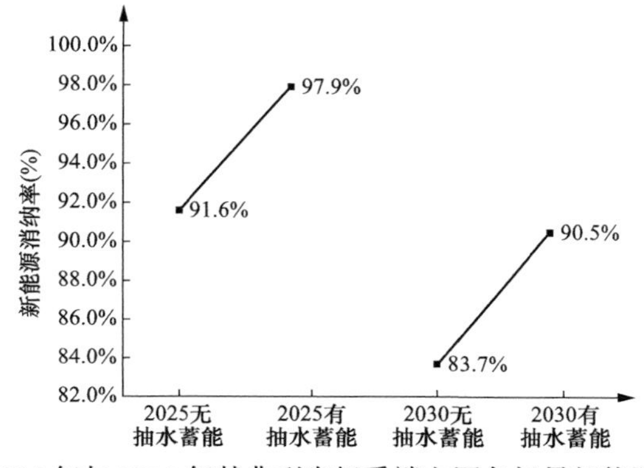

图 3　2025 年与 2030 年某典型省级受端电网各场景新能源消纳率

可以看出，系统中配置 604.6 万 kW 抽水蓄能，使 2025 年和 2030 年新能源消纳率分别上升了 6.3% 和 6.8%，对应系统中各机组的年利用小时数与发电量，见表 4。

表 4　2025 年与 2030 年某典型省级受端电网各机组年利用小时数与发电量

场景	年利用小时数（h）						发电量（亿 kWh）					电量不足（亿 kWh）
	风电	光伏	水电	燃煤	燃气	抽水蓄能	风电	光伏	水电	燃煤	燃气	
2025 年无抽水蓄能	2095.7	1216.7	2282.0	4188.0	3000.0	0	609.4	335.2	11.0	2572.2	478.9	0
2025 年有抽水蓄能	2203.4	1338.0	2282.0	4128.6	3000.0	3229.0	640.7	368.6	11.0	2535.6	478.9	0
2030 年无抽水蓄能	1956.0	1070.9	2282.0	4593.3	3533.8	0	821.5	449.8	11.0	2821.0	564.1	1.1
2030 年有抽水蓄能	2069.7	1205.4	2282.0	4601.2	3034.1	3250.1	869.3	506.2	11.0	2825.9	484.4	0.1

从表 4 可看出，2025 年有抽水蓄能场景与 2025 年无抽水蓄能场景对比，风光年利用小时数分别提高 107.7h 和 121.3h，发电量共计增加 64.7 亿 kWh，燃煤机组年利用小时数降低 59.4h，发电量降低 36.6 亿 kWh，燃气机组利用小时数及发电量保持不变；2030 年有抽水蓄能场景与 2030 年无抽水蓄能场景对比，风光年利用小时数分别提高 113.7h 和 134.5h，发电量共计增加 104.2 亿 kWh，燃煤机组年利用小时数降低 7.9h，发电量增加 4.9 亿 kWh，燃气机组年利用小时数减少 499.7h，发电量减少 79.7 亿 kWh。

随着燃煤与燃气机组的年利用小时数与发电量的下降，采用式（2）计算 2025 年与 2030 年碳排放总量，结果分别减少 430 万 t 和 460 万 t，见图 4。

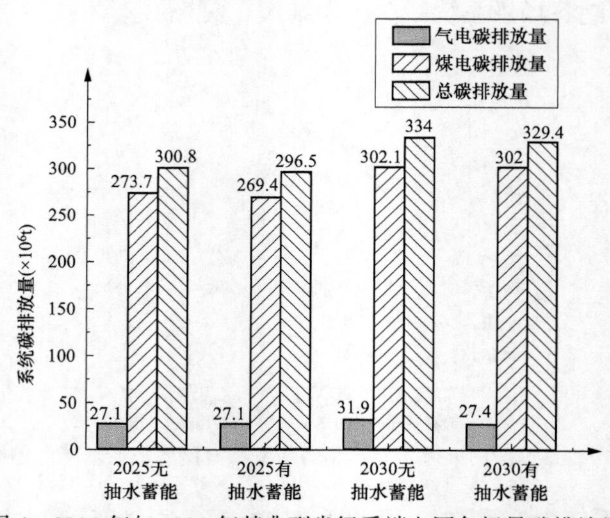

图 4　2025 年与 2030 年某典型省级受端电网各场景碳排放量

（2）系统内新能源比例增加时，抽水蓄能促进新能源消纳和碳减排作用分析。

对比2025年有抽水蓄能场景与2030年有抽水蓄能场景，系统总装机容量增加2737万kW，风光新能源装机容量占总装机容量的比例从40.29%增加到50.03%，此时在系统中同样配置604.6万kW抽水蓄能的情况下，风光发电量分别提高228.6亿kWh和137.6亿kWh。根据1.5所示方法计算等效经济效益，见表5。

表5　2025年与2030年某典型省级受端电网配置抽蓄促进新能源消纳与碳减排效益

场景	抽水蓄能装机容量（万kW）	促进新能源消纳电量（亿kWh）	促进系统碳减排量（万t）	年度效益（亿元）		
				促进新能源消纳	促进碳减排	合计
2025年无抽水蓄能	0	0	0	0	0	0
2025年有抽水蓄能	604.6	64.7	430	23.51	2.58	26.09
2030年无抽水蓄能	0	0	0	0	0	0
2030年有抽水蓄能	604.6	104.2	460	37.87	2.76	40.63

从表5可以看出，在抽水蓄能装机容量604.6万kW不变的情况下，随着系统中风光等新能源比例从2025年的40.29%增加到2030年的50.03%，提升9.74%，抽水蓄能促进新能源消纳电量从64.7亿kWh提升到104.2亿kWh，增加39.5亿kWh，提高61.05%，对应效益从23.51亿元提升到37.87亿元，提高61.08%。碳减排等效效益从2.58亿元提升到2.76亿元，增加0.18亿元，提高6.98%。整体效益从26.09亿元增加到40.63亿元，提高55.73%。

2.2　算例二

2.2.1　场景构建

以2030年某典型省级受端电网为研究场景，逐步增加抽水蓄能在系统中的装机容量，分析对应的促进新能源消纳和碳减排情况。考虑到目前典型抽水蓄能电站的装机容量规模一般为120万kW，以120万kW为单位逐步增加抽水蓄能电站装机容量构建21个场景，容量从0增至2400万kW。

2.2.2　算例分析

（1）不同场景促进新能源消纳与碳减排量变化趋势分析。

通过8760h时序生产模拟仿真，同上文依据仿真模拟数据采用式（1）计算得出 21 个场景下系统新能源消纳率，见图 5。

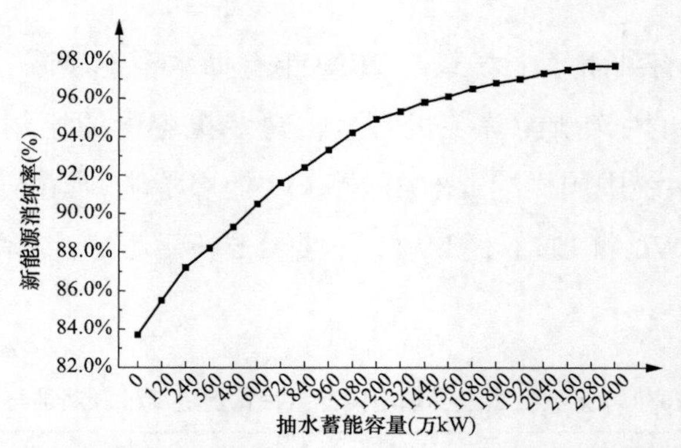

图 5　2030 年某典型省级受端电网各场景下新能源消纳率

从图 5 可以看出，随着配置抽水蓄能容量不断增加，系统新能源消纳率从 83.7% 持续上升到 97.7%，整体增长趋势由快变慢、趋于平缓，并在抽水蓄能容量达到 2280 万 kW 后达到最高值。场景中各机组年利用小时数与发电量的计算结果见表 6。

从表 6 看出，随着抽水蓄能电站装机容量的升高，系统风光机组的年利用小时数和发电量大幅度提升，燃气机组年利用小时数与发电量大幅度下降，燃煤机组年利用小时数与发电量呈现先上升后下降的趋势，主要由于系统负荷需求较大，存在电量不足导致。抽水蓄能的配置能够有效改善系统电量不足问题，本场景中当系统抽水蓄能配置容量超过 600 万 kW 时，电量不足问题基本得到解决。

表 6　　2030 年某典型省级受端电网各机组年利用小时数与发电量

抽水蓄能装机容量（万 kW）	年利用小时数（h）						发电量（亿 kWh）					电量不足（亿 kWh）
	风电	光伏	水电	燃煤	燃气	抽水蓄能	风电	光伏	水电	燃煤	燃气	
0	1956	1070.9	2282	4593.3	3533.8	0	821.6	449.8	11	2821	564.1	1.1
120	1988.8	1104.6	2282	4580	3447.9	3250	835.3	463.9	11	2812.9	550.4	0.7
240	2017.9	1137.1	2282	4600	3245.4	3250	847.5	477.6	11	2825.2	518.1	0.5
360	2031.3	1159.6	2282	4612.2	3140.1	3253	853.1	487	11	2832.6	501.3	0.3
480	2050.1	1182.8	2282	4613.3	3061.3	3252	861	496.8	11	2833.3	488.7	0.2
600	2069.3	1204.7	2282	4601.4	3034.5	3250	869.1	506	11	2826	484.4	0.1
720	2089.1	1225.6	2282	4583.6	3031.9	3249	877.4	514.8	11	2815.1	484	0
840	2102.3	1242.8	2282	4579.6	3002.2	3240	883	522	11	2812.6	479.3	0

续表

抽水蓄能装机容量（万 kW）	年利用小时数（h）						发电量（亿 kWh）					电量不足（亿 kWh）
	风电	光伏	水电	燃煤	燃气	抽水蓄能	风电	光伏	水电	燃煤	燃气	
960	2117.4	1259.6	2282	4566.9	3001.8	3227	889.3	529	11	2804.8	479.2	0
1080	2131.6	1276.3	2282	4555	3000	3209	895.3	536.1	11	2797.5	478.9	0
1200	2142.2	1290.7	2282	4546.5	3000	3187	899.7	542.1	11	2792.3	478.9	0
1320	2149.2	1299.5	2282	4543.8	3000	3142	902.7	545.8	11	2790.7	478.9	0
1440	2155.8	1309.3	2282	4540.4	3000	3089	905.5	549.9	11	2788.5	478.9	0
1560	2160.9	1317.1	2282	4538.8	3000	3030	907.6	553.2	11	2787.6	478.9	0
1680	2166.2	1325.6	2282	4536.1	3000	2967	909.8	556.8	11	2785.9	478.9	0
1800	2170.5	1333.2	2282	4534.2	3000	2900	911.6	560	11	2784.8	478.9	0
1920	2173.8	1337.8	2282	4534.3	3000	2817	913	561.9	11	2784.8	478.9	0
2040	2176.6	1342.6	2282	4534.3	3000	2737	914.2	563.9	11	2784.8	478.9	0
2160	2179.2	1347.8	2282	4533.5	3000	2654	915.3	566.1	11	2784.3	478.9	0
2280	2181.4	1352.4	2282	4532.8	3000	2581	916.2	568	11	2783.9	478.9	0
2400	2182.3	1354.3	2282	4533.5	3000	2488	916.6	568.8	11	2784.3	478.9	0

同时，随着抽水蓄能配置容量增加，系统总碳排放量从 33400 万 t 下降到 32380 万 t，共计减少 1020 万 t，见图 6，抽水蓄能容量配置未达到 1200 万 kW 时，增加抽水蓄能容量对系统减少碳排放量作用明显，整体上每增加 120 万 kW 装机容量，系统碳排放量减少 40 万～170 万 t 以上，当抽水蓄能容量配置达到 1200 万 kW 时，增加抽水蓄能容量对系统减少碳排放作用逐渐趋于缓和，整体上每增加 120 万 kW 装机容量，系统碳排放量减少仅在 0～30 万 t。

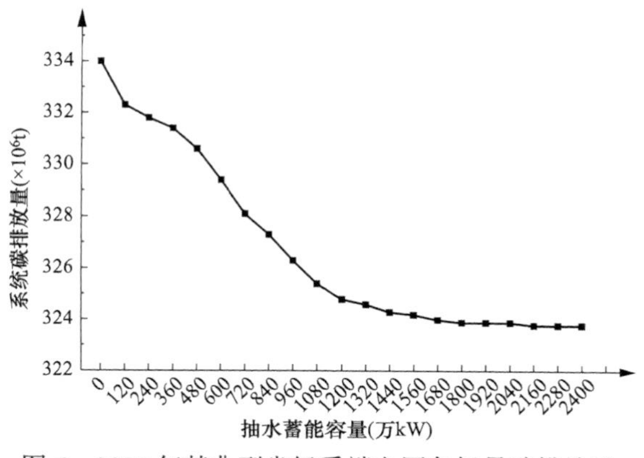

图 6　2030 年某典型省级受端电网各场景碳排放量

（2）不同场景等效经济收益与固定建设成本对比分析。

以 2030 年某典型省级受端电网基础场景做对比，计算配置抽水蓄能的各场景对应的新能源与火电发电电量变化及系统碳排放量，按照 1.5 所示方法计算与之对应的等效经济效益，并与 5500 元 /kW 固定指标计算的建设成本投入进行对比，见表 7。

表 7　2030 年某典型省级受端电网配置抽蓄促进新能源消纳与碳减排效益

抽水蓄能装机容量（万 kW）	各机组电量变化量（亿 kWh）				碳排放减少量（$\times 10^6$t）	年度效益（亿元）			等效初始收益现值（亿元）	固定指标投资（亿元）
	弃风	弃光	燃煤发电	燃气发电		促进新能源消纳	促进碳减排	合计		
0	0	0	0	0	0	0	0	0	0	0
120	−13.7	−14.1	−8.1	−13.7	1.7	10.10	1.02	11.12	157.86	66
240	−25.9	−27.8	4.2	−46	2.2	19.51	1.32	20.83	295.22	132
360	−31.6	−37.2	11.6	−62.8	2.6	25.00	1.56	26.56	376.27	198
480	−39.5	−46.9	12.3	−75.4	3.4	31.40	2.04	33.44	473.45	264
600	−47.5	−56.2	5	−79.7	4.6	37.77	2.76	40.53	572.61	330
720	−55.8	−65	−5.9	−80.1	5.9	43.90	3.54	47.44	671.63	396
840	−61.4	−72.2	−8.4	−84.8	6.7	48.55	4.02	52.57	743.63	462
960	−67.7	−79.2	−16.2	−84.9	7.7	53.38	4.62	58.00	821.01	528
1080	−73.7	−86.2	−23.5	−85.2	8.6	58.10	5.16	63.26	895.41	594
1200	−78.1	−92.3	−28.7	−85.2	9.2	61.92	5.52	67.44	954.54	660
1320	−81.1	−96	−30.3	−85.2	9.4	64.36	5.64	70.00	990.61	726
1440	−83.9	−100.1	−32.5	−85.2	9.7	66.87	5.82	72.69	1028.66	792
1560	−86	−103.4	−33.4	−85.2	9.8	68.83	5.88	74.71	1057.24	858
1680	−88.2	−107	−35.1	−85.2	10	70.94	6	76.94	1088.78	924
1800	−90	−110.1	−36.2	−85.2	10.1	72.71	6.06	78.77	1114.81	990
1920	−91.4	−112.1	−36.2	−85.2	10.1	73.95	6.06	80.01	1132.35	1056
2040	−92.6	−114.1	−36.2	−85.2	10.1	75.11	6.06	81.17	1148.76	1122
2160	−93.7	−116.3	−36.7	−85.2	10.2	76.31	6.12	82.43	1166.02	1188
2280	−94.6	−118.2	−37.1	−85.2	10.2	77.33	6.12	83.45	1181.01	1254
2400	−95	−119	−36.7	−85.2	10.2	77.77	6.12	83.89	1187.09	1320

从表 7 可以看出，随着抽水蓄能装机容量升高，该电网中促进新能源消纳与碳减排产生的等效经济效益逐渐提高。其中，促进新能源消纳年度效益从 10.10 亿元增加到 77.77 亿元，碳减排等效经济效益从 1.02 亿元增加到 6.12 亿元，年

度总效益从 11.12 亿元增加到 83.89 亿元。同时，当系统中抽水蓄能配置容量在 2040 万～2160 万 kW 时，促进新能源消纳和碳减排的等效经济效益现值逐渐与抽水蓄能建设成本持平。

2.3 算例三

2.3.1 场景构建

2030 年某典型省级送端电网为研究场景，电网负荷和各电源装机情况见表 8 和表 9。

表 8　2030 年某典型省级送端电网尖峰负荷及电量预测

项目	2030 年
尖峰负荷（万 kW）	3900
电量（亿 kWh）	1780
年外送电量（亿 kWh）	665

注　表中尖峰负荷为外送与自用负荷叠加后最大值。

表 9　2030 年某典型省级送端电网各电源装机容量预测

项目	2030 年
燃煤机组（万 kW）	3800
燃气机组（万 kW）	98
储能机组（万 kW）	800
水电机组（万 kW）	40
风电机组（万 kW）	2200
光伏机组（万 kW）	5200
合计（万 kW）	12138
风光新能源装机占比（%）	60.97

为研究该场景下配置不同抽水蓄能容量对应的促进新能源消纳和碳减排情况，同样以 120 万 kW 为间隔，逐步增加抽水蓄能电站装机容量构建 21 个场景，容量从 0 增至 2400 万 kW。

2.3.2 算例分析

（1）不同场景促进新能源消纳与碳减排量变化趋势分析。

通过 8760h 时序生产模拟仿真，同上文依据仿真模拟数据采用式（1）计算得出 21 个场景下系统新能源消纳率，见图 7。

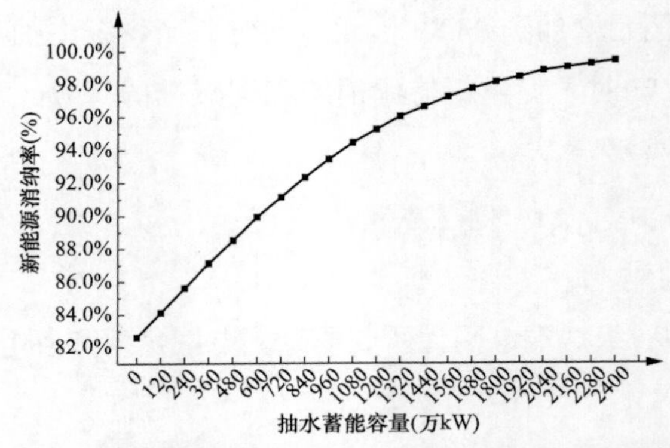

图 7　2030 年某典型省级送端电网各场景下新能源消纳率

从图 7 可以看出，随着抽水蓄能容量的不断增加，系统的新能源消纳率从 82.6% 持续上升到 99.4%，整体增长趋势由快变慢、趋于平缓，场景中各机组年利用小时数与发电量的计算结果见表 10。

表 10　　2030 年某典型省级送端电网各机组年利用小时数与发电量

抽水蓄能装机容量（万 kW）	年利用小时数（h）						发电量（亿 kWh）				
	风电	光伏	水电	燃煤	燃气	抽水蓄能	风电	光伏	水电	燃煤	燃气
0	2023.8	1002.9	3994.5	4259	4423.2	0	445.2	521.5	16	1575.8	43.3
120	2037.9	1030.6	3994.5	4256.1	4150	2553.5	448.3	535.9	16	1574.8	40.7
240	2051.9	1058	3994.5	4221.2	4150	2553.5	451.4	550.2	16	1561.9	40.7
360	2065.7	1084.9	3994.5	4187.2	4150	2556.3	454.5	564.2	16	1549.3	40.7
480	2079.3	1111.1	3994.5	4154.4	4150	2555.6	457.4	577.8	16	1537.1	40.7
600	2092.4	1136.1	3994.5	4125.1	4086.4	2555.2	460.3	590.8	16	1526.3	40
720	2105	1159.6	3994.5	4096.7	4081.8	2554.9	463.1	603	16	1515.8	40
840	2116.8	1181.1	3994.5	4073.4	4005	2554.7	465.7	614.2	16	1507.2	39.2
960	2127.6	1200.5	3994.5	4053.2	3946	2554.6	468.1	624.3	16	1499.7	38.7
1080	2137.7	1218.2	3994.5	4037.1	3846.9	2554.5	470.3	633.4	16	1493.7	37.7
1200	2146.6	1233.6	3994.5	4024	3768.4	2551.9	472.3	641.5	16	1488.9	36.9
1320	2154.8	1247.3	3994.5	4012.8	3717.3	2546.1	474.1	648.6	16	1484.8	36.4
1440	2161.9	1259	3994.5	4005	3672.9	2538.4	475.6	654.7	16	1481.8	36
1560	2168	1268.8	3994.5	3998.9	3660	2525	477	659.8	16	1479.6	35.9
1680	2173.5	1277.7	3994.5	3994.4	3621.2	2501.2	478.2	664.4	16	1477.9	35.5
1800	2178.1	1285.3	3994.5	3990.9	3592.9	2464	479.2	668.4	16	1476.6	35.2
1920	2181.9	1291.6	3994.5	3987.7	3577	2410.9	480	671.6	16	1475.4	35.1

续表

抽水蓄能装机容量（万 kW）	年利用小时数（h）						发电量（亿 kWh）				
	风电	光伏	水电	燃煤	燃气	抽水蓄能	风电	光伏	水电	燃煤	燃气
2040	2185.2	1297.1	3994.5	3985	3536.6	2342.3	480.7	674.5	16	1474.4	34.7
2160	2187.9	1301.8	3994.5	3982.5	3490.9	2266.2	481.3	677	16	1473.5	34.2
2280	2189.5	1305.8	3994.5	3980.4	3451.4	2184.2	481.7	679	16	1472.8	33.8
2400	2190.4	1308.5	3994.5	3978.5	3444.1	2100.1	481.9	680.4	16	1472	33.8

从表 10 可以看出，随着抽水蓄能电站装机容量的升高，系统风光机组的年利用小时数和发电量大幅度提升，燃煤机组、燃气机组年利用小时数与发电量大幅度下降。同时，随着抽水蓄能配置容量增加，系统总碳排放量从 12070 万 t 下降到 11220 万 t，共计减少 850 万 t，且下降趋势逐渐趋于平缓，见图 8，抽水蓄能容量配置未达到 840 万 kW 时，增加抽水蓄能容量对系统减少碳排放量作用明显，整体上每增加 120 万 kW 装机容量，系统碳排放量减少 70 万 t 以上，当抽水蓄能容量配置达到 840 万 kW 时，增加抽水蓄能容量使系统减少碳排放的增速逐渐趋于缓和，尤其是当配置容量达到 1680 万 kW 时，系统每增加 120 万 kW 装机容量，对应碳减排量不超过 10 万 t。

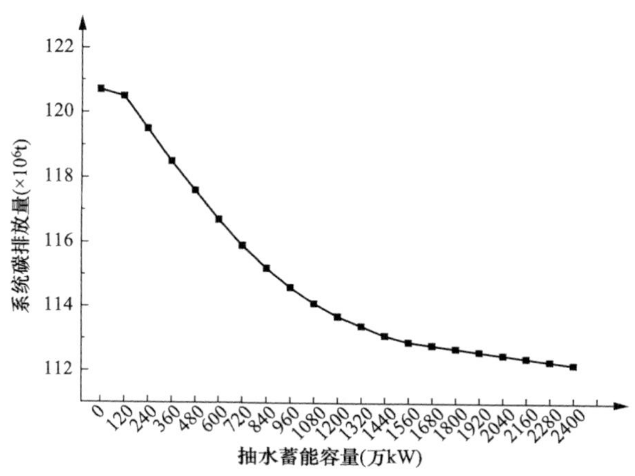

图 8　2030 年某典型省级送端电网各场景碳排放量

（2）不同场景等效经济收益与固定建设成本对比分析。

同样以 2030 年某典型省级送端电网基础场景做对比，计算配置抽水蓄能的各场景对应的新能源与火电发电电量变化及系统碳排放量，按照 1.5 所示方法计算与之对应的等效经济效益，并与 5500 元 /kW 固定指标计算的建设成本投入进行对比，见表 11。

表 11　2030 年某典型省级送端电网配置抽蓄促进新能源消纳与碳减排效益

抽水蓄能装机容量（万 kW）	各机组电量变化量（亿 kWh）				碳排放减少量（$\times 10^6$t）	年度效益（亿元）			等效初始收益现值（亿元）	固定指标投资（亿元）
	弃风	弃光	火电发电	燃气发电		促进新能源消纳	促进碳减排	合计		
0	0	0	0	0	0	0	0	0	0	0
120	-3.1	-14.4	-1	-2.6	0.2	4.54	0.12	4.66	65.92	66
240	-6.2	-28.7	-13.9	-2.6	1.2	9.06	0.72	9.78	138.34	132
360	-9.3	-42.7	-26.5	-2.6	2.2	13.49	1.32	14.81	209.5	198
480	-12.2	-56.3	-38.7	-2.6	3.1	17.78	1.86	19.64	277.82	264
600	-15.1	-69.3	-49.5	-3.3	4	21.9	2.4	24.3	343.74	330
720	-17.9	-81.5	-60	-3.3	4.8	25.79	2.88	28.67	405.55	396
840	-20.5	-92.7	-68.6	-4.1	5.5	29.38	3.3	32.68	462.28	462
960	-22.9	-102.8	-76.1	-4.6	6.1	32.62	3.66	36.28	513.2	528
1080	-25.1	-111.9	-82.1	-5.6	6.6	35.55	3.96	39.51	558.89	594
1200	-27.1	-120	-86.9	-6.4	7	38.17	4.2	42.37	599.35	660
1320	-28.9	-127.1	-91	-6.9	7.3	40.48	4.38	44.86	634.57	726
1440	-30.4	-133.2	-94	-7.3	7.6	42.45	4.56	47.01	664.98	792
1560	-31.8	-138.3	-96.2	-7.4	7.8	44.14	4.68	48.82	690.58	858
1680	-33	-142.9	-97.9	-7.8	7.9	45.65	4.74	50.39	712.79	924
1800	-34	-146.8	-99.2	-8.1	8	46.92	4.8	51.72	731.61	990
1920	-34.8	-150.1	-100.4	-8.2	8.1	47.98	4.86	52.84	747.45	1056
2040	-35.5	-153	-101.4	-8.6	8.2	48.92	4.92	53.84	761.6	1122
2160	-36.1	-155.5	-102.3	-9.1	8.3	49.72	4.98	54.7	773.76	1188
2280	-36.5	-157.5	-103	-9.5	8.4	50.34	5.04	55.38	783.38	1254
2400	-36.7	-158.9	-103.8	-9.5	8.5	50.76	5.1	55.86	790.17	1320

从表 11 可以看出，随着抽水蓄能装机容量升高，该电网中促进新能源消纳与碳减排产生的等效经济效益逐渐提高。其中，促进新能源消纳年度效益从 4.54 亿元增加到 50.76 亿元，碳减排等效经济效益从 0.12 亿元增加到 5.1 亿元，年度总效益从 4.66 亿元增加到 55.86 亿元。同时，当系统中抽水蓄能配置容量在 840 万～960 万 kW 时，促进新能源消纳和碳减排的等效经济效益现值逐渐与抽水蓄能建设成本持平。

（3）抽水蓄能在不同典型省级电网中促进新能源消纳和碳减排效果差异分析。

通过算例二与算例三的计算结果表明，不同特性的电网中配置抽水蓄能能够有效提升新能源消纳能力，减少系统碳排放量。但同时可以看出，抽水蓄能在不同的电网中发挥作用的效果有所区别。

在 2030 年某典型省级受端电网中，抽水蓄能容量配置达到风光新能源装机容量的 14.29%（1200 万 kW）时，系统减排增速逐渐趋于缓和，且系统中抽水蓄能配置容量占比在 24.29%～25.71%（2040 万～2160 万 kW）时，以固定指标计算的建设成本逐渐与抽水蓄能促进新能源消纳和碳减排产生的等效收益现值持平。而在 2030 年某典型省级送端电网中抽水蓄能容量配置达到风光新能源装机的 11.35%（840 万 kW）时，系统减排增速逐渐趋于缓和，且系统中抽水蓄能配置容量占比在 11.35%～12.97%（840 万～960 万 kW）时，以固定指标计算的建设成本逐渐与抽水蓄能促进新能源消纳和碳减排产生的等效收益现值持平。同时，不同容量抽水蓄能电站在该典型省级受端电网与典型省级送端电网中每年的利用小时数整体相差 696.7～387.8h，见图 9。

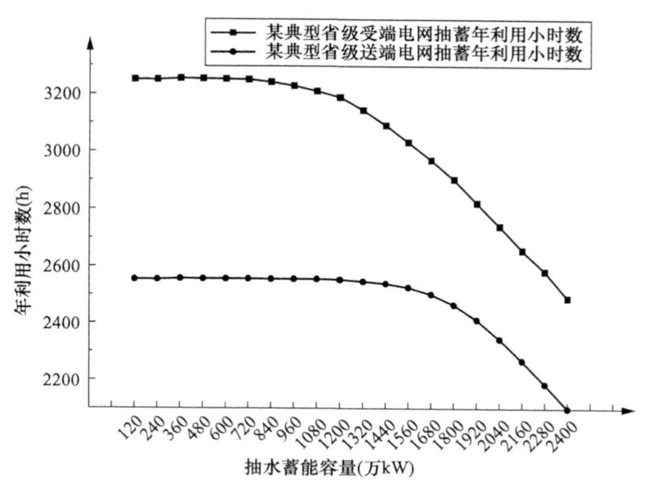

图 9　2030 年某典型省级受端电网与典型省级送端电网中抽蓄年利用小时数

产生这种差异的主要原因是两个典型省级电网之间的负荷特性不同，见表 12。

可以看出，该典型省级受端电网与送端电网相比，高峰负荷、最大日峰谷差、平均峰谷差更大，而负荷利用小时数偏小，说明该典型省级受端电网的负荷波动性更强，大容量的灵活性资源需求更大，配置的抽水蓄能得到了更充分地利用。因此，为了更好地发挥抽水蓄能促进新能源消纳和碳减排的能力，在实际规划过程中，需结合电网特性合理规划抽水蓄能电站的容量及开发时序。与此同时，随着未来负荷需求的不断增长，系统对抽水蓄能等灵活性资源的需求必将持续增大，其作用也将得到更充分的发挥。

表 12　某典型省级受端电网与某典型省级送端电网 2030 年负荷特性分析

项目	电量（亿 kWh）	高峰负荷（万 kW）	负荷利用小时数（h）	最大日峰谷差（万 kW）	最大峰谷比	平均峰谷差（万 kW）
某典型省级受端电网	5471	10900	5019	3623	1.64	1882
某典型省级送端电网	2445	3900	6593	755	1.46	465

3　结论

随着风光等新能源在电力系统中的不断渗透，电力系统的安全稳定运行受到巨大挑战。抽水蓄能作为目前技术最成熟、应用最广泛、经济性最优的灵活性调节电源，在能源清洁低碳转型发展过程中充当着重要角色。本文首次采用基于时序生产模拟的方法对抽水蓄能在不同典型省级电网中促进新能源消纳和减少碳排放的作用进行了量化研究，并得出以下结论：

（1）配置抽水蓄能能够使系统大幅提升新能源消纳能力、降低碳排放量，产生等效经济效益，且该效益随新能源比例增加提高。本文以 2025 年和 2030 年某典型省级受端电网为研究对象，配置 604.6 万 kW 抽水蓄能，新能源消纳率分别上升了 6.3% 和 6.8%，碳排放总量分别下降了 430 万 t 和 460 万 t；同时，风光等新能源比例从 2025 年的 40.29% 提升至 2030 年的 50.03% 时，抽水蓄能促进新能源消纳电量提高 61.05%，整体效益提高 55.73%。

（2）抽水蓄能在典型省级电网中发挥的促进新能源消纳和碳减排作用与负荷特性关系较大，需要在容量配置中予以考虑。文中 2030 年某典型省级受端电网和送端电网的计算结果表明，由于该典型省级受端电网算例对应的高峰负荷、峰谷差更大，因此系统对大容量灵活性资源需求更大，通过 8760h 仿真模拟得出的抽水蓄能利用小时数整体比典型省级送端电网高出 18.47%～27.28%，且系统出现碳减排增速缓和以及经济效益与建设成本持平时对应的配置容量比例比典型省级送端电网更大。

（3）系统中配置抽水蓄能对促进新能源消纳和碳减排存在饱和效应，促进新能源消纳和碳减排的等效经济效益现值随着抽蓄容量增加逐渐与建设成本持平，需要合理安排建设时序。本文研究的某典型省级受端电网中，抽水蓄能容量配置达到风光新能源装机的 14.29% 时，增加相同容量抽水蓄能对应的系统碳减排增速放缓，而抽水蓄能与风光新能源比例达到 24.29%～25.71% 之间时，抽水蓄能促进新能源消纳和碳减排产生的等效经济效益与建设成本逐渐趋于持平；同样算例三某典型省级送端电网中，系统减排增速趋于缓和对应的比例是 11.35%，等效经济效益与建设成本逐渐趋于持平对应的比例区间是 11.35%～12.97%。

在碳达峰、碳中和目标深入推进的过程中，以风光为主的新能源比例不断提高，配置抽水蓄能是促进新能源消纳、保障系统安全的重要手段。本文关于抽水蓄能促进新能源消纳的量化方法能够推广到碳中和前不同省级电网的年度典型场景中，为抽水蓄能中长期和远期规划提供支撑，为科学评价抽水蓄能在新型电力系统中的功能作用提供参考，为制定区域碳达峰、碳中和实现路径提供建议。本阶段对于抽水蓄能在保障大电网安全方面的量化还未做充分研究，未来将根据研究进展不断深入。

参考文献

[1] 蔡国伟，孔令国，杨德友，等. 大规模风光互补发电系统建模与运行特性研究［J］. 电网技术，2012，36（1）：65-71.

[2] 叶伦，姚建刚，杨胜杰，等. 含高比例可再生能源电力系统的调峰成本量化与分摊模型［J］. 电力系统自动化，2022，46（15）：20-28.

[3] 康重庆，姚良忠. 高比例可再生能源电力系统的关键科学问题与理论研究框架［J］. 电力系统自动化，2017，41（9）：2-11.

[4] 韩冬，赵增海，严秉忠，等. 2021 年中国抽水蓄能发展现状与展望［J］. 水力发电，2022，48（5）：1-4，104.

[5] 吕翔，刘国静，周莹. 含抽水蓄能的风水火联合机组组合研究［J］. 电力系统保护与控制，2017，45（12）：35-43.

[6] 牛东晓，李建锋，魏林君，等. 跨区电网中风电消纳影响因素分析及综合评估方法研究［J］. 电网技术，2016，40（4）：1087-1093.

[7] 董昱，梁志峰，礼晓飞，等．考虑运行环境成本的新能源合理利用率［J］．电网技术，2021，45（3）：900-909.

[8] 谢国辉，栾凤奎，李娜娜，等．新能源消纳影响因素的贡献度评估模型［J］．中国电力，2018，51（11）：125-131.

[9] 戴嘉彤，董海鹰．基于抽水蓄能电站的风光互补发电系统容量优化研究［J］．电网与清洁能源，2019，35（6）：76-82.

[10] 欧传奇．抽水蓄能与风电等可再生能源联合供电系统优化配置研究［J］．中国水能及电气化，2020（5）：39-44.

[11] 刘德有，谭志忠，王丰．风电—抽水蓄能联合运行系统的模拟研究［J］．水电能源科学，2006（6）：39-42，115.

[12] 李雄威，顾佳伟，王昕，等．风光火蓄联合发电系统日前优化调度研究［J］．水电与抽水蓄能，2022，8（3）：23-28.

[13] 李原，徐国强，王松，等．可再生能源消纳措施的量化评估方法研究［J］．太阳能学报，2022，43（8）：360-365.

[14] 曹阳，黄越辉，袁越，等．基于时序仿真的风光容量配比分层优化算法［J］．中国电机工程学报，2015，35（5）：1072-1078.

[15] 李驰，刘纯，黄越辉，等．基于波动特性的风电出力时间序列建模方法研究［J］．电网技术，2015，39（1）：208-214.

[16] 管霖，周保荣，文博，等．多风电场功率时间序列的时空相关性统计建模和运行模拟方法［J］．电网技术，2021，45（1）：30-39.

[17] 辛保安，陈梅，赵鹏，等．碳中和目标下考虑供电安全约束的我国煤电退减路径研究［J/OL］．中国电机工程学报：1-11［2022-10-27］．http://kns.cnki.net/kcms/detail/11.2107.TM.20220830.1454.004.html

[18] 王开艳，罗先觉，贾嵘，等．充分发挥多能互补作用的风蓄水火协调短期优化调度方法［J］．电网技术，2020，44（10）：3631-3641.

作者简介

倪晋兵（1972—），男，硕士，教授级高级工程师，研究方向为抽水蓄能规划及建设运营管理。E-mail：jinbing-ni@sgxy.sgcc.com.cn

张云飞（1990—），男，硕士，经济师，研究方向为能源规划、技术经济。E-mail：zhangyunfei_0512@163.com

施浩波（1977—），男，博士，教授级高级工程师，研究方向为电力系统分析。E-mail：hbshi@epri.sgcc.com.cn

张　弓（1987—），男，学士，工程师，研究方向为能源政策研究。E-mail：gong-zhang@sgxy.sgcc.com.cn

秦晓辉（1979—），男，博士，教授级高级工程师，研究方向为电力系统分析。E-mail：qinxh@epri.sgcc.com.cn

丁保迪（1991—），男，硕士，中级工程师，研究方向为电力系统分析。E-mail：dingbaodi@epri.sgcc.com.cn

本文已于 2023 年在《电网技术》第 47 卷第 7 期出版。

抽水蓄能电站斜竖井机械扒渣机研制与应用

吴　栋，张　帅，赵建青

（浙江缙云抽水蓄能有限公司，浙江省丽水市　321400）

摘要　在水利水电工程斜竖井过程中，经常需要工人在斜竖井中作业，人员井下作业风险大，为实现机械替代人工扒渣作业，通过研制一种具备遥控功能的电控液压机械系统，可实现替代人工井下扒渣施工。扒渣机械臂主要包括中心液压系统、支撑臂和带铲斗的主工作臂，可实现斜竖井井下遥控操作，安全性显著提升。设备主工作臂可通过更换液压铲斗，实现扒渣、钻炮孔等多种功能，通过模块化设计，设备具备优良的可维护性、扩展性、运行稳定性，适用于水电站斜竖井开挖、扒渣作业。

关键词　斜井；安全；扒渣；遥控；机械臂

0　引言

近年来，国家安全监管总局决定在煤矿、金属非金属矿山、危险化学品和烟花爆竹等重点行业领域开展“机械化换人、自动化减人”科技强安专项行动，重点是以机械化生产替换人工作业、以自动化控制减少人为操作，大力提高企业安全生产科技保障能力，斜井开挖是抽水蓄能电站建设过程中风险长期居首的关键项目之一，经过多年发展，纯爆破开挖法如正井开挖法、爬罐开挖法等逐渐淘汰，半机械反井爆破扩挖法如反井钻导井开挖与正井爆破扩挖结合逐渐成为主流，纯机械掘进法如 SBM 或 TBM 全断面机械掘进法正在进行试验研究，本文侧重对反井钻导井开挖与正井爆破扩挖结合的主流开挖方法中正井爆破扩挖过程中风险最高的人工扒渣环节进行研究，研制了一种悬挂式支撑挖掘机，并在浙江缙云抽水蓄能电站中应用，取得了良好的应用效果。

1 工程概况

浙江缙云抽水蓄能电站位于浙江省丽水市缙云县境内，上库地处缙云县大洋镇漕头村方溪源头，下库坝址位于方溪乡上游约 1.9km 的方溪干流河段上。电站主要包括上水库、下水库、输水系统、地下厂房及开关站、场内道路工程等。地下厂房内安装 6 台单机容量 300MW 的混流可逆式水轮发电机组，总装机容量为 1800MW。电站上水库正常蓄水位 926.00m，死水位 899.00m，有效库容 865 万 m^3；下水库正常蓄水位 325.00m，死水位 298.00m，有效库容 823 万 m^3。工程属一等大（1）型工程，主要永久建筑物按 1 级建筑物设计，次要永久建筑物按 3 级建筑物设计。

引水系统采用三洞六机两级斜井式布置，共计 6 条斜井。其中，上斜井开挖断面为 $D=7.4$m 圆形，全长 368m，下斜井开挖断面为 4.0m × 6.5m 马蹄形，全长 340m，上下斜井均属于长斜井，开挖工作量大，尤其井下人员扒渣作业，人员多，风险大。电站斜井工程用定向钻进行导孔施工，再采用反井钻机进行反导井施工，斜井扩挖利用导井作为溜渣井，机械臂扒渣加人工辅助，自上而下进行。为方便扩挖台车下放和运输小车运输，建设井口作业平台、绞车提升系统、轨道、扩挖台车的安装，再利用斜井提升系统牵引扩挖台车进行开挖，通过运输小车运送人员，施工人员在扩挖台车上进行钻孔施工。

2 机械扒渣设计方案比选

根据机械臂与钻爆扩挖台车的结合关系，机械臂设计有集成伸缩式、落地式、悬挂式三种选择方案。

方案一：伸缩式，机械臂和钻爆台车刚性联接，可在台车中部做直线伸缩，机械臂工作时伸出台车，闲置时缩进台车。

优点：机械臂工作时自身状态较稳定，整机设计较简单。

缺点：一是与钻爆台车刚性连接，机械臂工作时容易造成台车脱轨，存在安全风险；二是由于台车重心限制，机械臂只能布置台车中下部，机械臂只有顺斜井洞轴线方向伸缩和机械臂本身的旋转自由，覆盖范围有限，无法根据爆后堆渣形态做出灵活调整，不能全范围扒渣；三是由于与钻爆车刚性连接，只能随台车拼装，过程中出现故障后无法单独拆卸修理，且制造受钻爆台车限制，整装整拆，台车功能与机械臂功能相互干扰制约，由于台车很难在厂内标准化制造，从而导致伸缩式机械臂也无法脱离台车在工厂内单独制造，制造质量无法保证，在范围推广应用受阻。

方案二：落地式，即直接采用普通履带式小型挖掘机代替机械，工作时直接在爆堆上行走扒渣，闲置时通过轨道装置挂接在钻爆台车上。

优点：不需要单独设计及制造机械，市面上即有成品挖掘机，性能可靠，目前在特定条件已有应用。

缺点：一是斜井断面必须与挖掘机履带尺寸适应，由于目前成熟的反井钻机尺寸即导井尺寸为2.4～2.5m，较小断面的斜井在导井施工后，剩余空间不足以支撑履带式挖掘机移动；二是由于履带不能在漏斗面上移动，爆破掌子面不能设计成漏斗面，只能采用水平截面，扒渣效率因此降低1/3以上；三是履带式挖掘机体型较大，不能伸缩至台车内，对钻爆台车上的其他工序施工干扰及工效影响较大。

方案三：悬挂式，机械臂与钻爆台车采用柔性连接，工作时沉放至掌子面爆堆附近，利用4条支撑腿的伸缩长度、折叠方向及柔性联结的沉放深度调节机械臂任意位姿状态。闲置时折叠成最小长方体置放于台车内。

优点：能克服方案一和方案二的缺点，适应任意采用反井钻井施工导井的斜井及竖井，能够全覆盖扒渣范围。不影响台车自身稳定，能厂内批量制作，现场灵活安拆，便于推广应用。

缺点：机械臂自由度多，功能较复杂，制作难度大。

综上分析，三个方案，悬挂式机械臂虽然设计难度及制作难度较大，但适应能力最强，斜井，竖井均能使用，且独立于钻爆台车，能厂内批量制作，现场灵活安拆，在一些类似井巷的狭窄抢险环境，为避免履带覆压生命，也可改造应用，因此具备工程推广应用潜力。故本案选用悬挂式机械臂进行研究。

3 悬挂式机械臂总体设计

3.1 工况分析及整机体型设计

为确保扒渣效率，斜井爆破掌子面通常采用漏斗面设计，部份爆渣轻微碰触即可通过漏斗状爆破面溜滑至导井，不能溜滑的石渣大部份残留在斜井底部。斜井开挖采用的台车通常分 4 层设计，最顶层（第一层）为工器具层，第二、三层为支护操作层，第四层为钻爆操作层。第一层主要用于堆放风水管线缆、支护材料、小型工器具、液压动力系统、液压操作台。第二、三层用于施打锚杆孔、锚杆注安、挂钢筋网片、喷混凝土等。除喷混凝土外，其他支护工序需实现平行作业或流水施工。第四层用于打钻爆孔，施工人员站在台车上即可打钻爆孔及装药。扩挖台车结构如图 1 所示。

机械臂井下作业结构设计需充分考虑钻爆台车和扩挖掌子面两个因素，设计原则为既要考虑扒渣效率，又不能影响钻爆台车其他工序的施工，同时还要考虑方便安拆维修。综合以上因素，悬挂式机械臂通过固定在第三层平台横梁上的两台卷杨机提伸，闲置时整机收缩，以最小体积状态置放在第三层平台，工作时，下沉至掌子面上方后，整机撑开，4 个撑腿根据爆后堆渣高度确定撑脚状态，既可以支撑在四周洞壁上，也可以立放在爆渣周边岩体上。安拆既可以通过导井底部沉放和提升至钻爆台车底部固定或拆除，也可以随钻爆台车组装时提前固定。整体概念设计如图 2 所示。

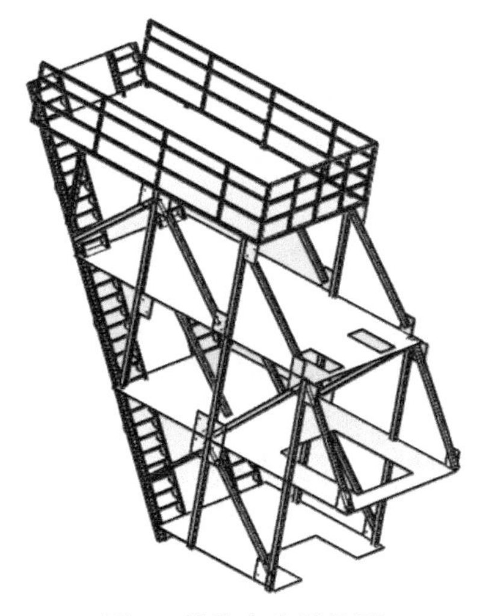

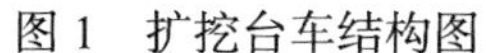

图 1　扩挖台车结构图

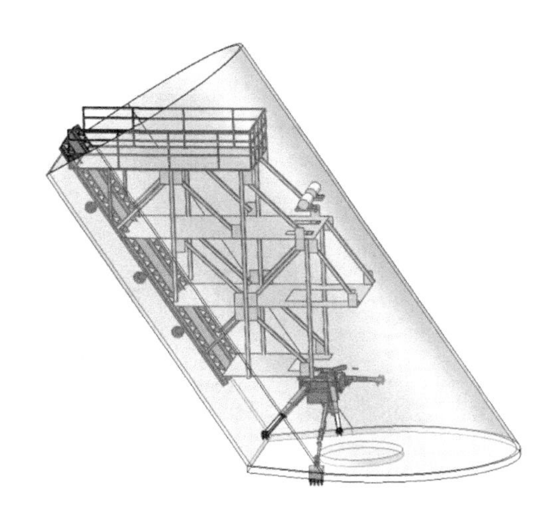

图 2　悬挂式扒渣机工作示意图

缙云抽水蓄能电站斜井断面直径为 7.5m，坡度 58°，掌子面采用漏斗型爆破设计，钻爆台车采用 4 层框架结构，第三层和第四层开孔，机械臂通过卷杨悬挂于第三层横梁，工作时通过开孔时沉放至掌子面撑开工作，闲置时缩放通过开孔提升至第三层存放，扒渣时根据爆渣形态动态调整撑腿及挖臂姿态，采用 solidwork 建模及位姿分析，机械臂尺寸确定如下：整机设备折叠后的尺寸长宽高为 1.7m × 1.2m × 2m。悬挂式机械臂局部撑开、收缩状态如图 3、图 4 所示。

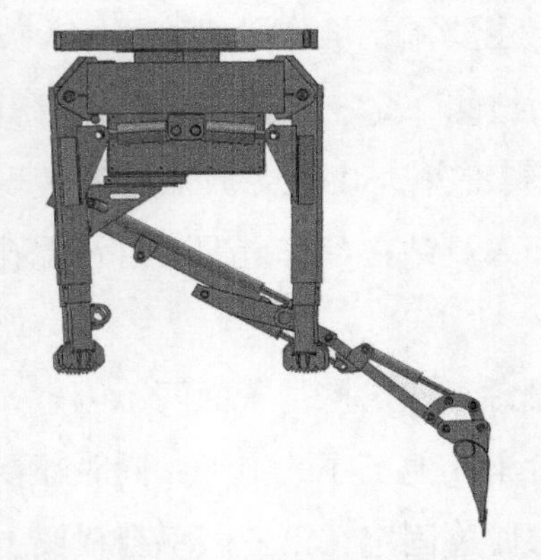

图 3　悬挂式机械臂局部撑开状态

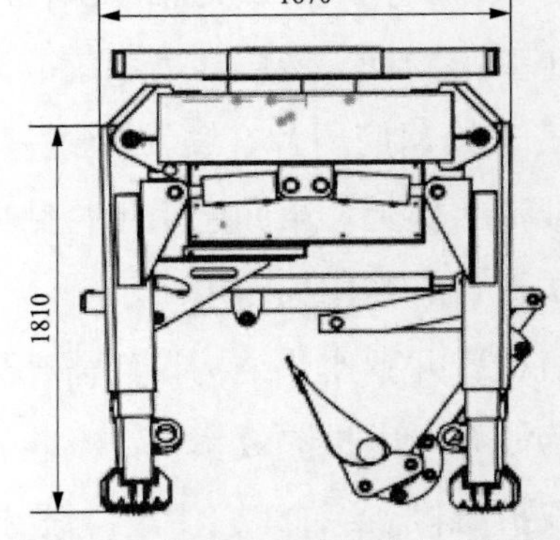

图 4　悬挂式机械臂局部收缩状态（单位：mm）

撑腿最大伸长 8420mm，支撑跨度 W2 最大为 2450mm，垂直方向最大可与机身持平，全撑状态俯瞰如图 5、图 6 所示。

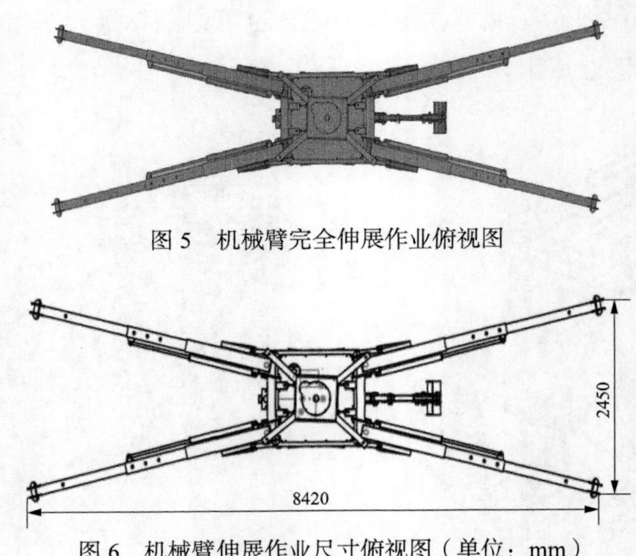

图 5　机械臂完全伸展作业俯视图

图 6　机械臂伸展作业尺寸俯视图（单位：mm）

斜井爆渣块径为 5～50cm，通过试验分析，挖斗挖掘力度应不小于 0.3t，采用人工扒渣的约为 2h，采用同等替代，机械臂挖掘速度至少也应达到 $0.4m^3/min$，由此确定相应的挖斗大小及电控液压响应速度等参数。由于钻爆台车悬挂荷载限制及提升系统安全可靠性要求，整机设备重量整机设备不宜超过 2t，利用钻爆台车已有施工动力电缆，采用最轻便可靠的电机及液压驱动方式可达到要求。

3.2 机械系统设计

扒渣机构主要由控制系统、伸缩臂、回转机构、大臂、大臂回转油缸、小臂、小臂油缸、铲斗、铲斗油缸和单向节流阀等部件组成。控制系统主要由控制箱、遥控操作装置等组成；伸缩臂主要由臂架、撑杆、伸缩油缸、伸缩臂、滑块、销轴等部件组成；扒渣机械臂主要由大臂、大臂回转油缸、小臂、小臂油缸、铲斗、铲斗油缸等部件组成。其原理是通过液压机构控制、滑移导轨配合滑块实现伸缩臂的伸缩，通过回转机构控制大臂作顺时针 / 逆时针转动同时带动小臂和铲斗转动，通过大臂回转油缸控制大臂作上下运动同时带动小臂和铲斗移动，通过小臂油缸控制小臂作上下运动同时带动铲斗移动，通过铲斗油缸控制铲斗作挖掘动作，如图 7 所示。

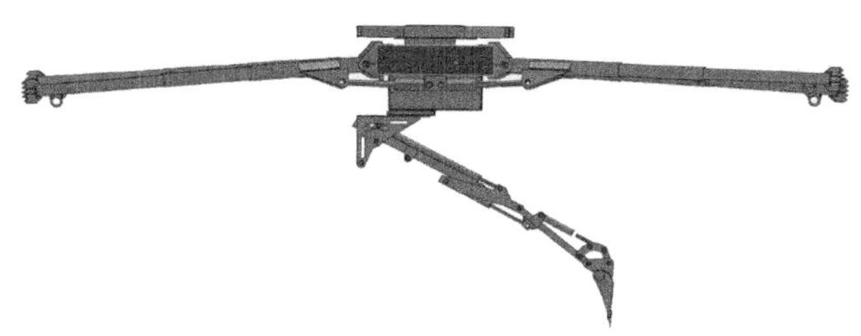

图 7 扒渣机械臂工作状态侧视图

4 机械臂主要部件设计

4.1 主要机械结构

由于机械臂大部分部件可参照小型挖掘机选取，只需要根据理论分析及试验情况选取合适的型号即可，本文仅对定制部分进行介绍。伸缩支撑腿的设计主要考虑斜井水平截面空间及台车层高及台车内的吊装孔大小。根据总体方案中初拟的机械臂全撑最大体型尺寸需求，单条伸缩支撑腿按 3 次伸缩设计，单节长 2m，每次支撑腿外管和内管之间配合大于 0.2m，不超过 1.0m，单腿全伸后大于 5m。支撑到岩壁后产生的作用力恰好能抵消机械挖掘工作时产生的后坐力，如图 8 所示。

根据总体方案中初拟的机械臂全收的体型尺寸需求及台车通常层高 2.1m（成人站立施工站立身位高度），矩形吊孔开口为 1.25m × 1.7m。卷扬根据机械整体重量 2t 进行选型。本案可伸缩挖掘臂含有大臂、小臂、连杆、弧形摇杆、挖斗等组件。普通的挖掘机一般是大臂固定长度，仅小臂具备伸缩的机能。而悬挂挖掘机采用俯挖状态，对伸缩自由要求更灵活，要求大臂也具备一定伸缩自由度，大臂伸缩幅度根据斜井水平截面大小确定，本案斜井直径为 7.5m，倾斜角度为 58°，大臂伸缩为 1.7m，其余部分参照小型挖掘机挖臂进行配套设计。

本设计含有两级圆周旋转系统：上旋转系统和下旋转系统。上旋转系统主要组件有：回转支撑轴承、液压马达、主动齿轮、固定部分、转动部分。通过上旋转系统调整卷扬钢丝绳状态。主机机身为长、宽、高为 1.2m × 1.7m × 0.7m 的长方体结构，内含有液压油箱、电动机、液压阀、电磁阀、PLC 控制机柜、电源系统、液压油冷却系统、高压泵、低压泵等组件。液压油缸与挖臂的进油和出油的管路连接。

卡爪装置能够在支腿撑开后，牢固地卡到岩壁上，抵消扒渣作业的时候产生的后作用力，同时，卡爪装置联合整机自重客服挖臂工作时向上产生的弯矩，避免整机向上抖动，造成整体失稳，如图 8 所示，卡爪含有双排 4 齿卡爪，中间有加强筋，5 个卡齿沿着圆弧分布，可以较大程度减少岩石打滑。卡爪材质为经过热处理的锰钢材质，具备良好的韧性和强度。经过现场多次测试，此种卡爪不会在岩石洞壁打滑，能够起到良好的固定作用。

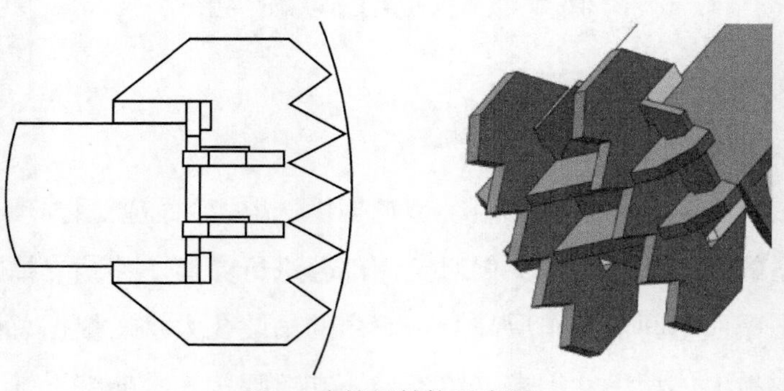

图 8　支撑爪结构示意图

4.2　动力系统

动力系统含有三相主电机、电机开关接触器、电机接触器驱动电路，并最终通过 PLC 的输出口进行控制电机开关。采用过流保护器提高系统稳定形。液压系统分为低压先导回路以及高压做功回路两个回路，两个系统独立存在。先导液压系统的作用是在电磁阀的开关作用下产生推拉力量，进而控制高压液压回路的控制阀。高压回路的液压阀采用中位 M 型机能，先导阀门采用的 O 形中位机能。确保系统运转但不做功的时候，先导回路有 5MPa 的液压油保压压力。同时，在高压回路的中位压力几乎为 0，做功的时候，高压回路产生 16MPa 的压力进行做功，保障控制系统的灵敏性，兼顾高压回路的安全性及做功时的压力需求。

4.3 控制系统

控制系统采用 380V 转 220V 变压器，220V 转 12V，24V 工控电源等组件。两路无线接收器通过 Modbus 协议和 PLC 主站通信。如图 9、图 10 所示分别为无线控制器和 PLC 的通信和控制框图，控制手柄发出信号，信号频率为 433MHz，经过编码器编码后发出，接收端输出 485 接口和 PLC 的通信端连接，经过 Modbus 协议和 PLC 程序的运算实现对应 I/O 口的输出。PLC 一共有 32 个输出能力，系统需要 28 路 PLC 输出口控制电磁先导阀，2 路控制电器启动和停止，2 路预留扩展用。采用 Modbus 协议通信，具备占用 I/O 口少，避免接线混乱，配电柜体积小型化等优势。

通信协议简单描述为：ModbusRTU从机模式；支持ModbusRTU功能码“03”(读数据寄存器)；上位机读取2个字节的键值寄存器。模块应答数据帧格式

地址	功能码	数据字节个数	数据	校验码
08	03	02	键值2 键值1	CRC16

功能码：一个字节，只支持功能码03，读数据寄存器数据字节。个数：两个字节。

数据：两个字节(16个位)，对应遥控器16个按键的值；校验：CRC16；波特率：19200；校验位：无；数据位：8位；停止位：1位。

图 9 无线控制器

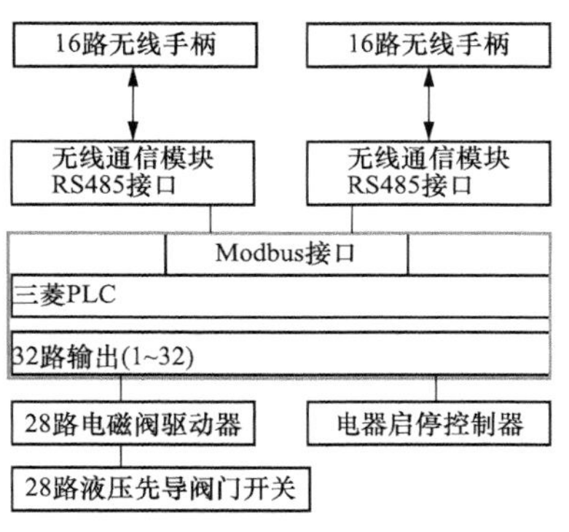

图 10 PLC 的通信和控制框图

5 实际运用成果

经多次优化设计和试运行调整，悬挂式扒渣机械臂成功应用于引水斜井扒渣作业，相比于人工扒渣效率提高了一倍，通过伸缩式设计和远距离操控，工人可在台车上进行操作扒渣，作业更安全，分离式设计扒渣过程中对台车无反力，扒渣完毕收缩置于台车底层，不容易被其他作业工序污染，同时不影响台车钻孔、支护作业，提升了斜井扩挖整体效率，同时也存在一些问题需进一步优化改进，如伸缩过程还不够灵活，所需时间较长，长期扒渣作业对支撑臂的刚度提出了更高要求，在后续的作业过程中持续进行改进。

6 结论及展望

（1）目前市场上挖掘设备有轮胎式、履带式及蜘蛛挖机等，悬挂式挖机研究尚属首次，在特定的斜井、竖井及抢险环境中，可以弥补市场空白。

（2）仅对斜井开挖中的扒渣工序机械替代相对于 TBM 全机械掘进技术，具有研发时间短、成本低等优势，结合当前爆发的抽水蓄能电站建设需求，工程类企业可与机械类企业跨行业联合，拓展市场内需，丰富工程机械种类，提升多样化的机械化制造能力。

（3）悬挂式机械臂采用全液压，可进一步与摄像头和计算机结合升级为全液压远程控制设备，显著降低人员下井作业风险。在自然界中，高级生命体的运动都是以肌肉肌腱的伸缩实现的，和液压油缸伸缩类似。液压技术和现代计算机技术结合，进一步整合 5G 技术，可制造出适应复杂施工环境的机器人。

参考文献

［1］ M. Raibert, K. Blankespoor, G. Nelson et al. Bigdog, the rough-terrain quadruped robot[C]// Proceedings of the 17th World Congress. 2008: 10823-10825.

［2］ C. Semini. HyQ—Design and development of a hydraulically actuated quadruped robot[J]. PD Thesis, University of Genoa, Italy, 2010 .

［3］ 王立鹏. 液压四足机器人驱动控制与步态规划研究［D］. 北京：北京理工大学，2014.

［4］ 马雨峰，刘林元，侯晓斌，等. 斜井扩挖机械扒渣技术在丰宁抽水蓄能电站的应用［C］// 抽水蓄能电站工程建设文集 2019. 中国水力发电工程学会电网调峰与抽水蓄能专业委员会. 北京：中国电力出版社，2019.

［5］ 黄金林，苏相利，唐贵和. 高压引水隧洞斜井开挖施工技术［J］. 铁道建筑，2009（6）：46-48.

［6］ 李坚，刘友旭，刘玉兵，浅谈深蓄抽水蓄能电站引水斜井开挖及支护工程施工技术［J］. 水利水电施工，2017（2）：10-16.

作者简介

吴　栋（1981—），男，高级工程师，主要从事水电水利工程管理工作。E-mail：dong-wu@sgxy.sgcc.com.cn

张　帅（1992—），男，工程师，主要从事水电水利工程管理工作。E-mail：1453792245@qq.com

赵建青（1997—），男，主要从事水电水利工程管理工作。E-mail：jianqing-zhao@sgxy.sgcc.com.cn

抽水蓄能电站一管双机切泵试验反演分析

郭　鹏，赵毅锋，周　攀，李东阔

（国网新源控股有限公司抽水蓄能技术经济研究院，北京市　100761）

摘要　抽水蓄能机组在抽水工况遭遇断电时的水力瞬变过程对机组及其压力管道系统的安全运行构成严重的威胁。通过应用经验模态分析法对抽水蓄能电站机组双机切泵试验测得的数据进行分解后得到实测数据趋势线，同时采用两款SIMSEN和浪淘石两款过渡过程计算软件进行反演计算。结合反演分析深入研究计算值与实测值的差异，显示数值仿真计算结果与实测数据的趋势线基本一致，验证了在机组双机切泵的极端工况下，蜗壳压力、尾水管压力、机组转速等控制参数满足设计要求，进而验证机组双击切泵的水力过渡过程计算的正确性，提高了水力过渡过程反演计算分析能力。

关键词　抽水蓄能；双机切泵；过渡过程；反演分析；经验模态分析

0　引言

“双碳”目标下，抽水蓄能是服务电力系统的“灵活调节电源”，起到稳电、调电、保电的作用。截至2022年底，中国已建抽水蓄能总装机容量4597万kW，在建抽水蓄能总装机容量为1.21亿kW；新投产抽水蓄能装机规模880万kW，核准总装机规模6890万kW。抽水蓄能电站迎来了高速发展的阶段。

抽水蓄能机组双向过流特性远比常规水轮发电机组复杂，且具有引水隧洞长、水头高和水击压力大的特点，对水力过渡过程的控制是保证电站机组安全的重要举措。抽水蓄能机组多采用引水系统一洞两机布置，机组双机切泵试验是验证抽水蓄能机组在停机的暂态过程中机组蜗壳压力、尾水管压力及转速等参数能否达到设计要求的一项重要试验。一旦发生同一个水力单元中的机组同时断电的情况，多机的压力波动会在上下游管路互相叠加，对引水管路和机组安全产生较大的威胁。抽水蓄能电站机组一管双机切泵试验保障了机组水力过渡过程的可靠和稳定[1-3]。

水利水电规划设计总院下发了《水电站输水发电系统调节保证设计专题报告编制暂行规定（试行）》，要求抽水蓄能电站在建设过程中从预可研至电站投运的每个阶段都需要依据不少于两款过渡过程计算软件成果来校核电站过渡过程的安全性。反演分析的目的：一是对机组现场双机切泵试验数据进行统计与对比分析，得出机组双机切泵试验的规律和特性；二是为机组后续过渡过程试验提供准确的修正量，如压力脉动值、计算误差等。因此，本文通过对抽水蓄能电站机组双机切泵试验测得的数据进行分析，应用经验模态分析（Empirical Mode Decomposition, EMD）将实测数据分离为趋势项和脉动项。同时，利用国内外SIMSEN与浪淘石两款过渡过程计算软件，开展抽水蓄能电站机组双机切泵试验水力过渡过程计算，提高水力过渡过程反演计算分析能力。结合反演分析深入研究计算值与实测值的差异，进而验证在机组双机切泵的极端工况下，蜗壳压力、尾水管压力、机组转速等是否满足设计要求，以验证机组双击切泵水力过渡过程计算的正确性。

1 试验数据分析的主要思路

本文主要针对机组双机切泵试验采集的蜗壳压力、尾水管压力原始数据进行分析。由于现场试验获得的实测值包含脉动和误差，而使用过渡过程软件得到的是均值压力。为了实现两者对比分析，需要采用EMD分析法对压力信号进行处理，将压力信号分解为趋势项和脉动项，并将趋势项与计算值对比。

EMD分析法是美国国家宇航局Norden E. Huang等人于1998年创造性地提出的一种新型自适应信号时频域的处理方法，依赖信号本身特征而自适应地进行信号分解，克服了基函数无自适应性的问题，特别适用于非线性、非平稳信号的分析处理。双机切泵试验属于非稳态过渡过程[4-5]。

EMD分析法通过将信号分解成一系列内涵模态分量（Intrinsic Mode Functions, IMF）的和。IMF就是原始信号被EMD分解之后得到的各层信号分量。对一个给定的信号 $x(t)$，EMD的分解方法如下：

（1）计算信号 $x(t)$ 的全部极值点。

（2）采用三次样条函数分别对极大值点与极小值点进行插值拟合，得到信号 $x(t)$ 的上、下包络线 $u(t)$ 和 $l(t)$。

（3）计算上、下包络线的均值曲线分别为：

$$m(t)=\frac{u(t)+l(t)}{2} \tag{1}$$

（4）从原始信号 $x(t)$ 中减去 $m(t)$，得到新的信号：

$$h_1(t)=x(t)-m(t) \tag{2}$$

（5）判断 $h_1(t)$ 是否是内涵模态分量，如果不是，则将 $h_1(t)$ 作为新的待分解信号重复上述步骤，直至第 i 次 $h_i(t)$ 满足内涵模态分量条件，记为 $c_1(t)$。

上述步骤又被称为内涵模态分量的筛分过程。由上述过程可以获得第一阶内涵模态分量。以原始信号 $x(t)$ 与第一阶内涵模态分量的差值 $r_1(t)$ 作为新的待分解信号重复上述过程获得第二阶内涵模态分量，并以此类推获得其他阶数对应的内涵模态分量。通过上述分解，原始信号可表征若干内涵模态分量与残差和的形式：

$$x(t)=\sum_{i=1}^{N}c_i(t)+r_N(t) \tag{3}$$

为方便，称第 i 次分解结果为第 i 阶内涵模态分量。低阶的内涵模态分量代表了高频成分，高阶的内涵模态分量代表低频成分，即：随着阶数的提高，内涵模态分量所表征的信号频率成分逐渐降低。信号的残差作为信号的趋势项亦可以看作是一个高阶的内涵模态分量[6-10]。

2　数值仿真计算模型

数值仿真主要采用 SIMSEN 与浪淘石两款水力过渡过程计算软件建立数值仿真模型，对双机切泵试验工况进行模拟，并与试验结果进行对比。根据计算值与实测值的差异进行反演分析，验证在机组双机切泵的极端工况下，蜗壳压力、尾水管压力、机组转速等参数是否满足设计要求。

2.1　电站基本情况

某抽水蓄能电站的总装机容量为 1200MW，装设有 4 台 300MW 的混流可逆水泵水轮机—发电电动机组，引水系统采用一管双机布置方式，引水管道设有阻抗式调压井，引水系统长 1400.7m，尾水系统长 1220.8m。水轮机额定功率

306.1MW，水轮机额定水头 540m，水轮机额定流量 62.09m³/s，水轮机工况最大净水头 565m，水轮机工况最小净水头 520m，水轮机额定转速 500r/min。水泵工况最大净扬程 580m，水泵工况最小净扬程 540m，水泵最大流量 53.35m³/s，吸出高度 −70.0m。转轮高压侧直径 3850.1mm，转轮低压侧直径 1934.9mm，转动惯量 3800t · m²，安装高程 93.0m。

调节保证设计主要控制参数：蜗壳进口处最大压力（含压力脉动和计算误差）≤887m，尾水管进口处最小压力≥0m（在考虑涡流引起的压力下降及计算误差修正后不低于此数值），机组最大转速上升率≤50%。

2.2 数值仿真模型

基于 SIMSEN 与浪淘石两款水力过渡过程计算软件平台，以某抽水蓄能电站 1 号水力单元为模型，建立包括上、下游水库，上、下游调压室，上、下游闸门井，引水管路，尾水管路及机组等元件的水力系统仿真模型，如图 1 和图 2 所示。

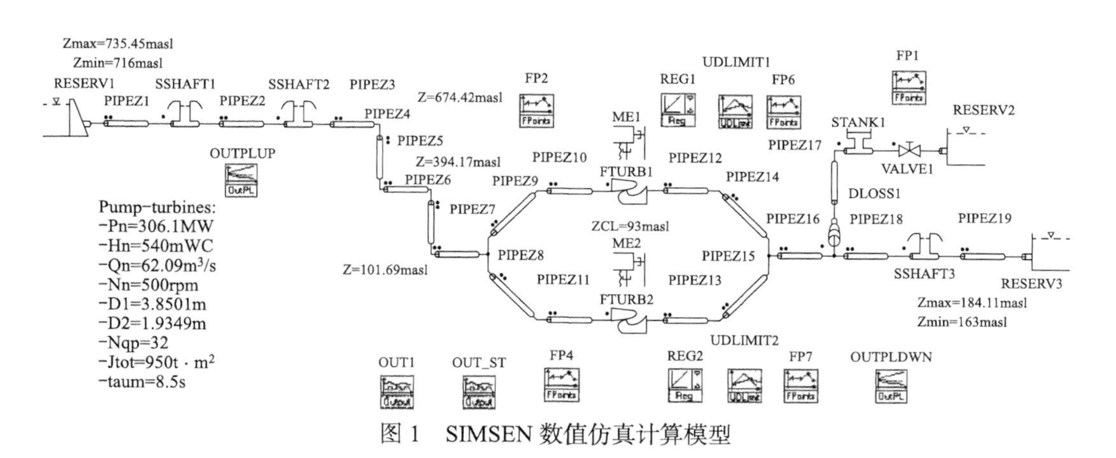

图 1 SIMSEN 数值仿真计算模型

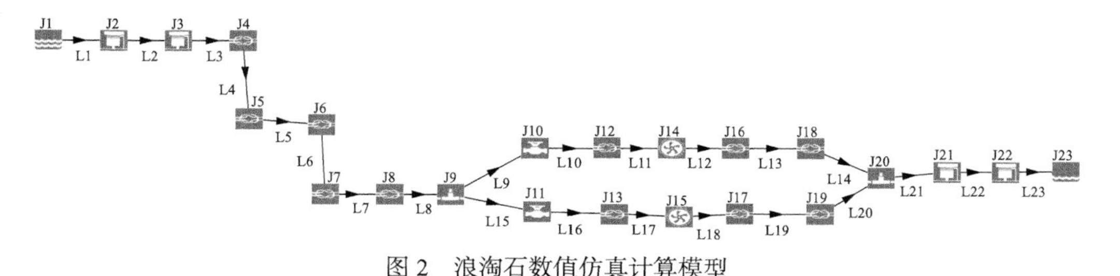

图 2 浪淘石数值仿真计算模型

3 双机切泵工况反演计算及分析

在上库水位 729.6m、下库水位 169.3m 条件下进行双机切泵试验，导叶正常关闭，导叶关闭曲线采用两段式折线关闭规律，如图 3 所示。

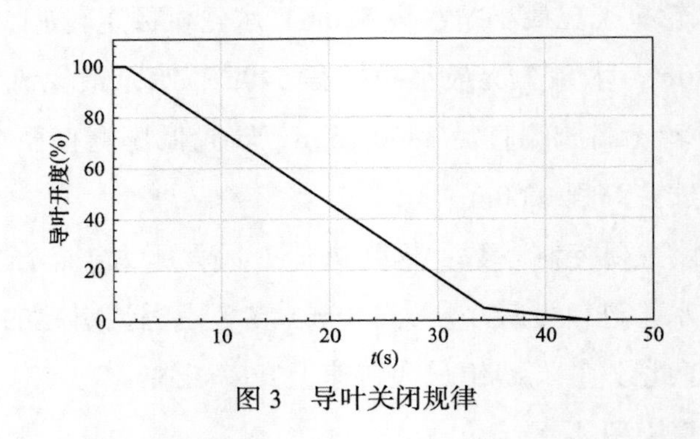

图 3　导叶关闭规律

抽水蓄能电站 1 号水力单元 1 号和 2 号机组双机切泵时的蜗壳进口压力、尾水管进口压力、机组转速等控制参数的数值仿真计算与实测趋势线的对比结果见图 4～图 9。

由图 4 和图 5 可知，对于电站 1 号水力单元水轮机双机切泵工况，1 号和 2 号机组蜗壳进口压力分别在 12.7s 达到最小值 439.47m 和 441.2m，其蜗壳进口最小压力下降率分别为 29.1% 和 29.6%，该计算控制值满足设计规范要求。蜗壳进口最大压力的最大计算结果 670.18m，满足蜗壳最大压力 887m 的控制要求。蜗壳进口最大压力计算值与实测值（649.26m）有相对较大的差异，但数值计算的结果较高，实际工程应用更加保守，设计偏安全。

由图 6 和图 7 可知，尾水管进口最大压力值非常接近，相差在 1% 以内。1 号和 2 号机组尾水管进口分别在 13.5s 达到最大值 121.37m 和 122.58m，其尾水管进口最大压力上升率分别为 69.3% 和 71%。尾水管进口断面的最小压力的最

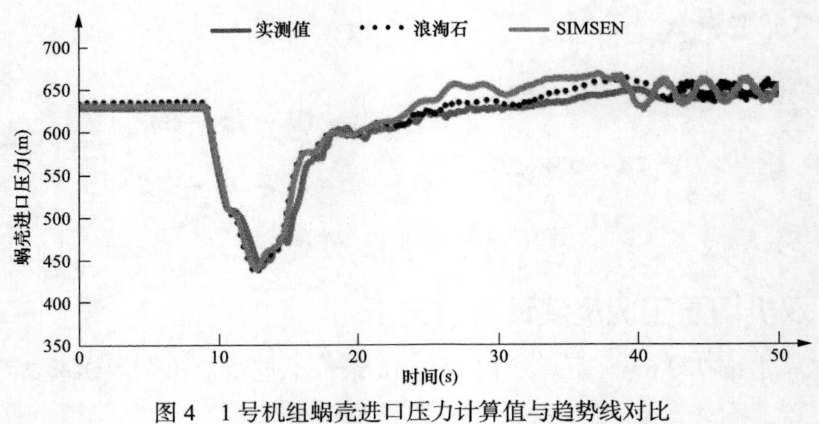

图 4　1 号机组蜗壳进口压力计算值与趋势线对比

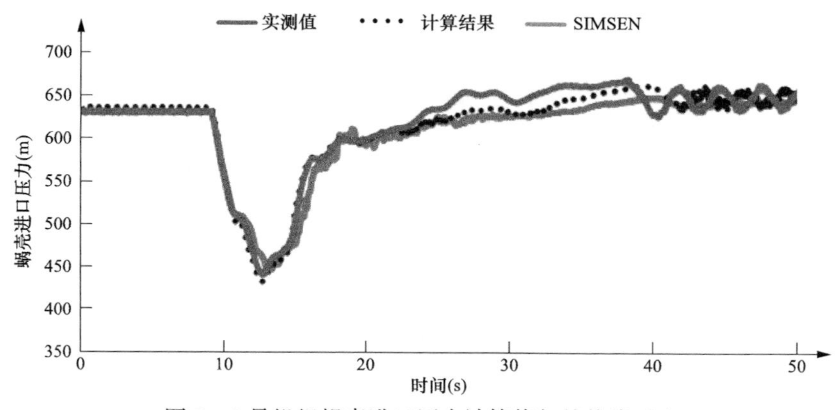

图 5　2 号机组蜗壳进口压力计算值与趋势线对比

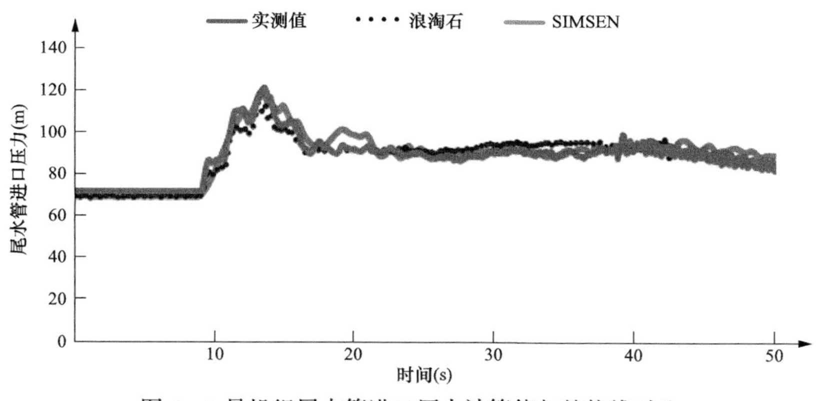

图 6　1 号机组尾水管进口压力计算值与趋势线对比

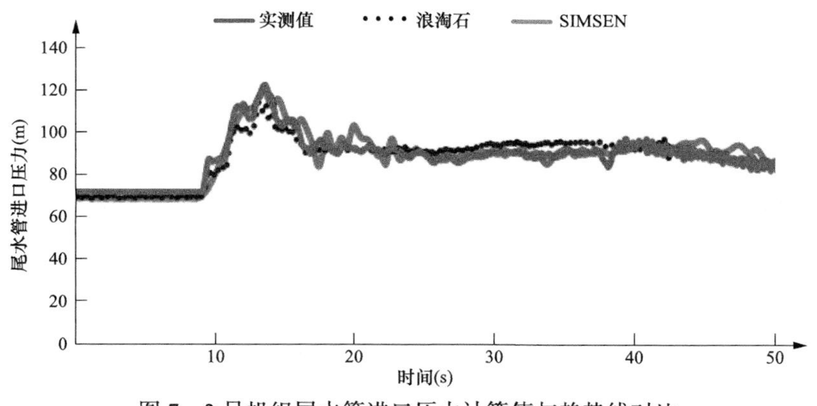

图 7　2 号机组尾水管进口压力计算值与趋势线对比

小计算结果为 59.94m，满足尾水管处最小压力不小于 0m 的设计规范要求。

由图 8 和图 9 可知，计算结果成功预见了机组在水泵断电的时候出现反转，机组反转转速最大上升值计算结果也与实测值非常接近。机组转速最大上升值计算结果也与实测值非常接近，相差在 1% 以内，最大转速计算结果 100.77%，且最大转速均未超过 40%。1 号和 2 号机组转速分别在 35.8s 和 35.5s 达到最大值 480.05r/min 和 503.85r/min，满足设计规范要求。

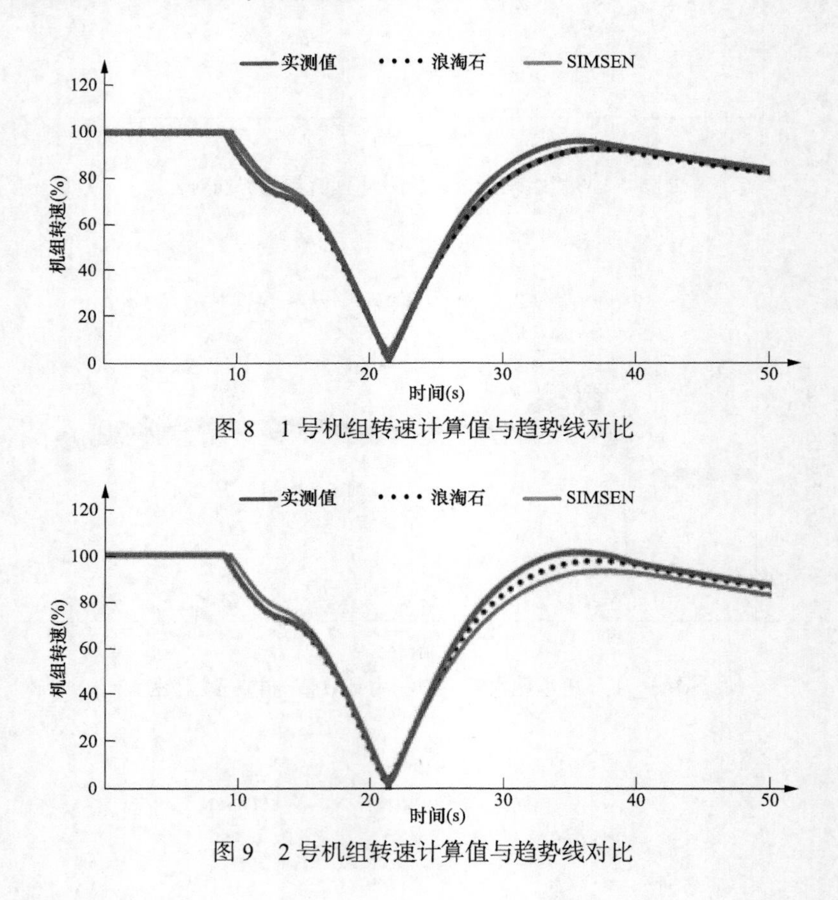

图 8　1 号机组转速计算值与趋势线对比

图 9　2 号机组转速计算值与趋势线对比

4　结论

由于数值仿真计算在建模时采取了一定的简化，不考虑水力学参数在断面内的差异，以该断面参数的平均值来表征断面的水力学特性，反演分析显示数值仿真计算结果与实测存在一定的偏差，但在工程应用可接受的范围内，数值计算的结果更偏向安全设计。两款计算仿真软件基本能反映双机切泵试验的蜗壳压力、尾水管压力等控制参数极值，计算结果与实测数据的趋势线基本一致，验证了电站过渡过程计算的安全性。后续将借助反演分析在获得实测结果后可对计算进行修正使其误差降低，总结计算值与实测值的差异规律，提高计算结果的可靠性，为更合理的进行抽水蓄能电站的过渡过程设计提供有效指导。

参考文献

[1] 赵亮，杨建东，石卫兵，等. 白莲河抽水蓄能电站首台机组低扬程下水泵工况抽水断电水力过渡过程研究[J]. 水利与建筑工程学报，2009，7(3)：129-131，148.

[2] 徐三敏，张飞，秦俊，等. 某抽水蓄能电站一管双机切泵试验分析[J]. 人民长江，2017，48(9)：79-82.

[3] 周喜军，杨静，丁景焕，等. 抽水蓄能电站过渡过程双软件反演分析[J]. 水电与抽水蓄能，2020，6(1)：51-56.

[4] 郑建兴，刘平，杨晖，等. 黑麋峰抽水蓄能电站机组甩负荷试验反演预测及主要特性分析[J]. 水电站机电技术，2016，39(S2)：44-49，95.

[5] HUANG Norden E., ZHENG Shen, STEVEN R. Long, et a1. The empirical mode decomposition and the Hilbert spectrum for nonlinear and non-stationary time series analysis[J]. Proceedings of the Royal Society of London, Series A, 1998, 454(4): 903-995.

[6] 周大庆，张蓝国. 抽水蓄能电站泵工况断电过渡过程数值试验[J]. 华中科技大学学报(自然科学版)，2014，42(2)：16-20.

[7] 邓磊，散齐国，周东岳，等. 洪屏抽水蓄能电站首台机组抽水特性研究[J]. 水力发电，2016，42(8)：80-82.

[8] 蔡龙，刘昌玉，石天磊，等. 水泵断电工况下洪屏抽水蓄能电站1号机组特征参数数学模拟[J]. 水电能源科学，2017，35(2)：170-173，90.

[9] 李丰攀，周建中，顾然，等. 抽水蓄能机组水泵断电工况多目标优化调节[J]. 中国农村水利水电，2018(3)：155-160.

[10] 张厚瑜，林文峰. 某抽水蓄能电站双泵断电试验技术[J]. 黑龙江科技信息，2016(31)：158.

作者简介

郭　鹏（1986—），男，高级工程师，主要研究方向：水电机组性能技术评价。E-mail：guopeng0228@163.com

赵毅锋（1982—），男，高级工程师，主要研究方向：抽水蓄能机电设备运维技术研究。E-mail：yifeng-zhao@sgxy.sgcc.com.cn

周　攀（1983—），男，高级工程师，主要研究方向：水轮机调速器设计。E-mail：zp1983101@163.com

李东阔（1992—），男，工程师，主要研究方向：水力机械稳定性分析。E-mail：lidongkuo1992@163.com

国内首台变速机组转子铁芯 ELCID 损耗试验技术浅析

宋兆新，刘金栋，雷华宇，王英伟

（河北丰宁抽水蓄能有限公司，河北省丰宁满族自治县　068350）

摘要　国内首台抽水蓄能变速机组转子铁芯采用 0.5mm 厚的硅钢片叠置而成，转子铁芯作为发电电动机的核心部件，是发电电动机磁路的重要组成部分，同时承担着机组高速旋转产生的离心力和磁极拉力，其硅钢片的叠装质量以及硅钢片之间的绝缘是保障发电机安全运行的重要条件，一旦发生故障，将严重损伤设备。在转子铁芯组装完成后或机组检修时，可对铁芯进行损耗试验，较早地发现设备缺陷并处理，避免事故扩大，威胁机组安全稳定运行，一般常规的损耗试验需要采用大型开关柜及电缆，施工难度大，且电压高电流大，危险系数高。而国外通常采用 ELCID（Electromagnetic Core Imperfection Detector）技术对铁芯进行检测，本文主要介绍 ELCID 低磁通铁芯损耗试验在国内某抽水蓄能电站变速机组转子铁芯上的首次应用，详细介绍试验目的、原理及试验结果。

关键词　发电电动机；转子；铁芯；ELCID 损耗试验

0　引言

针对运行工况复杂的大型变速机组而言，其发电电动机转子铁芯通常采用机械强度高、低损耗的硅钢片在电站现场组装而成，由于变速机组复杂的运行工况，对组装环境、施工人员及安装质量要求很高，如果在施工组装过程中未达到控制标准或存在硅钢片绝缘损坏的情况，转子铁芯将可能存在质量隐患，绝缘损坏的硅钢片之间将会产生涡流，该涡流会沿着硅钢片的表面流动，与转子中心体铁芯挂钩支臂和铁芯穿心螺杆形成回路，极有可能造成局部过热，涡流处引起的热量会加剧绝缘老化[1-2]，严重时直接将绕组绝缘损坏并击穿，直接威胁机组安全运行。

一般在新设备组装完成后、交接试验或者机组检修时会进行损耗试验，用于检测发现铁芯是否存在缺陷并进行处理，确保机组设备质量。目前，ELCID低磁通铁芯损耗试验在西方国家已广泛应用，国内虽有相关标准[4]但实际应用较少，ELCID 试验方法比常规铁损试验具有风险系数低、工作便捷等优势，本文阐述了国内某抽水蓄能电站变速机组发电电动机转子铁芯组装完成后，采用ELCID 低磁通铁芯损耗试验方法对转子进行试验检测，通过试验检测证明转子铁芯叠装质量良好、硅钢片片间绝缘无损伤。

1　ELCID 低磁通铁芯损耗试验简介说明

ELCID 低磁通铁芯损耗检测设备由开关控制箱、励磁电缆、测试电缆、调压变压器、相位参考传感器、信号测试仪、手动小车、距离编码器、Chattock 磁位计及测试电脑等组成。试验设备和一次接线如图 1 所示，其使用方法是利用设备在铁芯上建立额定磁通 4% 的磁场，该磁场在铁芯周向形成闭环的回路，利用Chattock 磁位计沿着铁芯轴向进行检测，如果当铁芯的轴向叠片之间绝缘漆损伤

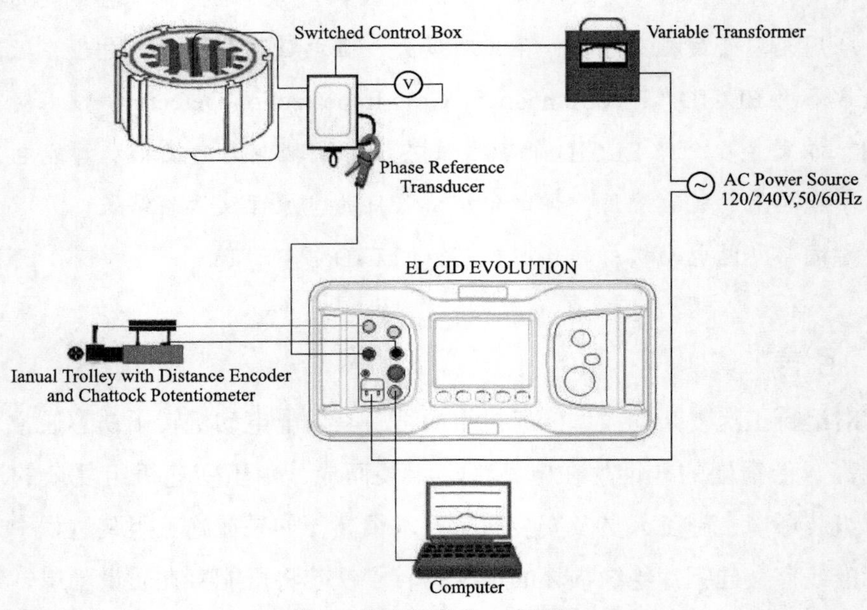

图 1　试验设备和一次接线

或存在其他金属异物时，导致该部分产生涡流发生短路，在故障区域内会感应出故障电流，该故障电流将会在信号处理器中显示并记录在测试电脑中。

2 试验原理

ELCID 低磁通铁芯损耗试验通过励磁设备在转子铁芯上产生类似环流的磁通，大约 4% 的磁通量，为了使转子铁芯中产生的磁通更加均匀，励磁线圈要从转子铁芯中心沿轴向布置，励磁线圈尽量靠近转子铁芯。根据全电流定律可知，磁场强度沿任一闭合回路的线积分，等于这个闭合回路所包围的电流。闭合回路由转子铁芯和空气两部分组成，转子铁芯的相对磁导率是空气的几千倍，由于施加励磁在转子铁芯产生周向环路磁场，磁场会在转子铁芯表面产生磁位梯度，使用试验 Chattock 磁位计可以测量到转子铁芯的磁位差[4]，会在故障点中感应到的故障电流主要以 90° 相位角从磁场流动，即正交电流或交轴电流，信号处理主机通过自取测量信号并同步进行分析，两种信号均可被显示并记录。Chattock 磁位计的工作原理如图 2 所示。

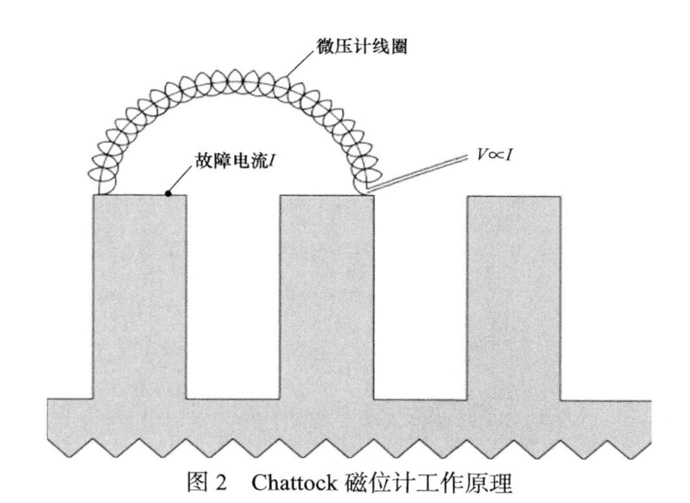

图 2　Chattock 磁位计工作原理

Chattock 磁位计实际是一个线圈，磁位计线圈的两端与转子铁芯组成闭合环路，所以在使用 Chattock 磁位计探测转子铁芯故障时，可以测量出 Chattock 磁位计测量端之间的感应电势，感应电势和电流的关系为：

$$U = \mu_0 \omega nAI = k\sum I \tag{1}$$

式中：μ_0 为空气中磁导率；ω 为电流的角频率；n 为磁位计单位长度上的绕组匝数；A 为磁位计绕组的横截面积；k 为磁位计参数相关的系数。μ_0 为常数；ω、

n、A 是与磁位计有关的常数；k 只与磁位计参数有关。

综上所述，Chattock 磁位计的感应电压只与电流的大小成正比。其感应到的磁场主要由两部分组成，一部分是励磁电缆在转子铁芯中产生的闭环磁场；另一部分是转子铁芯故障点涡流产生的磁场。当铁芯叠片之间绝缘受到损伤后，交变的磁通就会感应出故障处电流值，如图 3 所示。

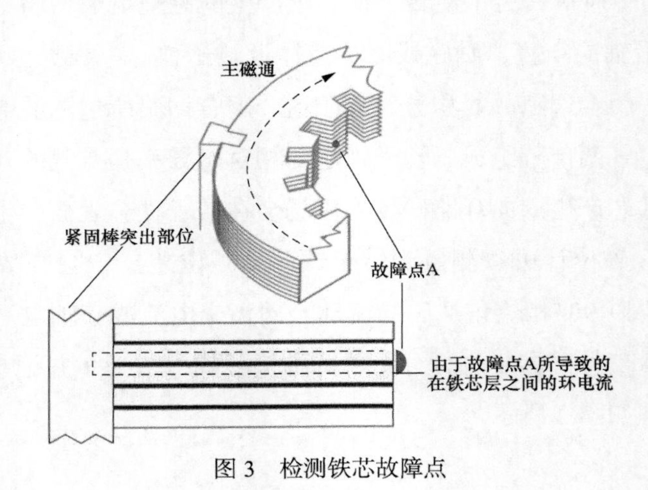

图 3　检测铁芯故障点

3　实例分析

3.1　试验前准备

ELICD 低磁通铁芯损耗试验前，全面检查转子中心体、支臂及铁芯并彻底清理干净；检查转子铁芯与支臂定位筋可靠接触；检查转子铁芯通风槽片、上下端部齿压板，保证各处无残留金属物件，穿心螺杆绝缘无损坏；检查转子中心体可靠接地，接地点布置在不妨碍试验的方向；检查试验仪器、仪表满足试验要求，供电电源已具备试验条件，如图 4 所示。

图 4　转子铁芯试验前状态

3.2　ELCID 低磁通铁芯损耗试验电源选择

低磁通铁芯损耗试验所需的励磁电压、励磁电流比常规的铁损试验要小得多，在试验时，利用 ELCID 低磁通铁芯损耗测试设备给转子铁芯施加 4% 的额定励磁磁通，发电机铁芯的额定励磁每圈所需要的励磁电压计算公式为：

$$U_{\mathrm{r}}=\frac{U_{\mathrm{i}}}{2\sqrt{3}Kt_{\mathrm{p}}} \tag{2}$$

式中：U_{i} 为发电机额定线电压；t_{p} 为每相串联匝数；$2t_{\mathrm{p}}$ 为每相导体根数；K 为绕组系数，通常取 0.92。

转子铁芯磁导率决定励磁电流大小。经验而言，铁芯周长上每米需要 3～10A 的励磁电流，就可以获得 4% 的额定励磁电压，极端情况需要 2～15A[5-9]。因此，ELCID 低磁通铁芯损耗所需的励磁电源容量应为：

$$S=0.04U_{\mathrm{r}}I \tag{3}$$

式中：I 为试验时通过铁芯的总安匝数。

3.3 试验设备参数

某抽水蓄能电站变速机组转子铁芯为 294 槽，共三相，接线方式为 Y 型 2 支路，$t_{\mathrm{p}}=49$，铁芯直径（外径）为 4870mm，铁芯高 3299mm，铁芯宽 950mm，周长约为 15.29m，机组运行时的额定电压 15.75kV，励磁电压为 3.4kV。

根据测试设备软件内部给定程序，将程序所需的设备参数逐项输入其中。经软件程序计算后，会得出试验所需的电压，试验电流根据现场试验实测得出。将软件程序计算值与上述公式理论计算值相比较，二者之间差异应很小。同时，依据上述两种计算结果，校核试验设备选型满足试验要求。在试验开始前，使用 ELICD 低磁通损耗试验专用的励磁电缆将转子铁芯沿着轴向进行缠绕，缠绕匝数可以在 1～6 匝选择，本次试验选择 2 匝[8-9]。

3.4 试验步骤

3.4.1 设备校准

按照图 5 进行试验设备接线，试验开始前利用试验仪器自带的校准单元进行 Chattock 磁位计校准，标准单元是指使用标准铁芯对 Chattock 磁位计进行校准，由于标准铁芯性能及绝缘良好，此时 ELICD 测试设备显示校准测量结果为 0mA。根据转子铁芯实际长度（3299mm）对小车进行长度校准，长度校准是指使

图 5　校准单元校准

用手推小车距离编码器对铁芯长度进行校准及调整，对比其测量的铁芯长度与铁芯实际长度一致。

3.4.2 试验测量

试验仪器校准完成后，调节手推小车两臂之间的宽度使其与两个铁芯齿部宽度一致，并调节手推小车紧靠转子铁芯，Chattock 磁位计的探头与手推小车连接牢固并紧靠铁芯表面，调节手推小车的测量弧度与铁芯实际弧度一致，见图 6。

图 6 手持小车调整

利用调压器施加较小的励磁电压值，注意观察电压变化趋势，并慢慢升高至 4% 的励磁电压，即铁芯内就可以产生 4% 的额定励磁磁通。根据提前在转子铁芯上下端做好的槽位号标记，从转子铁芯的某一槽开始，按照顺序对转子铁芯槽逐个进行检查，通过 ELCID 试验设备内部计算可以直观的得出试验检测结果，也可以通过测试电脑同步进行记录并保存，以便出现故障时进一步判断故障的大概位置。

4 试验结果分析

某抽水蓄能电站变速机组发电电动机转子铁芯均匀分布 294 槽，由于转子铁芯槽数较多，本次仅列举转子铁芯 1～30 槽的试验检测数据。

根据试验测试检测小于 100mA 的判断标准[4]，从试验测试数据表格中来看（见表 1），所有检测转子铁芯 1～30 槽的电流均小于 100mA，只有极个别转子铁芯槽的检测电流较大，进行了两次检测，比如转子铁芯第 17 槽，第一次测量时故障电流超过 100mA，现场检查该点发现铁芯槽中有一小块儿锡箔纸，是转子铁芯加热压紧时未清理干净的残余物，导致该点的检测电流值发生突变，清除残余物后重新测量该槽，满足试验要求小于 100mA。从试验波形上来看，转子铁芯 1～30 槽的所有检测电流均小于 100mA。将转子铁芯 294 槽试验数据（见表 1）全部对比分析判断，试验结果全部合格。

表 1　　　　试验测试数据

槽号	1	2	3	4	5	6	7	8	9	10
检测	14	−19	−27	20	−26	−48	17	−14	16	−30
距离	0.532m	0.060m	3.234m	0.466m	0.144m	−0.040m	0.082m	1.650m	0.030m	0.002m
槽号	11	12	13	14	15	16	17B	18	19	20
检测	−39	−36	−35	27	19	−16	−33	23	−59	−48
距离	3.310m	−0.042m	0.026m	0.192m	0.108m	−0.038m	1.200m	0.106m	1.424m	0.164m
槽号	21	22	23	24	25	26	27	28	29	30
检测	−33	−16	26	−20	−34	−21	−39	−30	−22	34
距离	3.286m	1.124m	0.436m	0.172m	3.284m	−0.072m	1.588m	0.246m	1.288m	0.932m

注　表中的检测结果为最大值。

5　试验注意事项

ELICD 低磁通铁芯损耗试验过程中应保持手推测量小车与转子铁芯靠紧，小车磁位计测量探头轻微离开铁芯表面，测试设备主机将会发出报警信号，导致试验数据测量不准确；手推测量小车要匀速在铁芯槽中上下滑动（见图 6），测量时应从铁芯槽的端部开始，不可随意跳动，测试顺序如图 7 所示；在测量过程中应时刻注意电压、电流的变化，试验保持在同一电压、电流下开展；在测量转子铁芯上端部时，升降梯应牢固，试验人员应做好个人安全防护及试验保护；严格按照试验指导书的要求开展试验，试验过程中发生任何疑问，按照现场试验负责人要求开展相关工作。

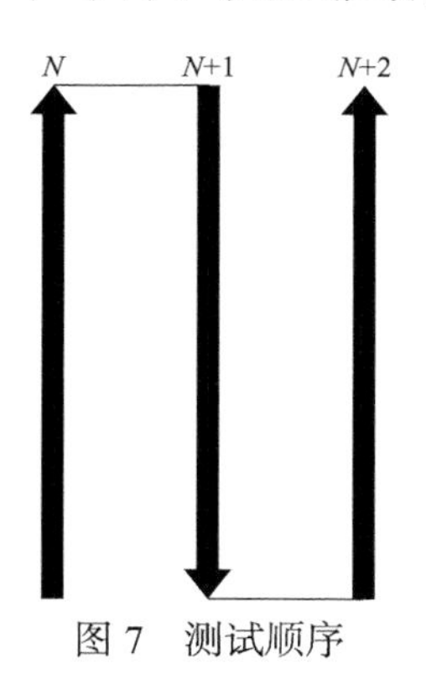

图 7　测试顺序

与常规方法（铁芯磁化试验）比较，对相同的铁芯短路有 5～10K 的温差。还要注意，在不同的励磁水平下进行试验测试，ELCID 判定电流的参考依据也要相应等比例地提高或降低。如果在 4% 的额定磁通下测得的故障电流超过 100mA 时，则需要进一步对铁芯进行检查，和历时试验数据进行对比分析[4]。

6　结束语

随着当今社会快速发展，新材料、新技术、新工艺、新设备不断被应用到抽水蓄能电站建设，给抽水蓄能发展带来前所未有的机遇，在发展的同时也带来更严格、更高要求的检测标准，用来保障设备安装完成后或检修时的质量，确保设备长期安全稳定运行。由于国内首次应用抽水蓄能变速机组技术，转子铁芯低磁通损耗试验与铁芯磁化试验没有相关标准及参考对象可以借鉴，通过与常规的定子铁芯磁化试验相比较，ELCID 低磁通损耗检测是一种高敏感度的检测技术，对铁芯中一些微小的损坏也可以检测出来，这种高敏感度检测技术对铁芯是否存在短路故障点提供可靠依据，同时还具备试验设备小、试验方式便捷、立即解读试验测试结果、电压等级低及风险系数小等优点。ELCID 低磁通损耗试验在国内变速机组上的首次应用，为抽水蓄能技术发展提供了实际应用经验及参考价值，并为抽水蓄能变速机组相关试验标准编制及国产化提供启发和指导作用。

参考文献

[1] 贾志东，白雨，张征平，等. 用于发电机定子铁芯的铁芯损伤电磁感应检测法检测原理分析［J］. 高电压技术，2015，41（1）：123-131.

[2] 舒武庆. ELCID 在汽轮发电机制造与修理中的应用［J］. 大电机技术，2013（11）：7.

[3] DL/T 596—2005，电力设备预防性试验规程［S］.

[4] GB/T 20385—2016，发电机定子铁芯磁化试验导则［S］.

[5] 关建军. 发电机定子铁芯 ELCID 试验分析与探讨［J］. 大电机技术，2012（7）：90.

[6] 孟萍. 发电机定子铁芯损耗试验方法研究［J］. 电气传动自动化，2016，38（1）：55-62.

[7] 林教，张峰，孙延旭. 1750MW 发电机定子铁心试验方案研究与应用分析［J］. 大电机技术，2017（2）：65-70.

[8] 王秀兰. 大型电机铁心故障实验检测与数值仿真分析［D］. 黑龙江：哈尔滨理工大学，2016.

[9] 解兵. 基于 ELCID 的发电机定子铁芯损耗试验［J］. 江苏电机工程，2010，29（5）：33-36.

[10] 王成亮. 基于低励磁法的发电机铁心故障检测研究［J］. 大电机术，2010（6）：9-13.

作者简介

宋兆新（1996—），男，助理工程师，主要研究方向：抽水蓄能电站变速机组设备安装调试管理。E-mail：1120404716@qq.com

刘金栋（1990—），男，工程师，主要研究方向：抽水蓄能电站建设及运维管理。E-mail：284607305@qq.com

雷华宇（1995—），男，助理工程师，主要研究方向：抽水蓄能电站变速发电电动机设备安装调试管理。E-mail：865482094@qq.com

王英伟（1992—），男，工程师，主要研究方向：抽水蓄能电站变速机组交流励磁设备安装调试管理。E-mail：823673986@qq.com

水泵水轮机顶盖垂直振动原因分析及拟制措施

陈泓宇[1]，林云发[2]，李开明[1]，张　超[1]，周　赞[1]，程永光[2]

（1. 中国南方电网调峰调频发电公司工程建设管理分公司，广东省广州市 511400；2. 水资源与水电工程科学国家重点实验室，湖北省武汉市 430072）

摘要　针对某306MW水泵水轮机在发电工况150～240MW负荷区间顶盖垂直振动异常问题，现场开展了顶盖振动和压力脉动测试、顶盖模态试验、顶盖ODS（运行变形）分析，发现了转轮振动传递到顶盖的物理现象，提出了向顶盖与转轮之间补气的减振措施。现场实施证明，极小量气体就能改变顶盖与转轮之间的流体特性，破坏了诱发振动的临界条件，使异常振动消除。这种在抽水蓄能机组上的首次尝试，为后续投运机组的类似问题提供了一种简单、实用、有效的解决方案。

关键词　水泵水轮机；顶盖振动；现场测试；补气减振

0　引言

“十四五”以来，我国抽水蓄能事业进入爆发式增长期，大量抽水蓄能电站进入设计、建设、投产阶段[1, 2]。水泵水轮机设计向更高水头、更宽水头变幅、高转速、大容量发展[3]，水泵水轮机在各种运行状态下的水—机—电—结构耦合特性和机理的复杂性凸显，有少部分新建电站出现了明显的异常振动和噪声现象。如2021年某抽水蓄能电站机组单机额定容量300MW，自投产后，4台机组在各水头段下，一直存在150～240MW负荷时机组顶盖的异常振动，并伴有明显的噪声，顶盖和无叶区的压力脉动也相应增大。现场试验后发现，异常振动主要频率为146Hz和200.3Hz，其中146Hz频率幅值大于202Hz。为确保机组安全稳定运行，该电站只能采用躲避振动区的运行方式，由于振动区范围为50%～80%额定负荷，需要躲避振动区范围较广，造成机组可调的功率空间较小，影响调度负荷调整运行[4]。

顶盖异常振动问题也曾在国内外其他抽水蓄能电站发生过[5-7]，处理方案大都需要将机组整体进行拆卸（机组A级检修）改造，单台机组处理需要400万～500万元的劳务费用、约100天的施工工期以及相应的管理费，同时也严重影响抽水蓄能电站的投产时间或机组的等效可用系数。由于永久处理需要对转轮或顶盖结构进行部分修型，成本较高，经研究，到过流部件水中固有频率较空气中有不同程度的降低，如对顶盖腔体通入极小气量增加水体弹性，改变转轮顶盖在水体中的频率，经过现场多次试验，自动补气能巧妙有效地解决明显振动问题，既降低了对设备的要求和加工成本，又结构简单、安装方便、维修方便、效果好，为其他抽水蓄能电站出现同样异常振动时提供处理思路。而采用经济气量自动补气解决该重大问题在国内尚属首次，该方案对于气量的计算、气量的稳定输出及计算[8]、补气流程与负荷的配合[9]、对全厂气系统/调速器系统的影响等方面，均需全面、系统地综合考虑分析计算[10-12]，有一定的技术挑战性，本文对此进行重点介绍。

1　电站机组及振动基本情况

1.1　机组参数

该电站安装4台单机容量为300MW的单级立轴单转速混流可逆式机组，上水库正常蓄水位815.5m，下水库正常蓄水位413.5m，2022年5月全面投产，机组具体参数见表1。

表1　机组具体参数

序号	项目	单位	技术参数
1	水轮机型号	—	HLND1026-LJ-438.7
2	额定出力	MW	300
3	额定转速	r/min	375
4	转轮叶片数	片	9
5	活动导叶个数	片	22
6	转轮公称直径	mm	2373

注　自投产以来，发现4台机组均存在部分负荷下顶盖异常振动问题。

1.2 机组振动测量情况

根据机组运行情况，分别在发电工况 150MW、180MW、200MW、250MW 和 300MW 负荷下采集顶盖垂直振动数据。顶盖振动随负荷变化趋势见图 1。

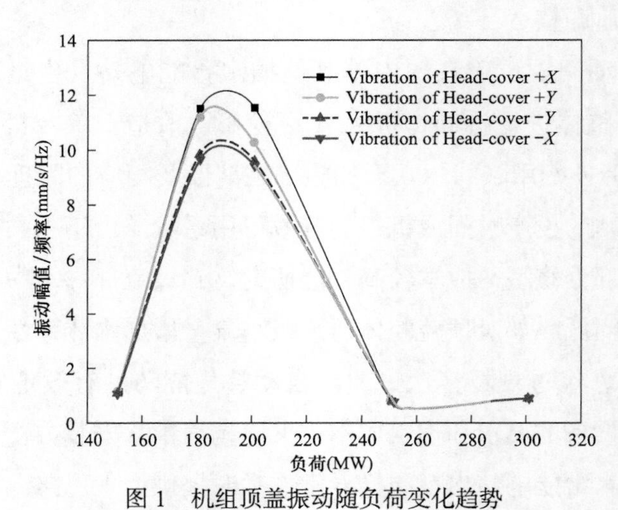

图 1　机组顶盖振动随负荷变化趋势

表 2　　1～4 号机组 200MW 负荷顶盖垂直振动频谱分析

机组	负荷（MW）	顶盖 + Y 向垂直振动		
		幅值（mm/s）	主频幅值 / 频率（mm/s/Hz）	次频幅值 / 频率（mm/s/Hz）
1 号	200	7.579	5.870/144.38	3.694/200.62
2 号	200	10.27	7.238/145	6.883/201.25
3 号	200	5.77	4.18/202.6	3.29/146.4
4 号	200	6.48	4.53/146.8	3.95/203

可以看出，机组在发电工况 250～300MW 负荷运行时，顶盖振动为 0.8～1mm/s；在 180～210MW 负荷运行时，顶盖振动为 8～10mm/s，机组顶盖振动显著增大。频谱分析结果显示，顶盖振动异常增大主要原因为 145Hz（约 23X 转频）和 201Hz（约 32X 转频）频率分量出现显著的波动。根据合同规定，顶盖垂直振动、水导轴承径向振动在正常稳定运行工况下振动速度（R.M.S）不超过 1.8mm/s，目前 150～240MW 负荷区间内顶盖振动值已远高于合同保证值，影响机组长期安全稳定运行。

1.3 异常振动原因排查

电站利用机组检修期间，针对顶盖部分负荷异常振动对各机组进行了原因排查，例如导叶开度和导叶端面间隙测量、1 号机组转轮出水边贴胶条、2 号机组活动导叶贴胶条、变负荷试验等措施[13]。在排除其他机械方面可能引起顶盖异常振动的原因后，现场初步判定为水力原因造成的顶盖异常振动[14, 15]。

2 顶盖振动原因分析

2.1 转轮和顶盖的动力特性分析

根据厂家转轮静强度、动力特性分析及顶盖动特性报告，顶盖和转轮的固有频率如表 3 所示，转轮水中 0 节径固有频率为 143.18Hz，顶盖水中 2 节径固有频率为 158.283Hz，与 180～210MW 顶盖振动异常时主频 145～147Hz 非常接近，机组在 180～210MW 负荷区间运行时转轮和顶盖可能发生谐振。

表 3　顶盖和转轮固有频率计算结果　Hz

部位	节径数	$R=0$	$R=1$	$R=2$	$R=3$	$R=4$
顶盖	空气中	—	113.658	164.052	257.093	320.826
	水中	—	109.737	158.283	247.583	309.565
转轮	空气中	152.44	109.52	175.63	274.24	331.81
	水中	143.18	102.34	162.34	258.79	314.84

根据初步原因分析结果，现场对 3 号机组开展了顶盖 ODS 分析，通过顶盖垂直振动 12 个测点的 Spectrum 做顶盖 ODS（运行变形）分析，确认特殊振动发生时的顶盖振型，振动第一主频和第二主频分别为 145.5Hz 和 201.5Hz，对该频率进行 ODS 分析，分析结果如图 3、图 4 所示。顶盖 ODS 频率为 146.5Hz、202.5Hz，其中 146.5Hz 振型为 4 节径，属于强迫振动；202.5Hz 振型为高阶 1 节径，属于顶盖谐振；异响主频并不是固定不变的，但两个主频之差均为 9X。

2.2 振动产生的原因分析

顶盖振动的可能原因主要有两种，一种是顶盖本身共振，另一种是其他激励源引起的顶盖强迫振动[16]。顶盖在产生异常振动时的响应，主要表现 146Hz 和 202Hz。经过分析，判定为动静干涉产生 22X 水力激振，导致转轮在旋转坐标系下产生 22X 的 4 节径振动，该振动经过顶盖与转轮之间流体放大，在顶盖固定坐标下形成 23X 受迫振动。同时根据旋转机械故障机理，当旋转部件发生振动时，还会发生对称特征的旁瓣频率振动。该抽蓄电站转轮叶片数为 9，其旁瓣频率为 32X，该频率与顶盖的高能量 1 节径固有频率的避振裕度不足 10%，故而

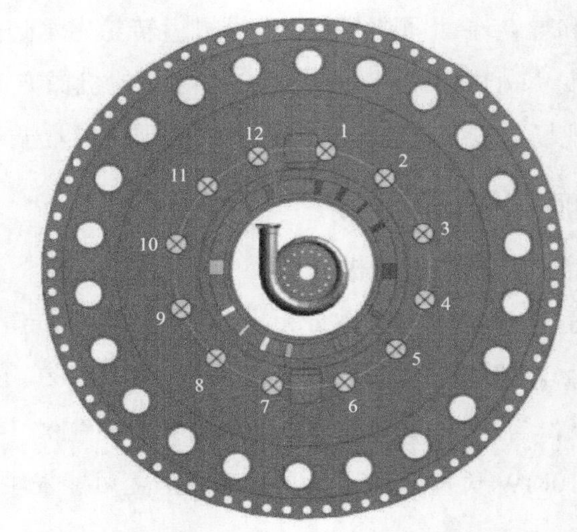

图 2　顶盖 ODS 分析测点布置

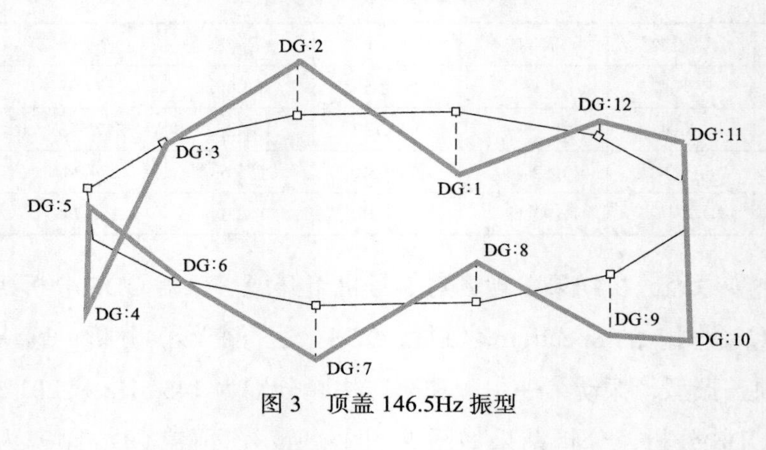

图 3　顶盖 146.5Hz 振型

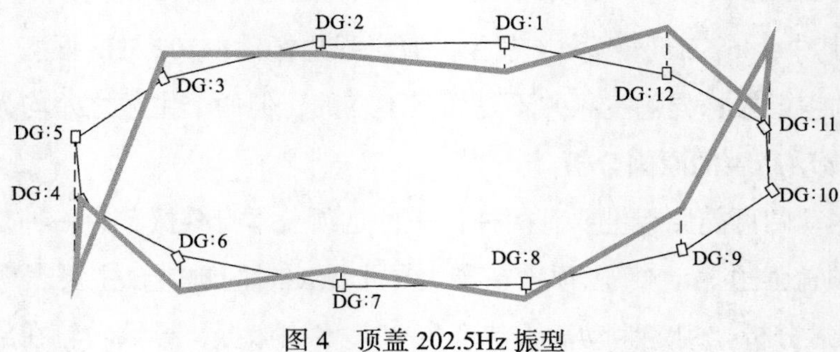

图 4　顶盖 202.5Hz 振型

产生 32X 谐振。考虑到顶盖只在某个特定工况振动，说明机组激励和振动响应处在某个临界状态，只要稍加干扰，破坏这个临界状态，就不会造成顶盖明显振动。因此可以通过对转轮和顶盖腔体补气来改变转轮和顶盖的水中固有频率及水体弹性，从而破坏这种临界状态，顶盖振动将会得到改善。

3 处理对策与实施效果

3.1 补气试验

根据前期分析，如果临界状态被破坏，机组的顶盖异常振动就会明显改善甚至消除。电站择机在3号机组开展补气试验。如果前述原因分析成立，那么只要顶盖与转轮之间的腔体补气进去，就能破坏临界状态，转轮谐振会明显改善甚至消除，顶盖的异常振动也会随之大幅改善或消除。

试验按HC03（上止漏环进口）、HC02（转轮与顶盖间）、HC01（无叶区）顺序对3号机组进行补气试验；通过试验发现，3个位置补气均能抑制异常振动，但效果存在一定差异。补气阀全开情况下，HC01、HC02、HC03补气均能将顶盖振动降至最低（约0.4mm/s）；补气阀半开的情况下，单独对HC02（转轮与顶盖间）补气也能将顶盖振动降至最低；通过对顶盖振动、顶盖压力脉动、无叶区压力脉动频谱分析，补气前后变化的主要频率为146Hz和202Hz，开补气阀后，146Hz和202Hz频率幅值基本消失；综合分析，补气对抑制异常振动效果明显，减小的主要频率成分为146Hz和202Hz，其中，HC02（转轮与顶盖间）补气效果最好；试验过程及数据、记录频谱见图5和表4。

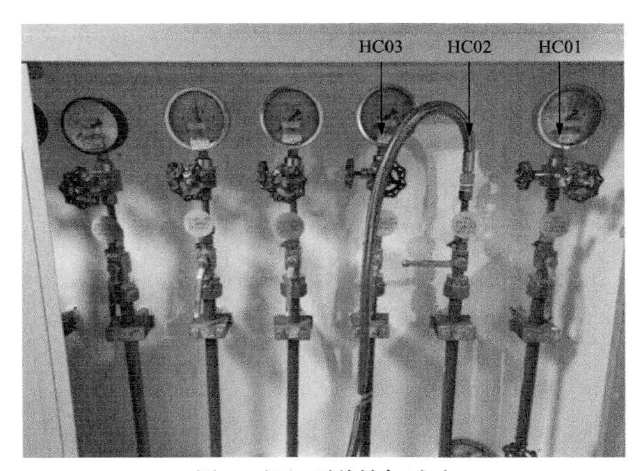

图5 机组顶盖补气试验

表4 **补气试验过程数据记录**

补气位置	阀门状态	时间	负荷（MW）	顶盖+X振动（mm/s）	顶盖+Y振动（mm/s）	转轮与顶盖（kPa）	无叶区（kPa）
上迷宫环进口	关闭	10：10	150	1.3	1.6	113	143
	关闭	10：12	160	1.6	3.3	130	238

续表

补气位置	阀门状态	时间	负荷（MW）	顶盖+X振动（mm/s）	顶盖+Y振动（mm/s）	转轮与顶盖（kPa）	无叶区（kPa）
上迷宫环进口	关闭	10：13	170	5.3	9.3	382	246
	半开	10：14	170	0.4	0.6	38	213
	关闭	10：16	170	5.2	9.3	387	248
	全开	10：17	170	0.4	0.5	53	221
转轮与顶盖	关闭	10：28	150	1.6	2.4	126	244
	关闭	10：29	160	1.7	3	393	244
	全开和半开	10：30	160	0.4	0.6	25	223
	关闭	10：31	160	1.4	2.8	307	246
	全开	10：31	160	0.5	0.5	26	231
	全开	10：33	180	0.4	0.5	8	210
	全开	10：35	200				
无叶区	关闭	10：46	150	1.4	2.2	200	246
	全开	10：46	150	0.5	0.6	50	246
	一半	10：47	150	1.3	2.0	174	247
	全开	10：48	150	0.5	0.7	58	245
	全开	10：49	170	0.4	0.6	21	211
	全开	10：51	190	0.4	0.5	26	201

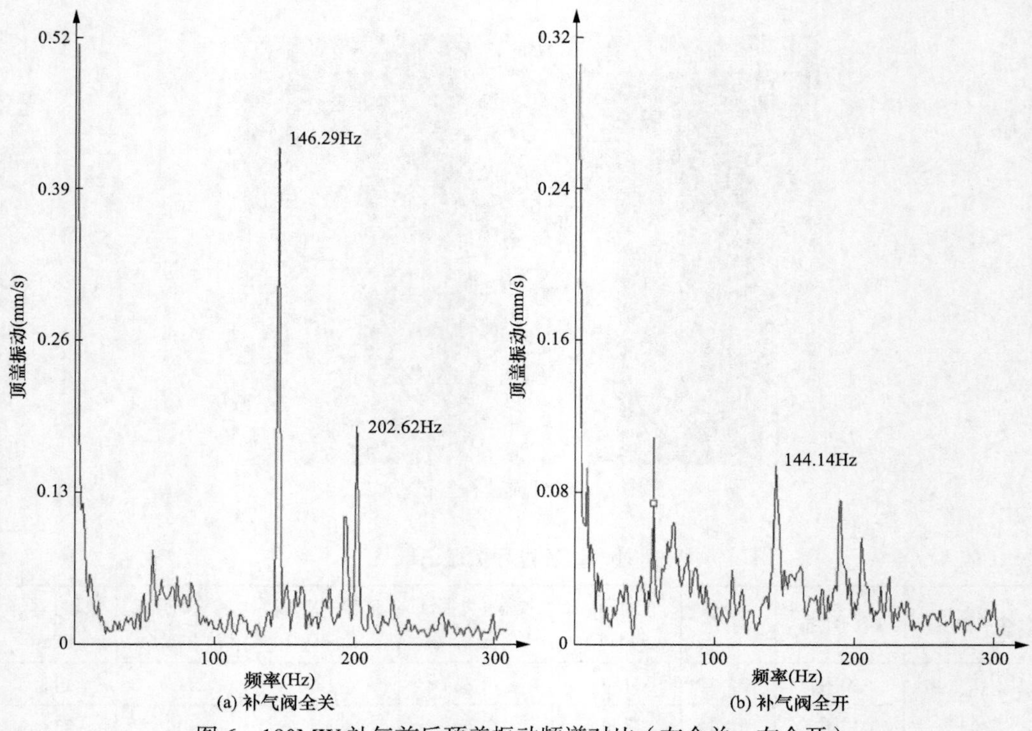

图 6　180MW 补气前后顶盖振动频谱对比（左全关，右全开）

3.2 补气量试验

为进一步估算能抑制振动的最小补气量，继续进行了小流量补气试验，补气管道为 HC02（转轮与顶盖间），根据现场补气前后气罐压力变化情况，在补气流量估算约 1.6m³/min 时，顶盖振动异常便能有效消除。经过计算及观察现场空气压缩机在试验过程中的工作状况，判定 1 台备用空气压缩机提供的空气量足够满足全厂 4 台机组同时补气的极限工况需求，小流量补气不影响机组的正常用气需要。试验证明，采取向顶盖与转轮间腔体补气的方法，能够有效消除机组在发电工况 150～240MW 负荷区间顶盖垂直振动异常的现象。

3.3 自动控制补气系统

针对气体压缩不稳定特性导致的气量大小调节难问题，决定不能使用阀门调节流，而采用小孔径节流孔板方案。考虑到现场实际管路布置，最终确定补气系统（含管路及电磁阀）方案如下：从 4 号机组侧调速器补气总管处引出，使用 $\phi25\times3$ 管路分别引至 4 台机组，在每台机组机坑外壁处经过滤网、节流板后经过两路并联补气电磁阀后汇成一路总管，通入机组 HC02（转轮与顶盖间）测压管道。经现场试验，$\phi2.0$、$\phi2.5$、$\phi3.0$、$\phi4.2$mm 节流孔板补气方案均能有效避振，变负荷过程、升降速过程机组顶盖振动均无异常。为降低补气量，减少空气压缩机运行时间，最终选取 $\phi2.0$mm 节流孔板作为最终实施方案。

补气的投、退根据稳定运行的功率判断，稳定运行功率在＜250MW 及发电

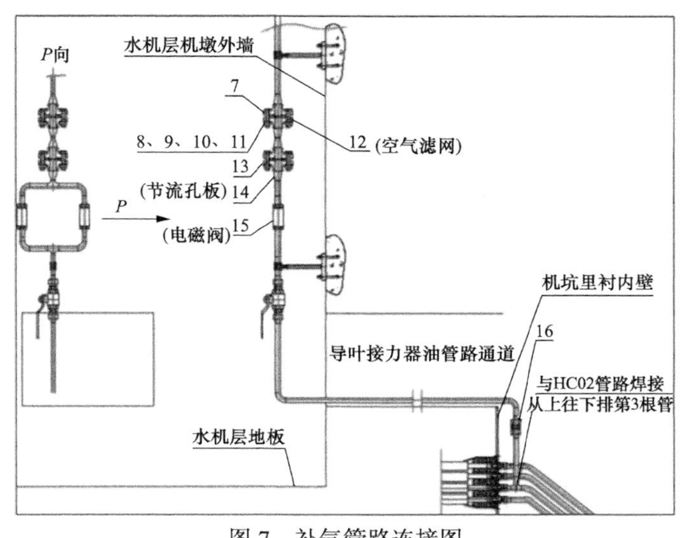

图 7　补气管路连接图

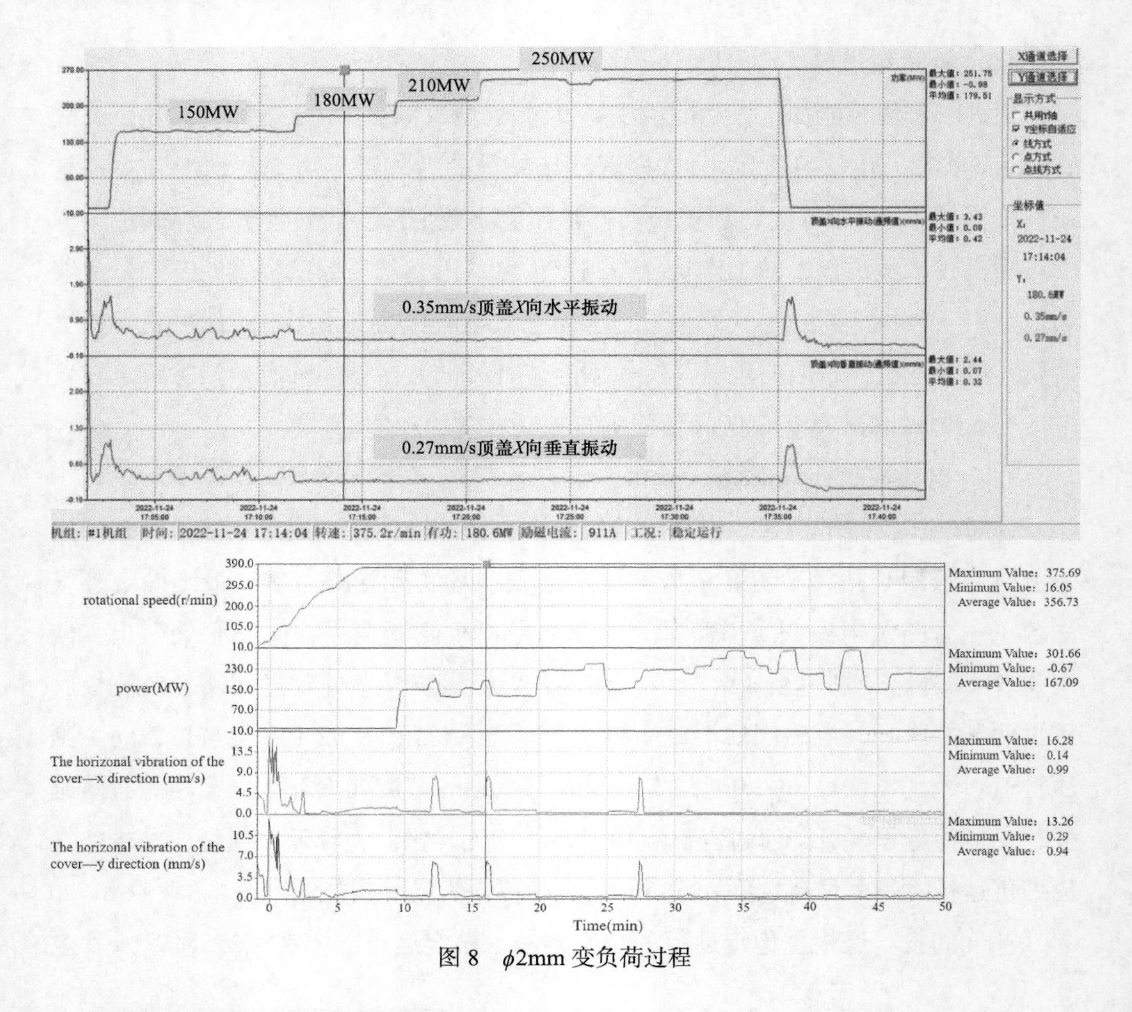

图 8 ϕ2mm 变负荷过程

方向停机过程中。具体操作如下：

（1）机组从停机到发电工况开机，监控在收到调度指令后，对负荷进行判断，若需要在＜250MW 负荷下运行，在调速器控制接力器动作时，同时打开电磁阀，对机组进行补气。若需要在≥250MW 负荷以上运行，机组不补气，电磁阀保持关闭状态不动作。

（2）发电工况下升负荷，若机组在＜250MW 负荷下运行时，调度发出指令需要上调负荷到≥250MW，在接力器打开到相应位置，负荷上升到指定负荷后，关闭电磁阀，停止对机组进行补气。

（3）发电工况下降负荷，若机组在≥250MW 负荷以上运行时，调度发出指令需要下调负荷到＜250MW，在调速器控制接力器动作时，同时打开电磁阀，对机组进行补气。

通过一系列的试验确认，电站机组已于投入顶盖补气系统，经半年运行时间表明，通过经济气量解决了顶盖振动问题。

4 结论

顶盖异常振动问题也曾在国内其他抽水蓄能电站发生过，处理方案大都需要将机组整体进行拆卸（机组 A 级检修）进行改造，成本较高，也严重影响抽水蓄能电站的投产时间或机组的等效可用系数。采用经济气量补气解决该重大问题，在国内尚属首次，该方案对于气量的计算、气量的稳定输出及计算、补气流程与负荷的配合、对全厂气系统 / 调速器系统的影响等方面，均需全面、系统地综合考虑分析计算。本次顶盖异常振动处理可以得到以下结论：

（1）引起机组在发电工况 150～240MW 负荷区间顶盖垂直异常振动现象的根本原因是转轮的避振裕度不足。对顶盖与转轮之间的腔体补气，可以改变顶盖与转轮在水中的固有频率及流体特性，从而改变临界条件，消除顶盖异常振动。

（2）通过对转轮修型，改变转轮水下固有频率，能将转轮 4 节径模态与激励频率之间避振裕度提高到 21% 以上，消除谐振，但考虑到此方案工程量较大，可以择机在机组大修期间进行。

（3）针对压缩气体的量化困难问题，可以通过对全厂气系统设备的全面排查，精确计算出不同条件下补气量大小，在能够消除顶盖异常振动的前提下，采用尽量小的压缩气量。

（4）采用极小气量强迫补气，可以解决因避振裕度不足造成的蓄能机组顶盖异常振动问题，同时避免新建电站机组需全面拆解进行修型，为后续抽水蓄能电站提供了一种简单、实用、有效的解决方案。

参考文献

［1］ 陈泓宇，汪志强，李华，等．清远抽水蓄能电站三台机组同时甩负荷试验关键技术研究［J］．水电与抽水蓄能，2016，2（5）：28-38.

［2］ 何少润，陈泓宇．清远抽水蓄能电站主机设备结构设计及制造工艺修改意见综述［J］．水电与抽水蓄能，2016，2（5）：7-21.

[3] 杜荣幸，王庆，榎本保之，等. 长短叶片转轮水泵水轮机在清远抽水蓄能电站中的应用 [J]. 水电与抽水蓄能，2016，2 (5)：39-44.

[4] 文秋香，李蓉蓉，吴耀武，等. 考虑环境效益的抽水蓄能电站日运行方式优化 [J]. 南方电网技术，2015，9 (5)：71-75.

[5] 贾金生，徐洪泉，李铁友，等. 通过萨扬—舒申斯克水电站事故原因分析看机电设备安全运行问题 [A]. 第十八次中国水电设备学术讨论会论文集 [C]. 中国电机工程学会水电设备专业委员会、中国水力发电工程学会水力机械专业委员会、中国动力工程学会水轮机专业委员会、水力机械专业委员会水力机械信息网、全国水利水电技术信息网，2011：354-361.

[6] Hu H P, Xia M, Qiao M, et al. A Simulation Study of Hydraulic Vibration caused by Clearance Flow in a Pump Turbine[J]. IOP Conference Series: Earth and Environmental Science, 2022, 1079(1): 012032.

[7] 张滇生，陈涛，李永兴. 日本抽水蓄能电站考察述评 [J]. 南方电网技术，2009，3 (5)：1-5.

[8] 白延年. 水轮发电机设计与计算 [M]. 北京：机械工业出版社，1982.

[9] 王庆，陈维勤，德宫健男. 功果桥机组调节保证计算及甩负荷试验结果分析 [J]. 大电机技术，2014 (5)：39-44，76.

[10] 王林锁. 抽水蓄能电站水力过渡过程调节控制研究 [D]. 南京：河海大学，2005.

[11] 许颜贺，周建中，薛小明，等. 抽水蓄能机组空载工况分数阶 PID 调节控制 [J]. 电力系统自动化，2015，39 (18)：43-48.

[12] 鲍海艳，杨建东，付亮. 基于微分几何的水电站过渡过程非线性控制 [J]. 水利学报，2010，41 (11)：1339-1345.

[13] 于达仁，王西田，崔涛. 基于测功法甩负荷试验的汽轮发电机组主要动态特性参数的辨识 [J]. 电力系统自动化，2002 (1)：32-34，69.

[14] Cherny S, Chirkov D, Bannikov D, et al. 3D numerical simulation of transient processes in hydraulic turbines[A]. R. SusanResiga, S. Muntean, S. Bernad. 25th Iahr Symposium on Hydraulic Machinery and Systems[C]. Bristol: Iop Publishing Ltd, 2010, 12: 012071.

[15] Avdyushenko A Y, Cherny S G, Chirkov D V, et al. Numerical simulation of

transient processes in hydroturbines[J]. Thermophysics and Aeromechanics, New York: Maik Nauka Interperiodica Springer, 2013, 20(5): 577-593.

［16］杨建东，胡金弘，曾威，等. 原型混流式水泵水轮机过渡过程中的压力脉动［J］. 水利学报，2016，47（7）：858-864.

作者简介

陈泓宇（1975—），男，工程师，主要从事水电站机电设备管理及安装调试工作。E-mail：542120791@qq.com

物资智能采购辅助管理系统研究与开发

贾晓杰，华向阳，谢立强，高素雨，鲁志辉，张　爽

（国网新源物资有限公司，北京市　100000）

摘要　通过信息化手段提升抽水蓄能电站物资采购的新方法，围绕项目单位采购计划需求编报、水电超市化采购智能管理、合同履约结算在线办理等方面，建设物资智能采购辅助管理系统，提升物资采购管理的信息化管理水平，实现提报管理便携操作、日常管理运营有效支撑，辅助提升国网新源集团物力集约化智能管控水平，从而有效降低企业管理成本，产生显著的经济效益。

关键词　采购计划；水电超市化采购；履约结算

0　引言

现代智慧供应链作为经济领域的专业术语，旨在集合人力、物力、财力、管理等生产要素，实现统一配置，从而达到降低成本、高效管理的目标。物力集约化则是集约化理念在物资管理领域的具体措施，是提高企业管理效率和经济效益的内在需求[1]。

现代智慧供应链建设是建设“具有中国特色国际领先的能源互联网企业”的重要保障[2]，通过对原有物资集约化管理成果的巩固、完善与提升，实现物力资源从分段管理向系统管控的转变，具体表现为以下三点：

一是构建主数据管理平台，实现物料主数据信息统一管理。

二是全面推行应用 ERP 企业资源计划管理软件，形成物资及相关业务数据

基金项目：2021 年度国网新源控股有限公司科技项目研究课题“建设公司国网新源物力集约化智能管控系统研究与开发（二期）”（SGXYKJ-2021-043）。

横向集成、纵向贯通的自由交换平台，涵盖物资计划、招标、合同、监造、仓储、专家管理、供应商管理、辅助决策等业务流转或高级应用的信息化管理。

三是部署应用自主研发的新一代电子商务平台（简称“ECP2.0”），成为国网公司首个面向企业外部交互的一级部署、两级应用的统一招投标平台。

1 管理现状

国网新源物资有限公司（以下简称“新源物资”）作为国网新源集团公司的技术支撑平台，负责为抽水蓄能项目单位提供物资计划编制指导服务、物资主数据运维服务以及相关技术指导，目前主要通过 ERP 系统对外提供服务。随着抽水蓄能电站的快速发展，计划编制、物资采购等业务量大幅度增加，尤其是批次采购、超市化采购、合同管理结算等业务面临工作任务繁重，流程繁杂，工作强度大等困难。

下面选取物资需求计划编制、超市化采购管理、合同管理及结算等三项典型业务进行具体分析。

1.1 采购计划编制方面

目前抽水蓄能项目单位采购需求大多通过上报批次计划实现。具体地，结合上报的年度需求计划，依托 ERP 系统填报批次计划，按照采购文件的四级审核制度进行内部审核，审核完成后将批次计划提交至新源新源物资，对采购计划的合理性、准确性、规范性进行审查，将审核后的采购文件上报国网新源集团审批。

由于抽水蓄能电站临时批次情况较多，批次计划时间安排执行不严格，造成物资计划上报、招标文件编制及审核等配套工作仓促准备，相关的计划审核与申报任务繁重，业务人员工作量成倍增加。

其次，抽水蓄能项目单位上报物资类采购计划时，会出现 ERP 系统采购申请与采购文件报价清单不一致情况。主要是由于报价清单缺少物料编码信息，业务人员在接收报价清单时，无法找到物料主数据中相应的物料信息，导致物资采购出现不对应问题，影响招标采购工作开展。因此，亟需破解该难题，为物资采购合同签订与履约创造便利条件。

1.2 超市化采购管理方面

超市化采购是实现物资采购管控范围达到 100% 的重要手段，是抽水蓄能项目单位仅次于批次采购计划的常用计划[3]，通常采购的品类包括办公类用品、低压电器、水电物资配件、仪器仪表等。

目前，历年采购的水电超市化物资数据有近 16000 余条，由于 ERP 系统功能受限，抽水蓄能项目单位在创建超市化采购申请业务时，无法为其提供有价值的数据参考，缺乏对历史数据价值的挖掘利用。

此外，专家评审、目录生成等业务活动存在人工费时、费力的问题，对专家线下评审过程无法全面掌握，需要逐个收集评审结果，难以快速开展超市化物资报价以及后续的评审工作[4]。

1.3 合同管理及履约结算方面

一是按照管理要求，财务部门需定期统计合同签订与金额结算情况，用于制定下一年度本单位合同金额支付计划，但由于 ERP 系统功能受限，不支持合同结算金额按年度汇总，部分合同数据存在质量问题，无法满足合同结算金额分析需求，导致财务人员手工计算合同结算金额，工作效率较低。

二是合同款项支付时涉及预付款、到货款、投运款以及质保金等内容，目前尚无电子单据流转信息查询渠道，若其中某一环节出现异常，如供应商没有及时提出支付申请，将影响物资供应和货款结算的及时性。

三是当前发票申请、换票申请等线下审批活动以纸质单据作为载体进行业务流转，容易出现单据丢失或损毁情况，同时审批单据回溯较为困难，既费时又费力，不利于台账管理。

2 系统建设

2.1 系统总体架构

针对上述业务需求，提出建设物资智能采购辅助系统。该系统定位于为新源物资、抽水蓄能项目单位提供便捷的业务处理服务，弥补传统业务系统服务能力不足的弱势，从而为业务开展提供有力抓手，不断增强新源物资物力集约化管理能力[5]。物资智能采购辅助系统是以 ERP 系统采购计划数据、合同数据的汇聚为基础，对内提供采购计划智能化管理、水电超市化物资采购自动化管理、履约结算在线化管理等服务，如图 1 所示。

2.2 系统功能架构

2.2.1 采购计划智能编制

该模块提供批次计划信息提报和货物清单单价表编制功能，通过自动化、在

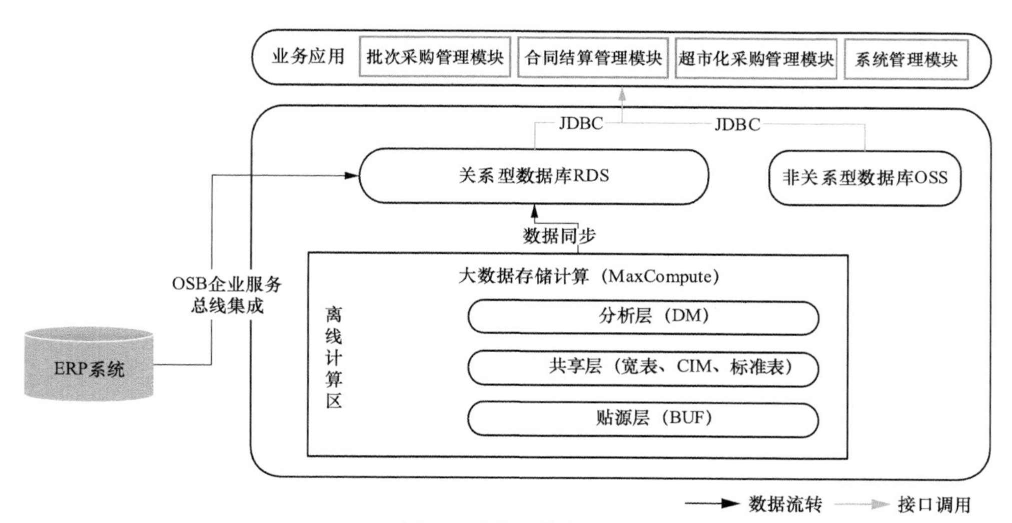

图 1　系统总体架构

线化的方式缩短表格编制时间，便捷、高效完成从提报、审查到上报至 ERP 系统等一系列操作[6]。具体流程包含物料主数据申请、历史批次数据维护、批次采购清单编制、物料主数据目录查询、物料主数据申请、物料报价清单编制、物料主数据申请集中管理以及物料分类目录维护等。

以批次采购清单编制功能为例，按照项目信息维度，展示批次计划采购清单信息，提供数据推送、查询、新增编制、修改、删除以及导出等操作，如图 2 所示。

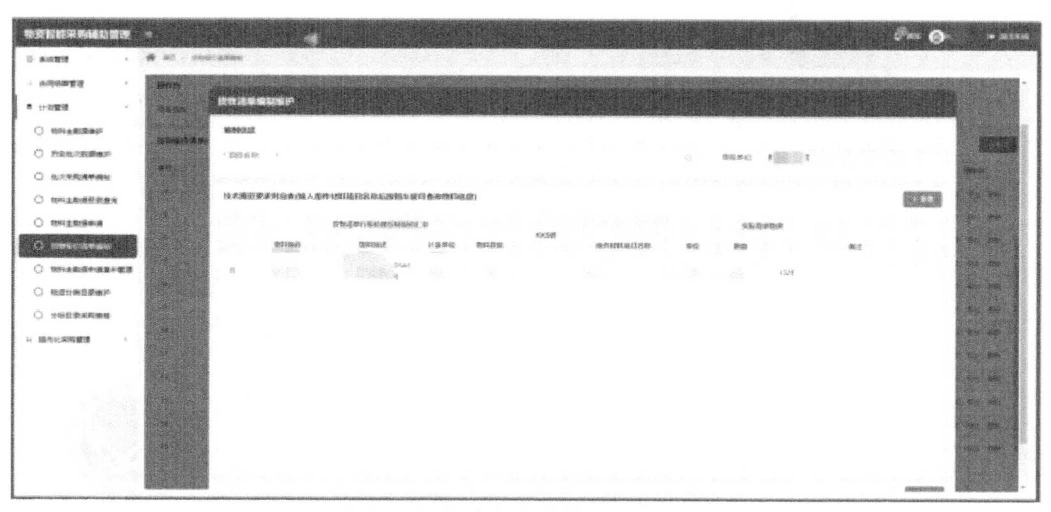

图 2　批次采购清单编制功能界面

使用人员可通过新增编制功能，在线填写货物采购信息，系统将根据填写的内容自动查询匹配物料主数据，以下拉选项的形式推荐使用人员使用；也可通过修改操作，对创建填写完成的货物采购清单行数据“一键式”合并汇总，即按照物料编码将对应的货物组件报价数量、单价等信息进行合并汇总。

2.2.2 合同结算管理

该模块基于财务、物流管理部门业务需求，实现合同结算业务在线化、流程化、痕迹化管理，为用户提供合同数据维护及台账管理、物流结算以及发票申请流程在线流程等功能。

以合同数据维护功能为例，提供合同数据列表展示，通过接口方式按月采集ERP系统中合同数据和提供模板下载导入功能，通过操作台可展示合同清单信息，对合同基础数据进行关联维护，关联通过后定时提醒合同的启用/停用/删除，以及对某一合同设置支付提醒时间等功能，如图3所示。

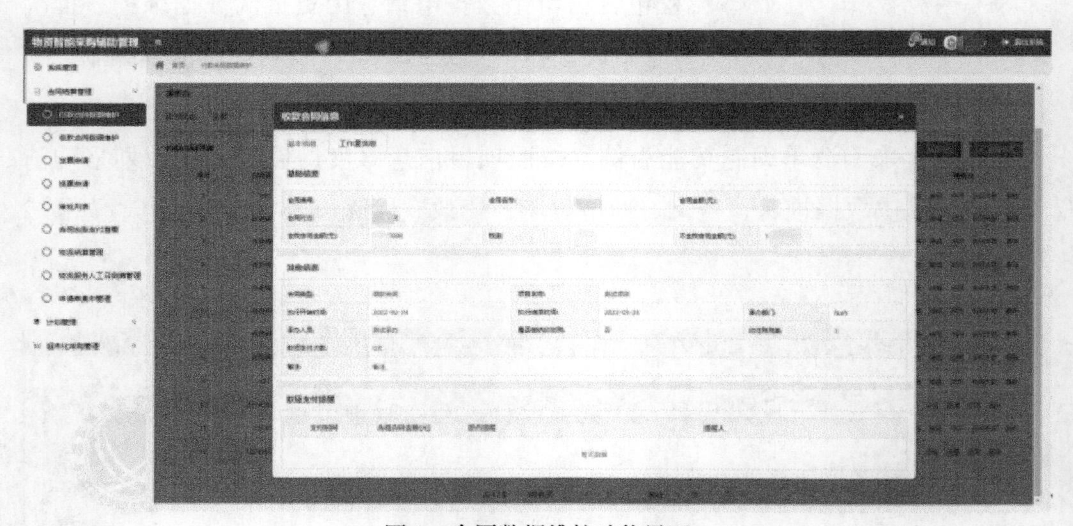

图3 合同数据维护功能界面

2.2.3 超市化采购管理

为解决国网新源集团水电物资超市化采购业务中的难点与堵点，通过梳理水电物资超市化采购、评审、目录生成等流程中人工费时、费力的具体业务活动，将信息化技术引入到水电物资超市化采购业务当中[7]，形成业务智能化管理方案。方案流程主要包括创建生成超市化采购编号、超市化采购需求自动填报、超市化采购目录专家审核、采购澄清生成及下发、采购澄清反馈审核、货物报价清单及最高限价表目录生成等 6 个步骤，如图 4 所示。

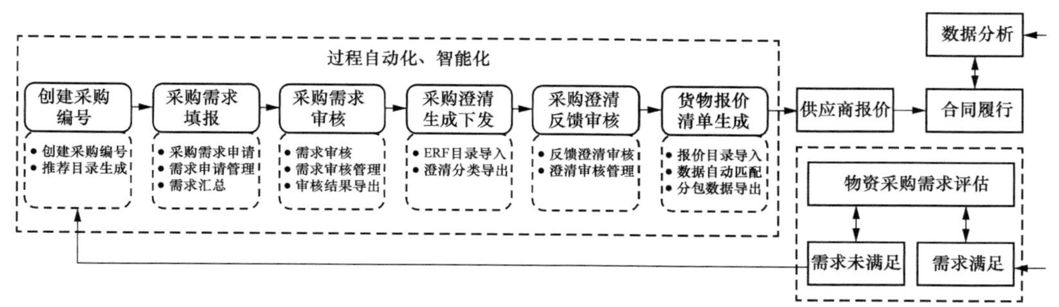

图 4　超市化采购智能管理流程

（1）创建生成超市化采购编号：基于时间戳数字签名技术，构建 14 位超市化物资目录采购编号，通过触发需求采购行为，自动生成具有唯一属性的采购编号，并贯穿至物资超市化采购全过程。构建采购物资推荐模型，拟根据建设单位超市化历史采购订单，筛选连续两年出现在采购目录的物料信息，将物料信息汇总后形成推荐采购目录，通过物资自动推荐的方式协助业务人员开展采购需求填报。

（2）超市化采购需求自动填报：通过参考推荐目录信息确定本单位超市化采购范围，并对采购需求填报数据进行同步查看，便于跟踪追溯建设单位采购需求填报进度以及遇到的问题。针对线下填报的采购需求数据，按照一定的格式整合形成统一的物资需求目录，实现基于特定条件的范围数据模糊查询并反馈相应结果数据。

（3）超市化采购目录专家审核：构建基于权限控制策略的目录审核机制，通过提前汇总审核专家姓名、专业等信息并进行制定相应的数字标签，用于识别审核业务范畴。将待审核采购目录与审核人进行挂接管理，按照标签分类结果和专家人员数量，将待审核采购目录进行合理分配，保证审核效率和质量。此外，系统还支持对采购目录内容修改、删除、增加批注等操作，并对标注意见、审核结果等内容进行留存保管，实现审核过程透明、可追溯。

（4）采购澄清文件生成及下发：在审核结果的基础上，实现采购目录到采购澄清文件的转换，并根据物资类别对目录数据的拆分、压缩及导出，由物资供应商对采购澄清文件进行二次修改。

（5）采购澄清文件反馈审核：将供应商修改处理后的采购澄清文件回收汇

总，基于唯一识别码对回收的采购澄清文件进行校验，以防止出现私自修改物资信息情况。建立采购澄清文件的目录审核机制，将待审核澄清文件进行合理分配，由专家进行再次进行修改、删除、增加批注等操作审核。

（6）货物报价清单及最高限价表目录生成：将审核无问题的澄清文件内容分发，实现超市化采购目录内容修改更新，以此形成货物报价清单及最高限价表目录，用于后续的分包分标处理。

2.3 履约结算单据在线办理研究

以合同作为主要研究对象，将会务工作量、发票申请、换票申请、物流人工日结算等内容与合同进行串联，运用信息化技术构建以合同为核心的履约结算模块，实现合同及相关信息在线流转，以此推进新源物资合同结算在线化、流程化、痕迹化管理。

2.3.1 发票换票申请在线审批及流转

基于新源物资目前已有的发票申请审批、换票申请审批业务流程，依托workflow工作流引擎绘制发票申请审批、换票申请审批业务流程模型、创建并初始化流程实例，控制流程流动的路径，记录流程运行状态，挂起或唤醒流程，终止正在运行的流程，实现审批信息传递的逻辑判断和自动流转。

2.3.2 履约结算业务电子化办理

构建付款合同、收款合同台账，将合同基本信息、工作量信息以及结算信息进行关联，由人工对工作量总控预算、工作量明细进行维护，构建基于工作量维护结果的年度结算金额计算逻辑，实现年度结算金额的自动更新。运用移动互联网技术实现单据在线查询，建设包含合同台账支付查询，发票换票审批查询，收款合同查询、批次计划汇总查询，分标目录采购查询，物料数据申请查询、历史订单查询，采购范围查询，采购分类查询等功能，通过移动端形式在线查询多业务模块下业务信息，及时跟踪业务办理情况。

3 结语

物资智能采购辅助管理系统研究进一步支撑了业务“在线化、规范化、智能化、体系化”的管理与运营目标，相关研究成果弥补了部分业务上的短板[8]，并且具有较强的实用性。同时，研究成果的价值主要体现在采用信息化、数字化手段，实现采购计划、合同结算等业务的高效协作、智能提升[9]。通过系统的应用，能够提升新源物资对批次采购、超市化采购等模式下的物资采购管控能力，同时为超市化物资需求提报、物资审查、合同台账管理、单据申请审批、单据履约等过程的信息化程度[10]，提供了信息化平台支撑。

参考文献

［1］陈国华，娄季峰．浅析国网公司基建期水电物资计划管理［J］．物流工程与管理，2014，41（1）：118-123.

［2］陈国华，周鑫．新形势下国网物资主数据体系的作用探讨［J］．对外经贸，2020，42（3）：38-41，8，13.

［3］王永清．电网物资超市化管理模式探究［J］．中国电力企业管理，2020（24）：42-43.

［4］侯海波，丛伟波，李学民．基层电力物资超市化管理及其应用［J］．企业改革与管理，2020（22）：211-212.

［5］江悦，赵北涛．基于卓越绩效模式深化省级电网企业现代物力集约化体系建设与实践［J］．企业管理，2018（S2）：114-115.

［6］顾三林．电力企业物资采购计划管理对生产及采购成本的影响［J］．通讯世界，2020，27（2）：215-216.

［7］杨嘉欣．信息化条件下的电力物资超市化管理技术探析［J］．科技与企业，2015（7）：58.

［8］常玉红，徐伟，杨文道，等．国网新源运维一体化研究与实践［J］．中国设备工程，2017（16）：12-15.

［9］王浩．节能环保在国家电网物力集约化管理实践应用分析［J］．中国战略新兴产业，2017（8）：10-13.

［10］李檬，詹超．基于国网物力集约化的采购计划管理提升策略［J］．管理观察，2019（30）：18-19，22.

作者简介

贾晓杰（1973—），男，高级经济师，主要研究方向：从事物资管理信息化研究、建设工作。E-mail：jiaxj2002@163.com

华向阳（1972—），男，高级工程师，主要研究方向：从事物资管理信息化研究、建设工作。E-mail：13911415719@163.com

谢立强（1982—），男，高级经济师，主要研究方向：从事物资智能采购管理研究、建设工作。E-mail：979950878@qq.com

高素雨（1989—），女，工程师，主要研究方向：从事物资电商化采购研究、建设工作。E-mail：769320441@qq.com.cn

鲁志辉（1994—），女，助理工程师，主要研究方向：从事物资计划管理研究、建设工作。E-mail：Jzhlu01@foxmail.com

张　爽（1993—），女，初级统计师，主要研究方向：从事物资电商化采购研究、建设工作。E-mail：3469000489@qq.com

抽水蓄能机组机械制动系统优化研究

卢国强[1]，杨艳平[2]，张家瑞[3]

（1. 国网新源集团有限公司，北京市　100000；2. 国网新源山东泰山抽水蓄能电站有限责任公司，山东省泰安市　271000　3. 国网新源控股有限公司检修分公司，天津市　300000）

摘要　抽水蓄能机组制动系统是辅助设备的重要组成部分，运行状况直接影响机组启停甚至安全。对国内常见抽水蓄能机组机械制动系统工作原理进行基本介绍，梳理常见机械制动系统故障，分析故障原因，并从管理、设计及控制逻辑等方面提出优化措施，以提高机组启停安全性，为同类设备的稳定运行提供借鉴。

关键词　抽水蓄能；制动系统；典型经验

0　引言

在“双碳”目标和新型电力系统加快建设的背景下，抽水蓄能调峰、填谷、调相、调频、黑启动和事故备用等系统功能作用愈发重要。随着国内装机容量不断爬升，机组故障呈多发频发趋势，亟需从管理、技术等方面多管齐下，提出系统性优化措施，增强机组运行稳定性，为电网安全提供坚实保障。

抽水蓄能机组机械制动系统作为辅助设备的重要组成部分，一旦发生故障，将直接影响机组的旋转启停。从国内多年抽水蓄能机组运行经验来看，机械制动系统故障大致分为机械故障、电气故障及逻辑故障三类，可导致设备损坏、机组停运甚至安全事故。

1　设备基本情况

国内大型抽水蓄能机组单机容量多为 300MW，一般于转子制动环下方、下机架上均匀布置 8 台制动器，制动器则由风闸、制动闸板、油气等管路构成，工作时由管路对风闸加压顶起制动闸板，靠制动闸板与制动环之间摩擦力达到降低机组转速的功能，需要时还可充当高压顶起执行部件。

分析抽水蓄能机组堕行曲线，机组正常停机初始阶段，受电气制动及水阻、风阻等因素影响，转速可快速降低，但当转速下降到一定程度时，电气制动及水阻、风阻等因素对转速影响开始降低，若不投入机械制动，则机组将在低转速下长时间运行，一方面会延长机组停机时间，另一方面可能导致推力轴承油膜消失致使轴瓦受损；但若在高转速下投入机械制动，则会产生大量粉尘污染定子，严重时会损坏制动器，甚至会造成机组中心偏离、发电电动机内部着火等重大设备事件，因此，选择合适的机械制动投入时机尤为重要。经统计，国内转速大于 300r/min 的抽水蓄能机组中，正常启停时机械制动系统投入时机以额定转速的 5% 为主，事故停机时机械制动投入的时机则为额定转速的 5%～20% 不等。其中，新建机组停机时机械制动系统多处于退出状态，且均配备了粉尘吸收装置。

2 典型故障总结分析

因机械制动系统故障引发的安全事故多发生在机组高速加闸或带闸启动时，下面选择几起典型故障案例分析如下：

案例 1：2018 年 8 月，某抽水蓄能电站 1 号机组发电工况带 300MW 负荷稳态运行时，由于机械制动异常投入，机组出力急剧降低，1 号机组逆功率保护动作，机组电气跳机。事后分析原因为 1 号机组现地控制单元主用控制器故障自动切换至备用控制器运行，备用控制器因内部故障触发重启，对程序进行初始化，导致机组发电状态等重要信号丢失，机组状态重置为停机状态，程序判断机组为蠕动状态（该电站机组蠕动状态判断逻辑为机组在停机状态、机组转速大于零信号动作且机组测速装置正常），满足机械制动投入条件（见图 1），机械制动自动投入导致高速加闸。

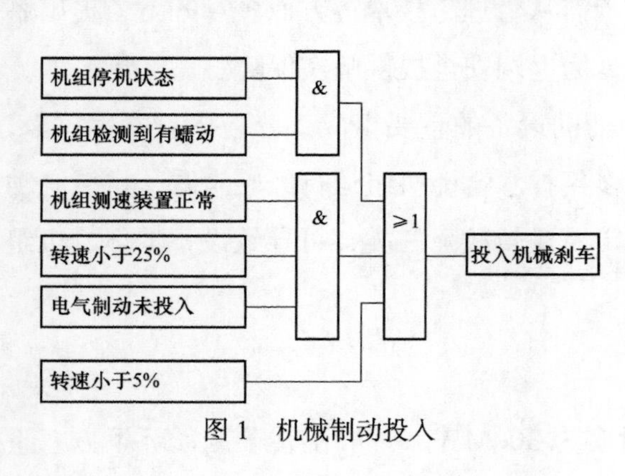

图 1　机械制动投入

案例 2：某抽水蓄能电站 3 号机组在机械制动未退出的情况下带闸发电启动开机，当机组转速升至 95% 额定转速时跳机。事后分析原因为机械制动信号装置故障，机组“机械制动投入”信号未送至监控系统导致。

案例 3：2018 年 5 月，某抽水蓄能电站机组稳态运行时，机械制动异常投入，机组跳机。该电站机械制动用气采用 70bar 高压气经减压阀减压为 10bar 后作为机械制动的操作气源，如图 2 所示，因减压阀故障导致电磁承受高气压损坏，高压气直接进入制动器投入腔，最终导致机械制动异常投入。

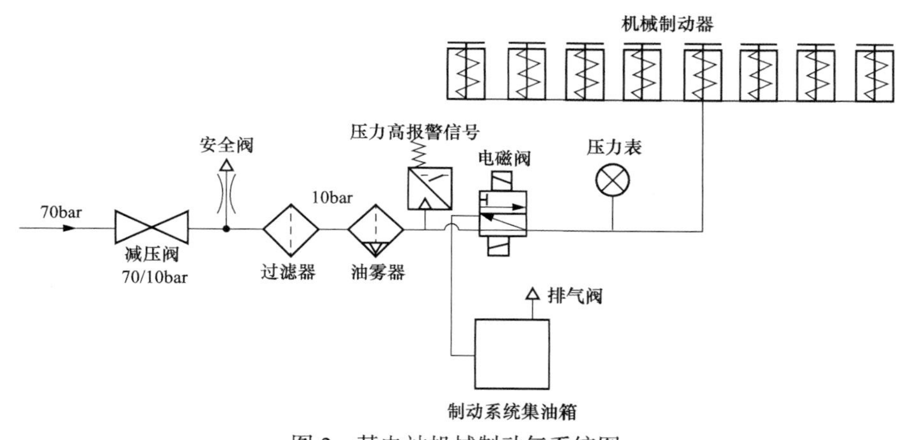

图 2　某电站机械制动气系统图

对上述三起典型案例及其他案例进行梳理分析，总结故障原因主要有以下三类：

（1）控制逻辑不完善。如案例 1 中，机组蠕动状态下机械制动投入条件中转速信号仅取“机组转速大于零”，未同时取“机组转速小于 5%”或其他低转速信号进行配合，最终导致机组高速加闸。此类其他典型问题还有“机械制动退出状态”“机械制动投入状态”判断逻辑不完善、高速加闸后无机械自动退出指令等。

（2）控制回路二次元器件故障。如案例 2 中，因测速装置故障，在机械制动实际已经投入的情况下，监控系统未收到机械制动投入信号导致带闸开机。此类其他典型问题还有制动器位置开关故障、控制回路继电器故障等。

（3）机械控制回路设备故障。如案例 3 中，因机械制动供气回路减压阀、电磁阀等设备相继故障损坏，高压气直接进入制动器，造成机组高速加闸。此类其他典型问题还有制动闸板卡涩无法复位、制动器投入腔密封不严等。

3 优化措施

3.1 设计优化措施

（1）设计原则为：

1）防止机组高转速情况下投入机械制动。

2）防止一个或多个制动器闸板未退出时，机组带闸转动。

3）防止发生由于机械制动控制设备电源故障，系统默认机械制动为退出状态，带闸开机。

4）防止发生机组运行中未经转速闭锁一键加闸设计。

5）防止 PLC 系统（如有）一经送电即自动误投机械制动。

6）转速装置故障，应闭锁转速信号输出，防止机械制动误投入。

（2）对于仅采用机械制动的混流式及轴流式机组，在停机过程中，当转速下降至额定转速的 15%～25% 时，投入机械制动。机组全停后，将制动闸复归。

（3）对于采用电气和机械制动的混流式及轴流式机组，宜设置制动方式选择开关，可选择电制动、机械制动或联合制动。

（4）制动投入时的转速如下：

1）选择电制动时，投入制动的转速为额定值的 50%～60%。

2）选择机械制动时，投入制动的转速为额定值的 15%～25%。

3）选择联合制动时，正常停机或机械事故停机过程中，投入电制动的转速为额定值的 50%～60%，投入机械制动的转速为额定值的 5%～10%。

4）选择联合制动时，电气事故制动过程中，应闭锁电制动，当转速降为额定转速的 15%～25% 时，自动投入机械制动。

（5）对装有弹性金属塑料瓦的混流式及轴流式机组，不设置液压减载装置，停机过程中，当转速下降至额定转速的 15%～25% 时，应投入机械制动。

3.2 管理优化措施

（1）应定期检查校验机械制动投退转速整定值及相关回路，定期检查防止高转速投入机械制动措施。

（2）定期检查水轮发电机机械制动系统，制动闸、制动环应平整、无裂纹，固定螺栓无松动，制动瓦磨损后须及时更换，制动闸及其供气、油系统应无发卡、串腔、漏气和漏油等影响制动性能的缺陷。

（3）定期对制动回路转速整定值进行校验，严禁高转速下投入机械制动。

3.3 控制逻辑优化措施

（1）机组正常停机或机械事故停机过程中由监控顺控流程自动执行投入 / 退出机械制动，当转速下降至额定值的 5%～10%（以电站实际为准）时，再投入机械制动直到静止状态。

（2）机组电气事故停机时应闭锁电制动投入，当转速下降至额定值的 15%～25%（以电站实际为准）时，投入机械制动直到机组达到静止状态。

（3）机组停机过程中，投入机械制动前应先判断发电电动机出口断路器已分闸、导叶已全关、球阀已全关、机组转速小于 5%～25% 额定值（宜采用两个转速信号串联）、测速系统无故障等闭锁条件是否满足，防止高速加闸。

（4）监控系统中制动器投入、退出状态判断逻辑宜设置为：

1）若有一个制动器未投入，则整个制动器状态宜判断为投入状态，同时发出报警信号。

2）所有制动器全部为退出状态且动力管路压力低于设定值后，整个制动器状态才能判断为退出状态。

3）若任意一个制动器位置信号与其他制动器位置信号不一致，则应立即发出报警信息。

（5）对于设计上停机稳态时机械制动保持投入的机组，“制动投入状态”“制动系统正常”应作为机组启动的初始条件，条件不满足时闭锁机组启动。对于设计上停机稳态时机械制动退出的机组，“制动退出状态”“制动系统正常”应作为机组启动的初始条件，条件不满足时闭锁启动机组。

（6）机组开机顺控流程中，不管之前机械制动是否为退出状态，均需执行退出机械制动指令，若制动闸未退出，机组顺控流程应无法执行后续流程。

（7）应设置高速加闸保护功能，该功能逻辑如下：

1）机组在运行稳态时，若机械制动在投入状态或不在退出状态，则立即发令退机械制动，并报警，同时执行机械事故停机流程；

2）当机组转速大于 25% 额定转速（以电站实际为准）时，监测到机械制动投入信号应退机械制动，并报警，同时执行机械事故停机流程；

3）宜设置机组启动全过程高速加闸保护。当机组发电或拖动机工况启动，收到水轮机模式令；机组处于 SFC 拖动工况启动，SFC 收到 OCB 合位反馈；机组处于被拖动机工况，收到 FCB 合位反馈；在上述三个区段内，若收到“机械制动投入”状态或未收到“机械制动退出”状态，则立即发令退机械制动，并报警，同时执行机械事故停机流程。

顺控流程投入机械制动的控制逻辑图如图 3 所示。

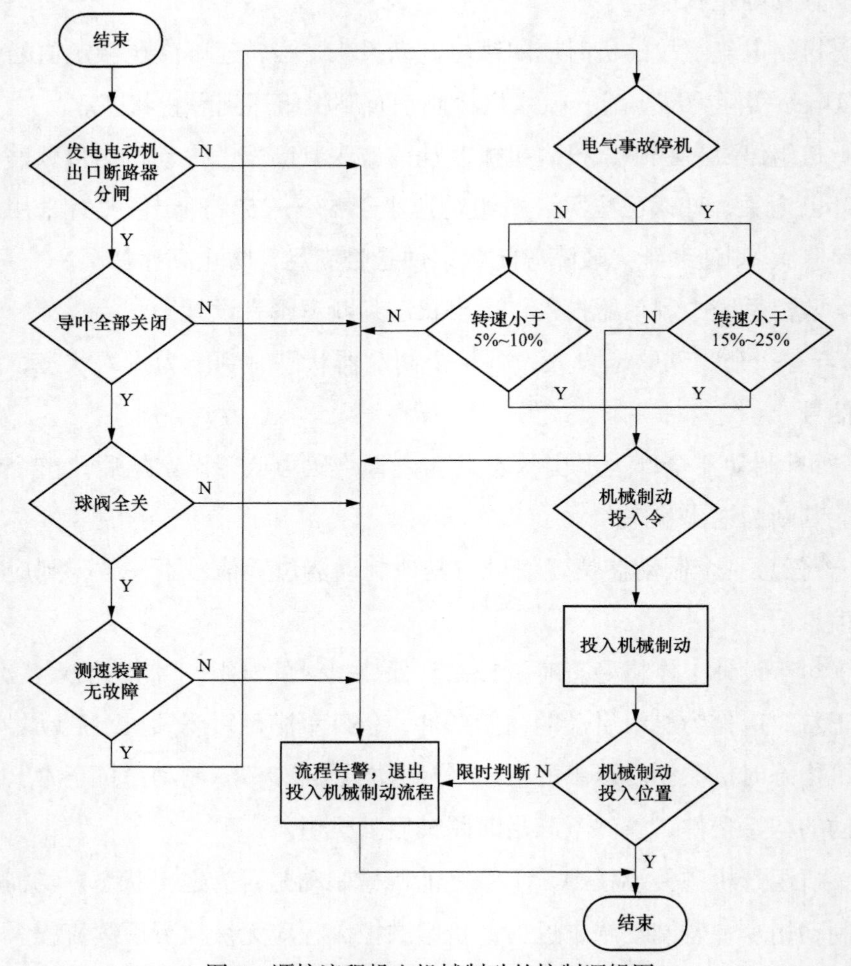

图 3　顺控流程投入机械制动的控制逻辑图

3.4　控制回路优化措施

控制回路应包括如下接点：现地盘柜投入机械制动按钮、监控系统正常停机或机械跳闸机械制动投入令、转速小于 5%～10%（以电站实际为准）、监控系统电气事故停机、机械制动投入令、转速小于 15%～25%（以电站实际为准）、机组出口断路器分闸位置、导叶全关位置、球阀全关位置、所有制动器位置、转速装置正常信号、机械制动投入电磁阀指令等。

（1）现地手动投退机械制动功能仅限紧急情况下或试验情况下使用，现地手动投退机械制动回路应采用硬接线方式。

（2）投入机械制动前应先判断机组出口断路器已分闸，防止并网加闸。

（3）投入机械制动前应先判断机组导水叶（或球阀）已全关、机组转速小于额定值的5%～25%等闭锁条件是否满足，防止高速加闸。机械制动投退控制接线如图4所示。

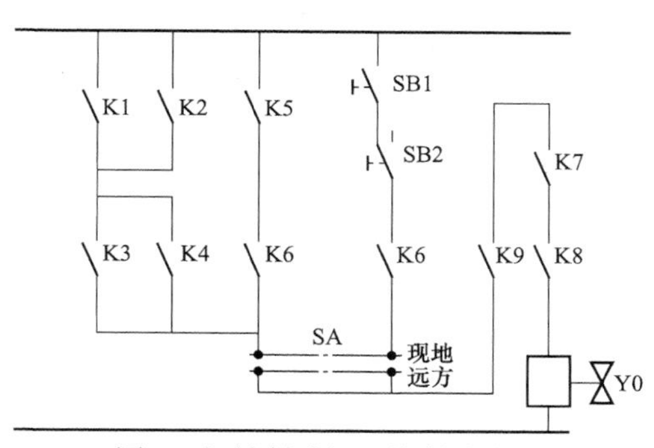

图4　机械制动投退控制接线图

（4）所有机械制动器位置信号宜直接接入监控系统，不宜通过机械制动信号装置进行中转后进入监控系统，减少信号传输环节设备数量。

4　结束语

随着行业的不断进步，抽水蓄能机组不断朝着高转速、高水头发展，机组启停愈加频繁，多工况运行已成为常态，机械制动系统投退次数增多，只有从管理、设计、逻辑控制等多角度出发，进一步吸取事故经验教训，做好整改及反事故措施，方能降低故障发生率，提高设备设施安全管理水平，促进行业快速平稳发展。

参考文献

［1］常东亮．抽水蓄能机组机械制动高速加闸原因分析及故障处理［J］．电工技术，2019（20）：40-48.

［2］林国庆．抽水蓄能机组制动系统控制逻辑及优化［J］．福建水力发电，2021（1）：42-44.

［3］孔令杰．制动逻辑缺陷致抽水蓄能机组研究高速加闸［C］// 抽水蓄能电站工程建设文集，2019.

［4］伍常林．关于某电厂机械制动高速加闸故障分析及处理措施［J］．水电站机电技术，2022，45（6）：78-81.

高水头抽蓄电站球阀异常位移问题浅析

王冰力

（安徽绩溪抽水蓄能有限公司，安徽省宣城市　245300）

摘要　以安徽绩溪抽水蓄能电站为例，介绍了电站投产初期球阀出现的异常位移情况，认为该问题与球阀底座材质以及润滑剂缺失有关。针对上述问题，提出了更换球阀基础板表面材质的方案，并在一台机组上进行验证。后续跟踪观察记录证实了该方案切实有效地解决了球阀异常位移问题，对系统内采用同类型球阀的电站具有非常重要的参考价值。

关键词　抽水蓄能电站；球阀；异常位移

0　引言

高水头、高转速抽水蓄能电站的进水球阀在机组启停、工况转换以及甩负荷时会有一个作用在活门上的强大水流推力，该水推力会造成球阀本体在开关过程中存在一定位移。近年来，由于水力自激振现象多次发生，各抽水蓄能电站陆续在球阀底座处安装了位移传感器，用于监测球阀位移情况，绩溪抽水蓄能电站也不例外。该电站首台机组投产后，运维人员通过长时间对球阀位移情况的观测，发现球阀存在异常位移情况，即：随着机组投运时间越来越长，球阀开关时的位移越来越收窄。通过持续记录、分析研判，最终确定该异常位移情况产生的原因是球阀底座与基础板摩擦系数增大。通过制定对策，在未投运机组上开展试验，更换了球阀基础板表面材质，最终解决了该问题。

1 球阀设备简介

1.1 主要组成部分

进水球阀安装在压力钢管和水泵水轮机蜗壳进口段之间，每台机组设置一个，在发电和水泵工况启动，机组调相、停机和检修时截断水流作用。球阀系统主要组成部分有阀门本体、伸缩节、连接管、操作机构、液压装置、自动控制部分及附属设备组成，如图1所示。球阀本体主要由阀体、活门、阀轴、轴承和密封装等组成。

图1 球阀设备组成

1.2 球阀位移传感器布置

该电站球阀底座位移传感器布置中，每台球阀有两个底座位移传感器，为对向布置，探头距离感应面约5mm。传感器为涡流式传感器，两线制，模拟量输出，测量范围2～10mm，采用24V DC供电，输出4～20mA电流。传感器读数只能在监控中显示，机组投产前，在监控中对球阀底座位移数值进行一次归零，即当球阀全开（球阀不受压）时将上、下游底座位移量都标定为0，由于两个底座座位移传感器对侧布置，故标定后，监控中显示的两个底座位移量互为相反数。

2 数据分析

2.1 监控位移曲线分析

该电站1号机组投产后半年内，观测发现球阀位移曲线存在振幅逐渐收窄现象，其曲线如图2所示，分析造成此现象的原因可能有以下几点：

（1）球阀地脚螺母与底座间隙不足，导致地脚螺母受力，使球阀滑动受阻。

（2）受水温升高影响，使球阀存在竖向膨胀，导致基础板受力增大。

（3）球阀底座与基础板之间摩擦系数增大，摩擦力增大。

2.2 百分表数据分析

为验证球阀位移曲线的正确性，同时扩大观测范围，保证数据完整性和可靠性，在球阀上游连接法兰、下游伸缩节法兰处，以及支腿内侧支墩处均架设了百分表，通过现场手动开关球阀试验，得到数据见表1。

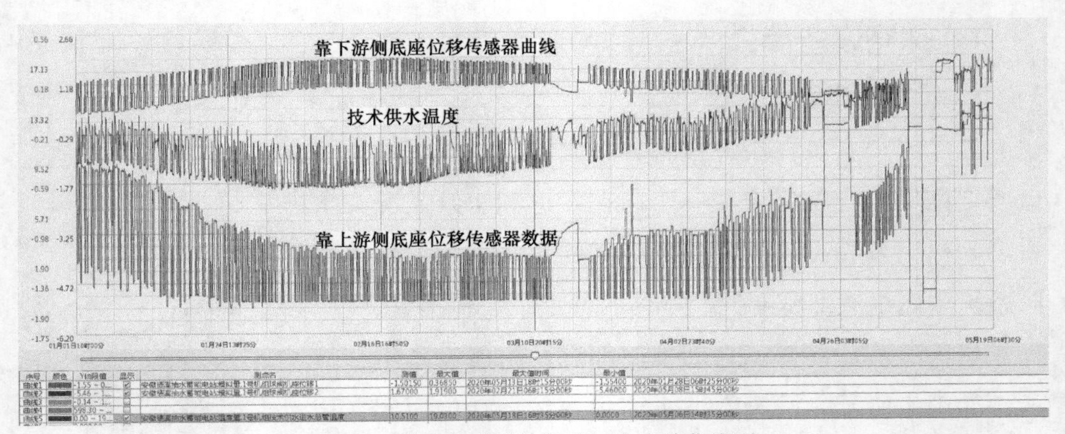

图 2　1 号机组球阀投产半年内位移曲线图

表 1　　1 号机组球阀各处百分表数据

位置	球阀底座靠上游侧	球阀底座靠下游侧	球阀上游法兰顶部	伸缩节顶部	球阀支腿内侧
球阀开关时位移量（mm）	0.05	0.05	1.47	2	0.1

由数据可明显看出，随着时间推移，1 号机组球阀底座位移振幅已接近于 0，即球阀底座与基础板“绑定”状态，而球阀上游法兰及伸缩节位移均在 1mm 以上。说明球阀阀体与支腿存在不同步的摆动，球阀支腿内侧百分表数据也证实了这一点，随着时间推移，该现象可能会对支腿产生危害，需要尽快处理。

2.3　安全性复核

根据厂家的应力计算结果，球阀阀体材料的许用应力为：

$$P_l + P_b + Q < 3.0S_m \tag{1}$$

其中，$S_m = \min\left(\frac{\delta_b}{3}, \frac{2}{3}\delta_s\right)$，$\delta_b = 483\text{N}/\text{mm}^2$，$\delta_s = 285\text{N}/\text{mm}^2$。

式中：S_m——材料许用应力，N/mm²；

P_l——一次局部应力，N/mm²；

P_b——一次弯曲应力，N/mm²；

Q——一次薄膜应力 + 不连续的弯曲应力，N/mm²；

δ_s——屈服强度，N/mm²；

δ_b——抗拉强度，N/mm²。

复核结果见表 2。

表 2　　1 号机组球阀阀体应力复核结果

摩擦系数	计算结果 P_1+P_b+Q	ASME 许用应力	是否满足 ASME 标准
$\mu=0.1$	86.9	483	满足
$\mu=0.35$	93.8	483	满足
$\mu=0.5$	106.8	483	满足
$\mu=\infty$	150.86	483	满足

由表 2 可见，“绑定”情况下球阀阀体受力满足许用应力要求，现场对焊缝进行磁粉探伤，也未见裂纹。但为保证球阀正常滑动，对球阀的分析处理还是很有必要的。

3　原因分析及采取措施

（1）球阀地脚螺母与底座间隙不足，导致地脚螺母受力，使球阀滑动受阻。

该电站球阀基础螺栓结构如图 3 所示，按照设计螺母垫圈与底座之间应存在 0.2～0.35mm 间隙，便于球阀滑动，但现场测量 8 颗基础螺栓，该处间隙均小于 0.1mm。如图 4 所示，通过采取松开螺母，增加垫片的措施，增大螺母垫圈与底座之间的间隙，使 8 颗基础螺栓处间隙均在 0.5mm 以上。但经过一段时间的观察，发现球阀开关时的位移情况并未得到改善，故得出结论，球阀异常位移与基础螺栓无关。

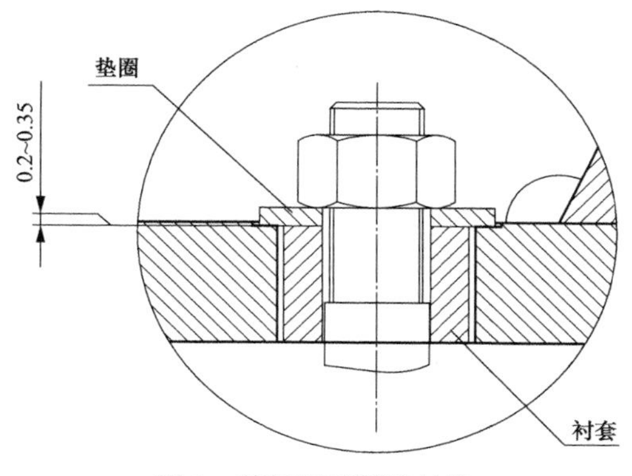

图 3　球阀基础螺栓结构

图 4　球阀基础螺母加垫片

（2）受水温升高影响，使球阀存在竖向膨胀，导致基础板受力增大。

根据厂家提交的报告称，随着夏季到来，厂房环境温度升高，球阀阀体和混凝土受热胀冷缩影响，均有不同程度的膨胀，球阀高度方向的膨胀量达到 0.5mm 左右，但球阀在高度方向并不能自由变形，导致底座与基础板之间正压力变大，球阀底座所受摩擦力大幅增加，使球阀在开关时不能自由滑动。同时，从曲线图分析，球阀位移确实与温度存在一定关系。

若厂家分析结论正确，则秋季到来后，随着气温降低，球阀位移振幅应逐渐增大，恢复至投运初期的数值。根据对球阀位移曲线的持续观察，发现自 9 月中旬以后，厂房气温、流道水温开始降低，1 号机组球阀振幅确实有所增加，但增加到 0.15mm 左右以后便保持稳定，不再随温度变化。故可以得出结论：球阀位移振幅收窄与水温有一定关系，但不是决定性原因。

（3）球阀底座与基础板之间摩擦系数增大，摩擦力增大。

各厂商生产的球阀类型，大部分在安装初期均在底座安装时涂有润滑材料，且在底座开有注油通道等，便于后续向滑动面注润滑油脂保证润滑。

该电站所有球阀安装时，均在底座涂抹了二硫化钼以作润滑用，但并未设计注油通道，且在处理地脚螺母间隙时，发现螺栓孔中有大量二硫化钼，分析是球阀反复滑动将底座的二硫化钼刮出，同时由于机组安装初期厂房湿度较大，球阀底座可能存在生锈现象。另外，球阀底座与基础板均采用 Q345 材质，在底座与基础板相互滑移时可能出现咬死情况。以上原因均会导致底座摩擦系数增大，球阀滑动位移振幅逐渐收窄甚至"绑定"。

经过分析讨论，厂家提供了一种球阀基础改造方案，具体为：在球阀底座与基础板之间设置 10mm 厚的聚四氟乙烯板，基础板上、下游两侧设置限位挡块，避免聚四氟乙烯板移位，并安装重新提供的适应新结构的衬套，以增大地脚螺母垫圈与底座之间的间隙，球阀基础改造后效果如图 5 所示。据此方案，该电站首先对 6 号机组球阀进行了改造，改造后，通过对监控数据、底座百分表、支腿内侧百分表数据进行持续观察，发现该结构效果良好，球阀开关时滑动的振幅达到

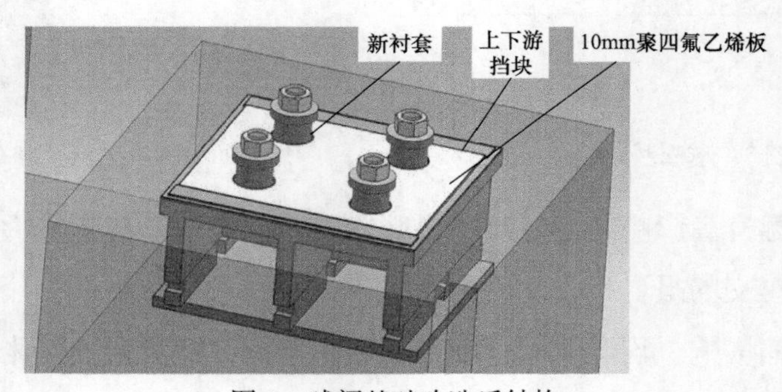

图 5　球阀基础改造后结构

1.7mm 左右，且至今未出现收窄情况，支腿内部摆动接近 0，说明球阀底座所受摩擦力已降到很小。

4　结束语

根据对绩溪抽水蓄能电站 1 号机组球阀位移情况的监测发现，球阀投运一段时间后，其开关时的滑动位移振幅会逐渐收窄。经过跟踪观察和分析研判，最终确定了球阀出现异常位移情况的原因，主要存在以下几方面：

（1）球阀底座与基础板采用同材质。由于同材质金属硬度一致，经过一段时间的滑动，可能造成咬死的情况，建议在球阀设计时底座与基础板尽量采用不同材质。

（2）机组投运初期厂房湿度较大，可能造成球阀底座滑动面生锈。对于抽水蓄能电站，由于机组安装周期长，首台机组安装时，厂房通风除湿系统尚未完全形成，易造成厂房湿度大，建议安装初期做好球阀底座滑动面保护。

（3）球阀底座滑动面润滑剂润滑效果降低。建议球阀安装时选用润滑效果好的润滑剂，在吊装前涂抹上，同时，设计上应有后期加注润滑材料的注油孔或通道。

（4）基础母与底座间隙过小。建议设计及安装时，在基础螺母与底座间保留足够间隙，以确保球阀正常滑动不受影响。

高水头、大直径球阀在抽水蓄能电站应用广泛，但对于球阀底座位移的监测只是在近年来水力自激振反措发布后才开始进行，所以球阀位移振幅收窄的情况可能并未引起重视，希望通过本文阐述的基于绩溪抽水蓄能电站球阀异常位移情况的研究成果，能够使其他电站提高对这方面内容的关注。

参考文献

［1］ 何少润，陈泓宇，杨庆文，等. 高水头抽水蓄能电站进水球阀阀座基础结构研究［C］. 水电与抽水蓄能，2017，3（1）：46-54.

［2］ 朱渊岳，樊红刚，陈乃祥，叶复萌. 蓄能电站复杂管道系统自激振动的防止和消除［M］. 北京：清华大学，2006.

TPZ级电流互感器应用于变速抽水蓄能机组保护的特性分析

许　鑫，赵人正，岳明奕，李振兴

（河北丰宁抽水蓄能有限公司，河北省承德市　068350）

摘要　电流互感器暂态饱和会影响到保护装置的正确动作，目前国内大型抽水蓄能机组主保护用电流互感器大多根据DL/T 866《电流互感器和电压互感器选择及计算规程》选用TPY级[1]。某电站在国内首次引进大型变速交流励磁抽水蓄能机组，根据电站设备实际参数经模拟仿真研究发现，发生机端短路故障时，TPY级电流互感器会在150ms后进入暂态饱和状态，而TPZ级不会发生暂态饱和。因此，对于不使用低频或直流分量的差动主保护方案，采用TPZ级电流互感器能够获得更优的保护性能。

关键词　变速抽水蓄能；继电保护；TPZ级电流互感器；模拟仿真；差动保护

0　引言

我国抽水蓄能行业已进入“蓬勃发展”阶段，但国内变速抽水蓄能机组刚刚起步，某抽水蓄能电站引进的两台300MW大型变速交流励磁抽水蓄能机组（双馈异步机）并已进入调试期，是国内首台真正意义上的变速抽水蓄能机组。

电气设备发生短路故障时，电流互感器可靠传变一次电流是保护装置正确动作的前提。目前国内对于保护用电流互感器的研究和应用主要集中在P级和TPY级[2]，对于TPZ级电流互感器的研究和应用不多。大型抽水蓄能机组主保护用电流互感器大多根据规程选用TPY级，未有应用TPZ级的先例，且未依据机组实际短路故障情况作针对性比选，可能存在主保护用电流互感器出现暂态饱和的问题，进而影响保护装置的动作可靠性。

本文开展以下工作：

（1）归纳电流互感器暂态饱和现象产生的原因。

（2）细致分析变速机组参数及等效模型，理论推算短路电流特征，并与定速机组对比，预测模拟仿真结果。

（3）根据电站实际设备仿真机组区外故障一次侧短路电流波形，与理论推算比较印证。

（4）根据 TPY 级和 TPZ 级电流互感器的不同特性，仿真互感器二次侧电流波形，分析不同互感器的暂态饱和行为。

（5）使用继保仪的波形回放功能将仿真的互感器二次侧电流波形实际输入到保护装置，检验保护装置的动作行为。

（6）列举标准相关条款对电流互感器准确级的推荐与要求，指出本文结论与标准的差异性，并陈述若干观点。

1 电流互感器暂态饱和产生原因

1.1 电流互感器等值电路

电磁式电流互感器是一种特殊的变压器，根据其等值电路图（见图 1）[1]，一次电流 I_p/K_n 等于二次电流 I_s 与励磁电流 I_e 的和，电磁式电流互感器误差来源主要是励磁支路分流，当励磁电流 I_e 分流越大，则误差就越大。根据互感器铁芯的非线性磁滞回线，当短路故障发生，一次电流 I_p/K_n 瞬间增大，励磁电流 I_e 随之增大到一定程度时，电流互感器铁芯在的磁通密度不再线性增加，即电流互感器开始进入了饱和区，此时二次电流 I_s 无法有效传变一次电流 I_p/K_n。

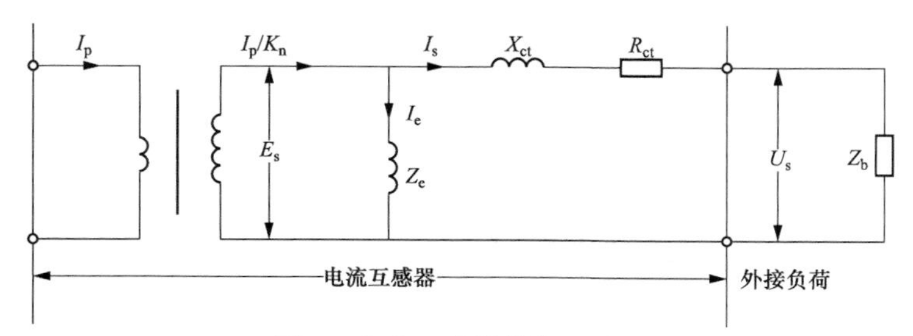

图 1 电流互感器等值电路图

I_p、I_s、I_e—一次电流、二次电流、励磁电流；K_n—匝数比；

X_{ct}、R_{ct}、Z_b—二次绕组电抗、电阻、负荷阻抗；U_s—二次电压

1.2 电流互感器暂态饱和时的磁通密度

发生短路故障时，短路电流中非周期分量含量和短路初始时电流与电压的夹角 θ 有关，当夹角 θ 为 90° 时无非周期分量，但因机组三相电压相位互差 120°，则三相短路电流中必然存在周期分量和非周期分量。其中，周期分量可能引起稳态饱和，周期分量和非周期分量共同作用可能引起暂态饱和，见图 2[1][3]，且其中非周期分量是引起暂态饱和的主要因素。因故障发生时铁芯磁通不会突变，存在一个逐渐增加的过程，故出现暂态饱和是在故障发生后的某一时间段。

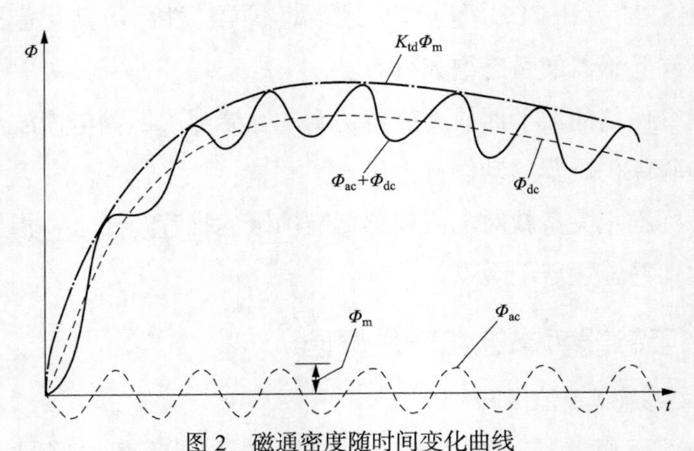

图 2　磁通密度随时间变化曲线

Φ_{ac}—传变故障电流周期分量磁通；Φ_{dc}—传变故障电流非周期分量磁通，其值远大于 Φ_{ac}；Φ_m—周期磁通幅值；K_{td}—暂态面积系数

1.3 TPY 级和 TPZ 级电流互感器的区别

TP 类电流互感器分为 TPS、TPX、TPY 和 TPZ 级四种。其中，TPS 和 TPX 级电流互感器铁芯均不带气隙，并不限制剩磁。TPY 和 TPZ 级电流互感器铁芯均带气隙，磁阻较大，互感器达到饱和的时间长，不易饱和，有更长的时间保持线性传变关系，使暂态性能大为改善[4]，TPY 级和 TPZ 级电流互感器间的差异见表 1。

表 1　TPY 级和 TPZ 级电流互感器的区别

区别	TPY 级	TPZ 级
精度定义	准确限值规定为在指定的暂态工作循环中的峰值误差，剩磁不超过饱和磁通的 10%	准确限值规定为在指定的二次回路时间常数下，具有最大直流偏移的单次通电时的峰值瞬时交流分量误差，无直流分量误差限值要求，剩磁实际上可以忽略

续表

区别	TPY 级	TPZ 级
结构	采用开口环形铁芯，磁化曲线是条“瘦形”曲线，低剩磁	同样采用开口环形铁芯，但 TPZ 级的铁芯气隙更大，导磁率基本是恒定的，磁化曲线接近一条过零点的直线，所以又称为线性电流互感器
传变特性	存在“拖尾”电流；低剩磁；未发生饱和的情况下，可保证暂态条件下交流和直流分量都有准确度	同样存在“拖尾”电流；因 TPZ 级 CT 磁化曲线过零点，几乎无剩磁；TPZ 级抗饱和能力强，暂态特性较 TPY 级更佳，但仅保证交流分量误差，不保证分周期分量误差

2 变速机组等效模型及短路电流推算

2.1 变速机组参数

该抽水蓄能电站变速交流励磁发电动机为进口机组，相关参数见表 2。

表 2　变速抽蓄发电动机参数表

名称	数值
额定电压	15.75kV
极对数	7
同步转速	428.6r/min
发电转速	398.6～412.8r/min
水泵转速	398.6～455.3r/min
发电机工况额定出力（定子出线端）	336 MVA
发电机工况定子额定电流 I_e	12317 A
转子额定电压 / 电流	3.3 kV/6429 A
主电抗 X_h（不饱和 / 饱和）	3.49/2.78p.u.（基准值 $X_B=0.738\Omega$）
115℃时定子绕组电阻 R_1	0.0018p.u.
定子绕组漏抗 $X_{1\sigma}$（不饱和 / 饱和）	0.139/0.108p.u.
115℃时归算到定子侧的转子绕组电阻 R'_2	0.0018p.u.
归算到定子侧的转子绕组漏抗 $X'_{2\sigma}$（不饱和 / 饱和）	0.189/0.14p.u.
交流励磁每相跨接器电阻 $R_{crowbar}$	0.01Ω
绕组系数 X_{i1}、X_{i2}	0.923（定子）、0.956（转子）
绕组每相串联匝数 w_1、w_2	21（定子）、49（转子）
变比 $k=w_2\times X_{i2}/(w_1\times X_{i2})$	2.415
槽数	252（定子）、294（转子）
绕组形式	叠绕组（定子）、波绕组（转子）
每相并联支路数	4（定子）、2（转子）
气隙长度	15mm

2.2 变速机组原理及等效电路图

不同于传统的定速同步抽水蓄能机组，变速抽水蓄能机组是一种特殊的异步电机，如图 3 所示，定子电压 U_1 经主变压器接入电网，转子电压 U_2' 连接至交流励磁输出端，等效电路图进行了绕组归算，未进行转差归算。定子部分常规定速抽水蓄能机组一样接在电网，区别重点在于转子及励磁部分。变速抽水蓄能机组转子为圆筒状隐极转子，其三相分布式线棒镶嵌在转子铁芯线槽内，“交—直—交”电压源型交流励磁装置在三相转子线圈中通入交变电流（频率为转差 s 频率），形成一个相对于转子旋转的磁场，再考虑本身就旋转的转子，两者叠加，在气隙中则形成一个与电网同步旋转的主磁场，见式（1）[5]。

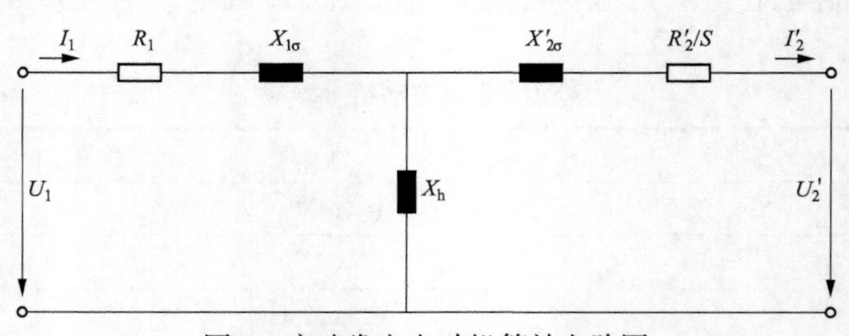

图 3　变速发电电动机等效电路图

$$N_0 = N_m + N_e \tag{1}$$

式中：N_0——转子磁场转速；

N_m——转子机械转速；

N_e——交流励磁电流产生的磁场相对与转子的转速。

2.3 短路电流幅值计算

短路电流周期分量初始有效值近似算法见式（2）。

$$I_{kj} = \frac{1}{X_{1\sigma} + X'_{1\sigma}} \times I_e \tag{2}$$

由式（2）计算得短路电流周期分量初始有效值 I_{kj} 为 50kA，约为额定电流的 4～5 倍，因短路初始瞬间电流不能跃变，最大非周期分量 $I_{kz} = \sqrt{2}I_{kj} = 71\text{kA}$ 。

2.4 短路电流周期和非周期分量的衰减时间

发生机端短路时，因定转子磁场耦合，转子内的电压激升，由于变速机组转子侧连有逆变器，此过电压会在转子内产生过电流，相关交流励磁保护激活跨接器动作，触发跨接器晶闸管，将跨接器电阻接入转子回路，故障过程中变速机组失去励磁。[6]

（1）流过定子的短路电流周期分量按时间常数 T_r 逐渐衰减，T_r 的数学表达式见式（3）。

$$T_r=\frac{L'_{2\sigma}+L_h//L_{1\sigma}}{R'_2+R'_{crowbar}}=\frac{\dfrac{X'_{2\sigma}+X_h//X_{1\sigma}}{2\pi f}}{R'_2+\dfrac{R_{crowbar}}{k^2}} \tag{3}$$

式中：$L'_{2\sigma}$——归算到定子侧的转子绕组漏感；

L_h——主电感；

$L_{1\sigma}$——定子绕组漏感。

结合变速机组等效电路图和参数表，由式（3）计算得周期分量衰减时间常数 T_r=0.22s，可知：故障 0.22s 后，短路电流周期分量衰减到初始值的 37%。

（2）流过定子的短路电流非周期分量按时间常数 T_s 逐渐衰减，T_s 的数学表达式见式（4）。

$$T_s=\frac{L_{1\sigma}+L_h//L'_{2\sigma}}{R_1}=\frac{\dfrac{X_{1\sigma}+X_h//X'_{2\sigma}}{2\pi f}}{R_1} \tag{4}$$

结合变速机组等效电路图和参数表，由式（4）计算得周期分量衰减时间常数 T_s=0.43s，可知：故障 0.43s 后，短路电流非周期分量衰减到初始值的 37%；非周期分量衰减速度慢于周期分量。

2.5 变速机组和定速机组短路电流非周期分量衰减对比

该电站的定速抽蓄机组相关参数见表 3。

表 3　　定速抽水蓄能机组参数表

容量（MVA）	电压（kV）	负序电抗 X_2	定子电阻 R_s（Ω）	次暂态电抗 X''_d（p.u.）	转速（r/min）
333.3	15.75	0.173	0.001396	0.16	428.6

定速机组短路故障时，定子故障电流中非周期分量衰减的时间常数称为电枢时间常数 T_a，其计算方法见式（5）。

$$T_a=X_2/2\pi fR_s \tag{5}$$

结合定速抽水蓄能机组参数表，由式（5）计算得 T_a=0.29s，可知：变速机组的短路电流非周期分量衰减时间常数要高于定速机组，又因为短路电流非周期分量衰减时间常数越大，越容易引起电流互感器暂态饱和，故因变速机组短路电流的特殊性，其电流互感器选择也更苛刻。

2.6 变速机组保护用电流互感器的特殊性

关于变速机组保护用电流互感器，需在设计中特殊考虑以下事宜：

（1）变速机组短路电流的直流分量比同步机组更高，且衰减缓慢。

（2）变速机组水泵方向启动方式为交流励磁自启动，无需 SFC 或背靠背启动增加额外设备。先将启 / 停开关定子三相短路，交流励磁系统再向转子通入频率逐渐升高的电流（0～50Hz），此过程中定子电流频率为极低的转差频率（0.3Hz 左右），启动过程中电流互感器将饱和，当机组被拖至同期转速后，交流励磁系统在转子上施加逆变电流以去除发电电动机铁芯中的剩磁（约 400ms），最后解除定子短接状态，施加正常低频励磁电流。最恶劣的情况是：启 / 停开关分闸，投入交流励磁后立即发生短路，必须确保电流互感器在去磁后恢复正常的传变功能。

（3）故障穿越时，虽然流过机组的短路电流并不大，但一次时间常数可能较大。

2.7 差动保护动作特性

变速机组定子侧主保护配置与普通定速机组类似，机组差动保护动作特性基于多段折线的比例制动特性，见图 4，采用“180°”接线方式，每相电流具有电流互感器饱和检测功能，一旦检测到电流互感器饱和，制动特性将切换到更高斜率的制动特性。该保护装置差动保护原理较为简单，只涉及工频交流分量，不使用低频分量和直流分量。

差动电流 I_{d} 计算的是两侧（发电机中性点和机端侧）电流的向量和，见式（6）。

$$I_{\mathrm{d}}=\overrightarrow{I_1}+\overrightarrow{I_2} \tag{6}$$

制动电流 I_{res} 计算的是两侧电流绝对值的平均值，见式（7）。

$$I_{\mathrm{res}}=\frac{\left|\overrightarrow{I_1}\right|+\left|\overrightarrow{I_2}\right|}{2} \tag{7}$$

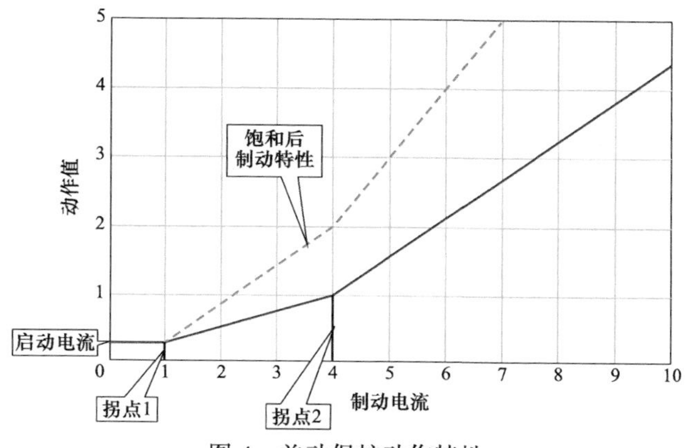

图 4　差动保护动作特性

3　仿真过程和结果

仿真系统以该电站变速发电电动机—变压器组单元为原型，连接至等效电力系统，见图 5。记录流过发电电动机机端的一次电流，故障类型为主变压器高压侧三相短路的故障穿越、水泵方向启动去磁后机端三相短路、发电方向空载时机端三相短路，故障点均在纵差保护范围以外，故障会触发交流励磁跨接器动作。

3.1　仿真一次短路电流波形

根据机组特性开展一次短路电流波形仿真。

（1）区外故障发电电动机的穿越性电流波形，见图 6（a），短路电流峰值约为额定电流的 2 倍。

（2）水泵启动去磁后短路故障电流波形，见图 6（b），短路电流中含有周期分量和大量非周期分量。

周期分量初始有效值约为 56kA，为机组额定电流的 4～5 倍，非周期分量初始峰值约为 80kA，为额定电流的 6～7 倍，仿真结果中电流幅值与第 2.3 节公式推算值差别不大，可以相互印证。

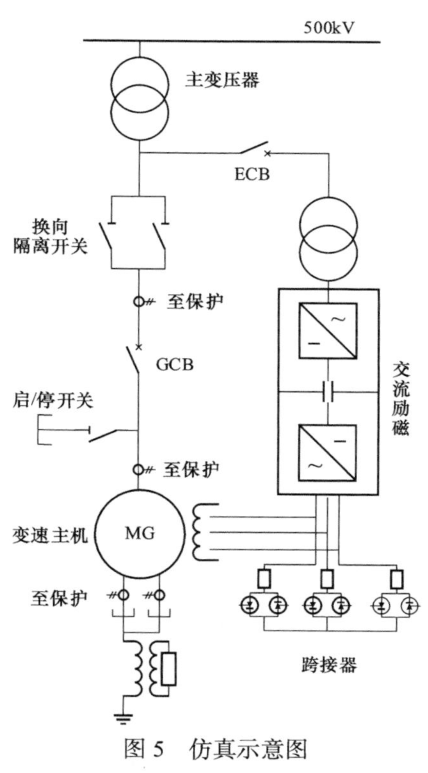

图 5　仿真示意图

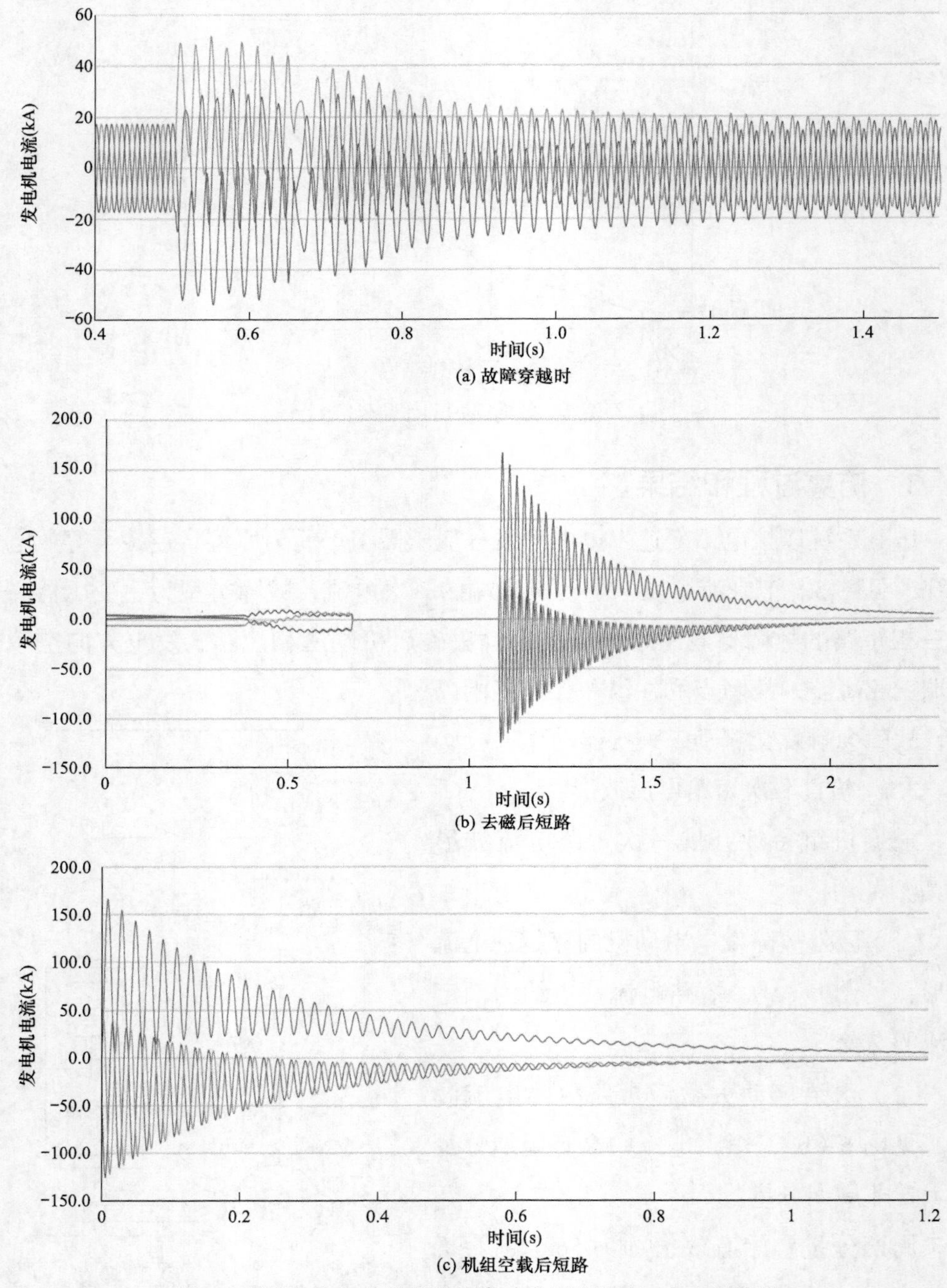

图 6　模拟发电电动机不同故障时流过机组的一次电流波形

短路后，周期分量逐渐衰减，其在 0.22s 大约衰减到初始值的 33%，仿真结果中周期分量衰减情况与第 2.4 节公式推算值差别不大，可以相互印证。

短路后，非周期分量逐渐衰减，其在 0.43s 大约衰减到初始峰值的 38%，仿真结果中周期分量衰减情况与第 2.4 节公式推算值差别不大，可以相互印证。

（3）机组空载后发生短路故障的电流波形，见图 6（c），其短路电流波形与去磁后短路波形类似，不再赘述。

3.2 仿真二次短路电流波形

根据仿真一次短路电流，结合互感器特性差异，开展电流互感器二次侧电流仿真，以机组中性点电流互感器为例，表 4 列举了 TPZ 级和 TPY 级 CT 的部分参数。

表 4　　电流互感器参数表

参数名称	TPZ 级	TPY 级
厂家	PFIFFNER	PFIFFNER
型号	AKQ	AKQ
额定频率 f_n	50Hz	50Hz
额定短时热电流 I_{th}，方均根值	200kA/3s	200kA/3s
额定动稳定电流 I_{dyn}，峰值	500kA	500kA
变比	7500：1	7500：1
额定电阻性负荷 R_b	4Ω	4Ω
额定对称短路电流倍数 K_{ssc}	7	7
暂态面积系数 K_{td}	12.4	12.4
二次绕组电阻 R_{ct}	≤21Ω	≤32Ω
二次回路时间常数 T_s	0.061s	0.63s

发生故障穿越时，TPY 和 TPZ 级 CT 均未发生暂态饱和，可以正确传变一次短路电流。

启动去磁后和机组空载后机端三相短路故障的二次电流波形类似，TPY 级电流互感器在短路发生 150ms 后进入暂态饱和，见图 7（a），无法有效模拟饱和后的二次电流波形，只能在饱和后把二次电流设置为零。TPZ 级电流互感器在短路发生整个过程都未饱和，见图 7（b），其中，TPZ 级二次侧电流中的非周期分量较 TPY 级衰减要快，TPZ 级对非周期分量的抑制作用较强。

3.3 检验保护装置的动作行为

使用继保仪的波形回放功能将仿真二次侧电流实际注入到保护装置，记录保护装置的动作行为、差动 / 制动电流波形等。

故障穿越时，TPY 级和 TPZ 级电流互感器都可以正确传变，差动保护未发生

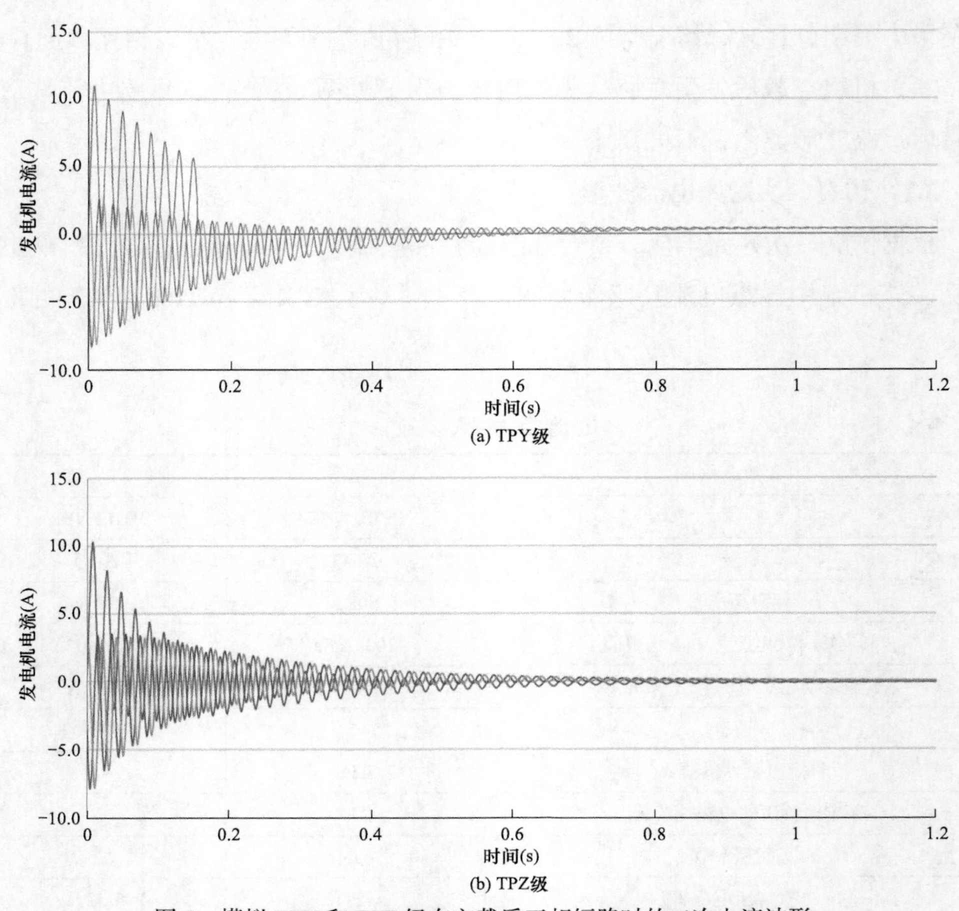

图 7　模拟 TPY 和 TPZ 级在空载后三相短路时的二次电流波形

误动情况。启动去磁后短路、机组空载后短路时，TPY 级电流互感器在短路发生 150ms 后发生饱和，差动保护的动作行为可能受到影响，而 TPZ 级电流互感器在各种故障条件下均可有效传变故障电流交流分量，未发生区外故障误动的情况，TPZ 级在抗暂态饱和能力上优于 TPY 级，故该变速机组主保护用电流互感器更合适应用 TPZ 级。

4　选用 TPZ 级电流互感器与相关规程条款不一致的观点

该电站机组差动保护和 GCB 失灵保护皆选用 TPZ 级电流互感器，与相关规程某些条款确实存在不一致的情况，如 DL/T 866—2015《电流互感器和电压互感器选择及计算规程》第 5.2.6 条“TPZ 级电流互感器不宜用于主设备保护和断路器失灵保护”，第 6.1.3 条“300MW～1000MW 级发电机变压器组差动保护用电流互感器宜采用 TPY 级电流互感器”。

经分析，有以下观点：

（1）该电站继电保护装置中差动保护采用傅里叶算法，运算功能中只用到基波交流分量，未用到直流分量，且未配置与电流变化量有关的工频变化量差动保护。TPY 级电流互感器虽然在定义上要能保证暂态条件下交流、直流分量都有准确度，但对于此保护装置来说直流分量的准确度没有必要，如果 TPY 级发生了暂态饱和，其交流、直流分量准确度就都没了保证。TPZ 级电流互感器只保证暂态条件交流分量的准确度，不易发生暂态饱和，与保护装置的需求保持一致。

（2）虽然该电站机组保护装置具有饱和时抬高动作曲线的算法，但抗饱和能力有限，严重饱和时还是可能造成保护误动，所以电流互感器的正确传变是保护装置可靠动作的前提，选择合适的电流互感器类型及参数是首要的。

（3）电流互感器饱和后，二次电流基波有效值比实际明显偏小，降低了某些过电流保护的灵敏度。

（4）标准不推荐失灵保护选用 TPZ 级电流互感器，主要考虑故障切除后二次电流依然存在，即电流“拖尾”问题[7]，可能造成失灵保护误动。本文认为 TPZ 级电流互感器可有效传变故障电流，提高失灵保护动作准确性，其中的电流“拖尾”问题可采取适当延长失灵保护动作延时的措施进行预防。

5 结论

本文叙述了电流互感器饱和现象的产生原因，理论推算结合仿真试验对比分析了在机组短路后 TPY 和 TPZ 级电流互感器不同的暂态饱和情况，并结合该电站保护装置性能，最终得出结论：变速机组的短路电流非周期分量含量大且衰减缓慢，TPY 级电流互感器可能进入暂态饱和，由于保护装置的保护原理与低频或直流分量无关，适合选取抗暂态饱和能力更强的 TPZ 级电流互感器。本文也为今后大型发电机主保护用电流互感器的选择提供了一种选型参考。

参考文献

[1] DL/T 866—2015，电流互感器和电压互感器选择及计算规程[S].

[2] 吴聚业. 大型发电机组保护用 TPY 级电流互感器的研究与应用[J]. 电力

设备，2005，6（1）：22-25.
[3] 袁季修，盛和乐. 电流互感器的暂态饱和及应用计算［J］. 继电器，2022，30（2）：1-5.
[4] 马宁. TPY级电流互感器在大型发电机组保护中的选型研究［J］. 西北水电，2008（3）：34-39.
[5] 梁廷婷，王凯，陈俊，等. 变速抽水蓄能机组继电保护方案研究［J］. 水电与抽水蓄能，2020，6（5）：62-67.
[6] 撖奥洋，张哲，尹项根，等. 双馈风力发电系统故障特性及保护方案构建［J］. 电工技术学报，2012，27（4）：233-239.
[7] 刘东超，韩宝民，刘奎，等. TPY互感器对失灵保护的影响研究［C］// 中国电机工程学会2015年年会论文集.

作者简介

许　鑫（1993—），男，助理工程师，主要研究方向：抽水蓄能继电保护运维管理。E-mail：1147581085@qq.com

赵人正（1993—），男，工程师，主要研究方向：抽水蓄能继电保护运维管理。E-mail：51411667@qq.com

岳明奕（1987—），男，工程师，主要研究方向：抽水蓄能励磁系统运维管理。E-mail：2854716334@qq.com

李振兴（1994—），男，助理工程师，主要研究方向：抽水蓄能励磁系统运维管理。E-mail：1040306193@qq.com

宝泉公司导叶套筒密封改造案例分析

黄佳思琦

（新疆阜康抽水蓄能有限公司，新疆乌鲁木齐市　830000）

摘要　简要介绍了宝泉公司导叶套筒结构及其密封的作用，分析了导叶套筒套密封更换前存在的问题及原因，并阐述改造后导叶套筒密封的结构特点、材料和形式，通过对比改造前后导叶套筒密封的性能以及更换后运行情况，得出改造后导叶套筒密封工作可靠、运行效果良好的结论。最后，通过宝泉公司与阜康公司的套筒结构及密封作用进行对比学习，提出思考，宝泉公司导叶套筒密封改造的思路与方法，对阜康公司投产后的运维、检修工作有重要的借鉴意义。

1　宝泉公司导叶套筒结构

宝泉公司导叶套筒分为上套筒和下套筒两个部分。

1.1　上套筒结构及密封作用

上套筒由连接法兰、上轴套、中轴套、套筒筒身、注水孔以及三道密封圈组成（见图1、图2）。连接法兰与顶盖、导叶拐臂及拐臂的止推块连接；上轴套、中轴套与活动导叶的轴直接接触，从径向固定活动导叶，防止导叶在转动时发生偏移；套筒筒身在上轴套与中轴套间的部位设有两道立面切口，使套筒筒身形成通孔；注水孔为中轴套与导叶轴的接触面注入润滑冷却水。

中轴套上下分别设置一道密封圈。下层密封圈作用是防止水中较大的杂质、泥沙颗粒进入轴套与活动导叶轴的接触面内，对中轴套以及活动导叶轴面进行保护，少量的水通过注水孔进入轴套与导叶轴接触面内，机组正常运行时轴套与活动导叶轴的接触面需要有水存在，起到冷却摩擦面及润滑作用。上层密封圈的作用是防止运行过程中水通过导叶与套筒内侧的缝隙进入顶盖，同时在调相压水时对气体进行密封。在导叶套筒的外径还设置有一道密封圈，其作用是防止水通过顶盖与套筒外侧的缝隙进入顶盖内，在调相压水工况对气体进行密封。

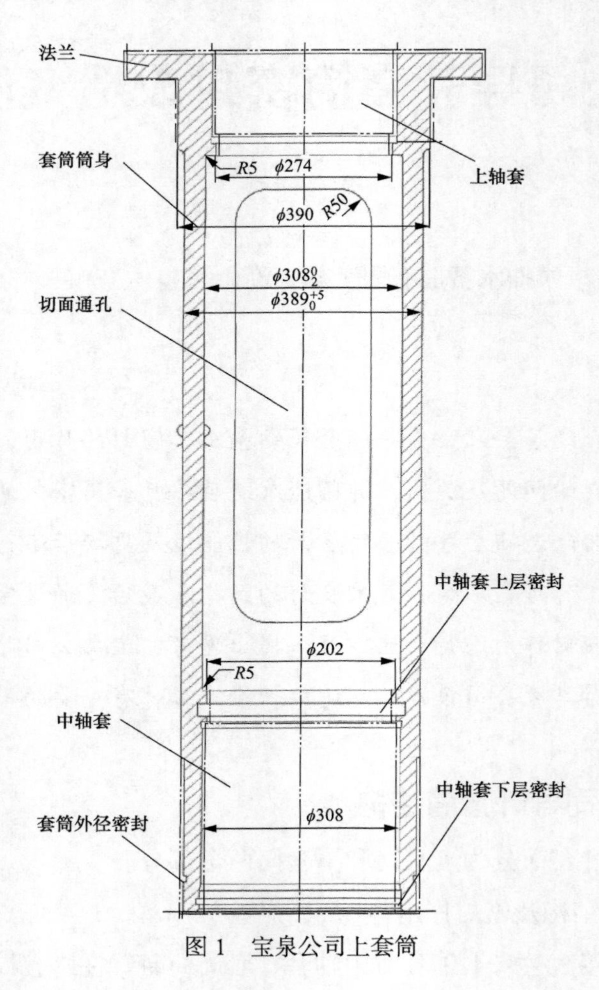

图 1　宝泉公司上套筒

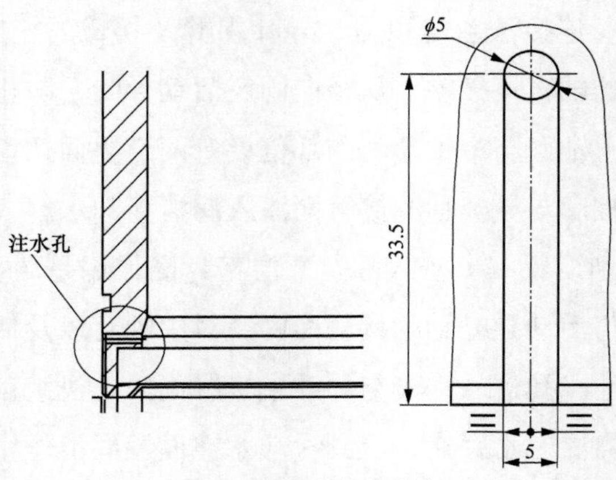

图 2　注水孔位置结构

1.2　下套筒结构及密封作用

下套筒由套筒筒身、下轴套以及两道密封圈组成（见图 3）。下轴套与活动导叶的轴直接接触，从径向固定活动导叶，防止导叶在转动时发生偏移。

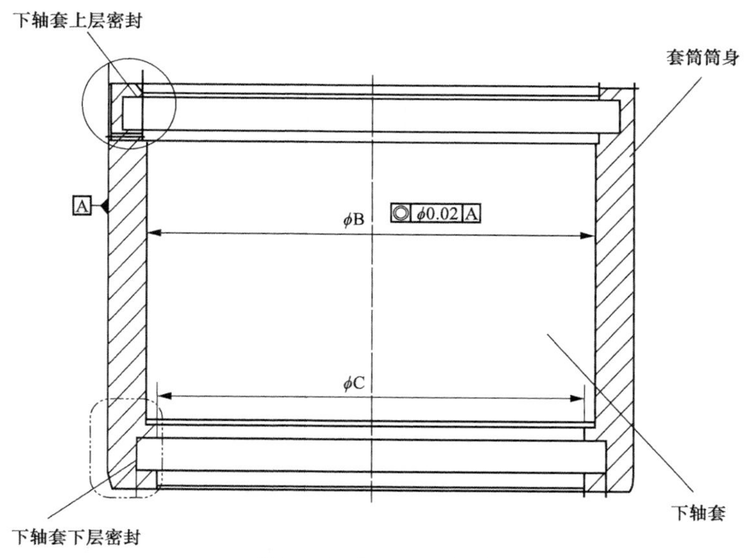

图 3　宝泉公司下套筒

下轴套上下分别设置一道密封圈，上层密封圈作用与中轴套下层密封圈相同。下层密封作用是防止运行过程中水进入活动导叶下端面，避免水的压力导致导叶向上位移，影响导叶端面间隙；同时在调相压水时对气体进行密封。

2　导叶套筒密封不良对机组运行时各工况的影响

（1）密封不良会导致顶盖水位升高，引起浮子传感器报警，水位反复升高会使顶盖排水泵频繁启动，顶盖内部二次元件接线受潮发生短路等故障。

（2）密封不良会导致机组正常发电、抽水启机工况下蜗壳保压能力下降，球阀下游则与蜗壳直接相连，此时球阀下游侧压力会很难达到开球阀规定压力值，导致球阀上游侧与下游侧压差不满足球阀开启条件，球阀不能正常开启，最终导致启机失败。

（3）密封不良转轮压水时漏气，会导致机组无法满足进入调相压水工况的条件，压气过程中水位过高，浮子传感器报警，如水位长时间不能低于规定高度，会导致机组启机流程超时，最终导致启机失败。即使满足条件进入调相压水工况，漏气会导致水位持续上升，压气保持阀长时间开启。

（4）密封不良会导致水顺着套筒从拐臂与顶盖的连接处渗出，造成水车室内机械部件锈蚀加快，顶盖表面二次元件故障。

3 改造前导叶套筒密封存在的问题及原因分析

宝泉公司导叶套筒密封改造前为旋转接触式动密封，形式为向下开口的U形密封，材料为丁腈橡胶。

宝泉公司机组投产两年后，导叶中轴套上层密封开始出现漏水现象，随着运行时间越来越长，导叶套筒密封效果持续下降，漏水现象越来越严重。初期采取的措施为机组检修过程中更换导叶套筒密封。机组检修时拆下漏水的密封，发现密封存在不同程度的损坏。

主要现象为：

（1）密封随导叶一起旋转，导致被撕扯断裂。

（2）密封老化，表面脱层或劣化、开裂、破碎。

（3）密封内径处夹入导叶间隙而被破坏（见图4）。

图4 检修拆下的已损坏的密封圈

更换导叶套筒密封漏水情况有所好转，但机组运行1～2年后，导叶套筒密封再次出现漏水现象，在后期检修过程中，拆下的导叶套筒密封依旧出现上述现象，经分析原密封损坏原因有：

（1）密封夹入导叶间隙，密封内径和外径尺寸不合适。

（2）材料强度低，材料抗老化性能差，材料抗挤压性能差。

（3）密封形式、结构不合理。

综上所述原因，且在每次检修过程中更换导叶套筒密封的工作量大，需要工作人员较多，更换时间较长，严重会造成检修工期延长，经过公司研究、讨论，决定对导叶套筒密封进行改造。

4 改造后导叶套筒密封介绍

宝泉公司导叶套筒密封改造后依然为旋转接触式动密封，主要由U形密封、O形密封、抗磨环三个部分组成（见图5）。

（1）改造后导叶套筒密封形式为向下开口的U形密封，材料为耐水解聚氨酯（HPU）。

（2）密封内径设置一层抗磨环，材料为聚甲醛（POM），其目的是减小活动导叶开启关闭过程中对U形密封的摩擦，同时通过摩擦抗磨环来减小U形密封发热，减缓U形密封材料劣化的速度，延长使用寿命。

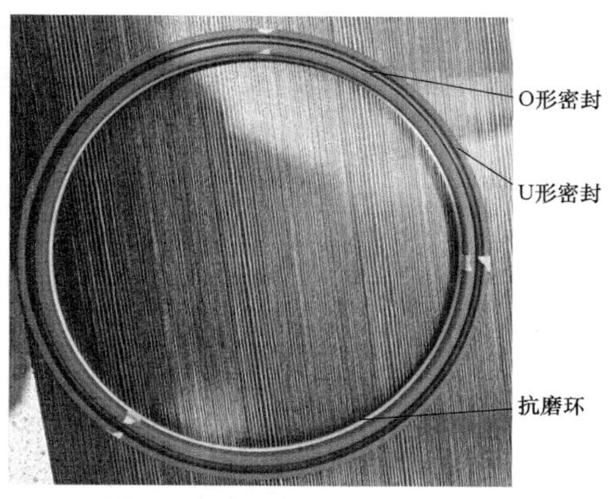

图5　改造后新密封实物示意图

（3）在U形密封内部加装一层O形密封，材料为丁腈橡胶，其作用是保证U形密封的密封效果，O形密封的直径稍大于U形密封的内径，使U形密封能更紧地贴在活动导叶轴上。

改造后导叶套筒密封的密封效果良好，漏水现象消失，机组运行各工况过程密封效果良好，消除了因为密封不良导致机组启机失败的隐患。

5 改造前后密封的对比

表1　　密封圈材料性能对比表

性能＼材料	丁腈橡胶（宝泉公司改造前）	耐水解聚氨酯HPU（宝泉公司改造后）	耐水解聚氨酯HPU（阜康公司）
硬度	SH A　84	SH A　95 SH D　48	SH A　95 SH D　48
预期寿命	2年	5年以上	5年以上
摩擦系数	1.5	0.2	0.2
抗拉强度（N/mm^2）	15	50	50
拉断伸长率（%）	165	380	380
撕裂强度（N/mm）	45	120	120

续表

材料 性能	丁腈橡胶 （宝泉公司改造前）	耐水解聚氨酯 HPU （宝泉公司改造后）	耐水解聚氨酯 HPU （阜康公司）
弹性模量（N/mm^3）	12	17	17
工作温度（℃）	−10～80	−20～100	−20～100
工作压力（bar）	＜250	＜400	＜400

从表 1 数据比较可以看出，耐水解聚氨酯的各性能参数都远远优于以前使用的丁腈橡胶。耐水解聚氨酯具有以下优点：

（1）抗水解性能优异，抗老化性能好。

（2）材料中添加自润滑成分，具有更低的摩擦系数，更强的耐磨性能，对导叶轴颈损伤小。

（3）良好的机械性能，抗撕裂能力强。

（4）抗压性能强，可以承受较大的挤出压力。

（5）具有更长的使用寿命，可达 5 年以上。

6 阜康公司导叶套筒结构

阜康公司的套筒分为上套筒和下套筒两个部分。

6.1 上套筒结构及密封作用

上套筒由连接法兰、上轴套、中轴套、三道密封圈以及套筒筒身组成（见图 6）。连接法兰与顶盖、导叶拐臂及拐臂的止推块连接；上轴套、中轴套与活动导叶的轴直接接触，用来在径向固定活动导叶，防止导叶在转动时发生偏移；套筒筒身为空腔圆柱体。

中轴套上下分别设置一道密封圈，下层密封圈作用，防止水中的杂质、泥沙进入轴套和活动导叶轴的接触面内，对中轴套以及活动导叶轴面进行保护，对水进行密封，防止运行过程中水通过导叶与套筒的缝隙进入套筒内，同时在调相压水时对气体进行密封。上层密封圈作用，对水进行密封，在下层密封损坏时，保证水不会顺着套筒内侧直接渗漏到水车室。在导叶套筒外径设置一道密封圈，其作用是防止水通过顶盖与套筒外侧的缝隙进入顶盖内，在调相压水工况对气体进行密封。

6.2 下套筒结构及密封作用

下套筒由套筒筒身、下轴套以及一道密封圈组成（见图 7）。下轴套与活动

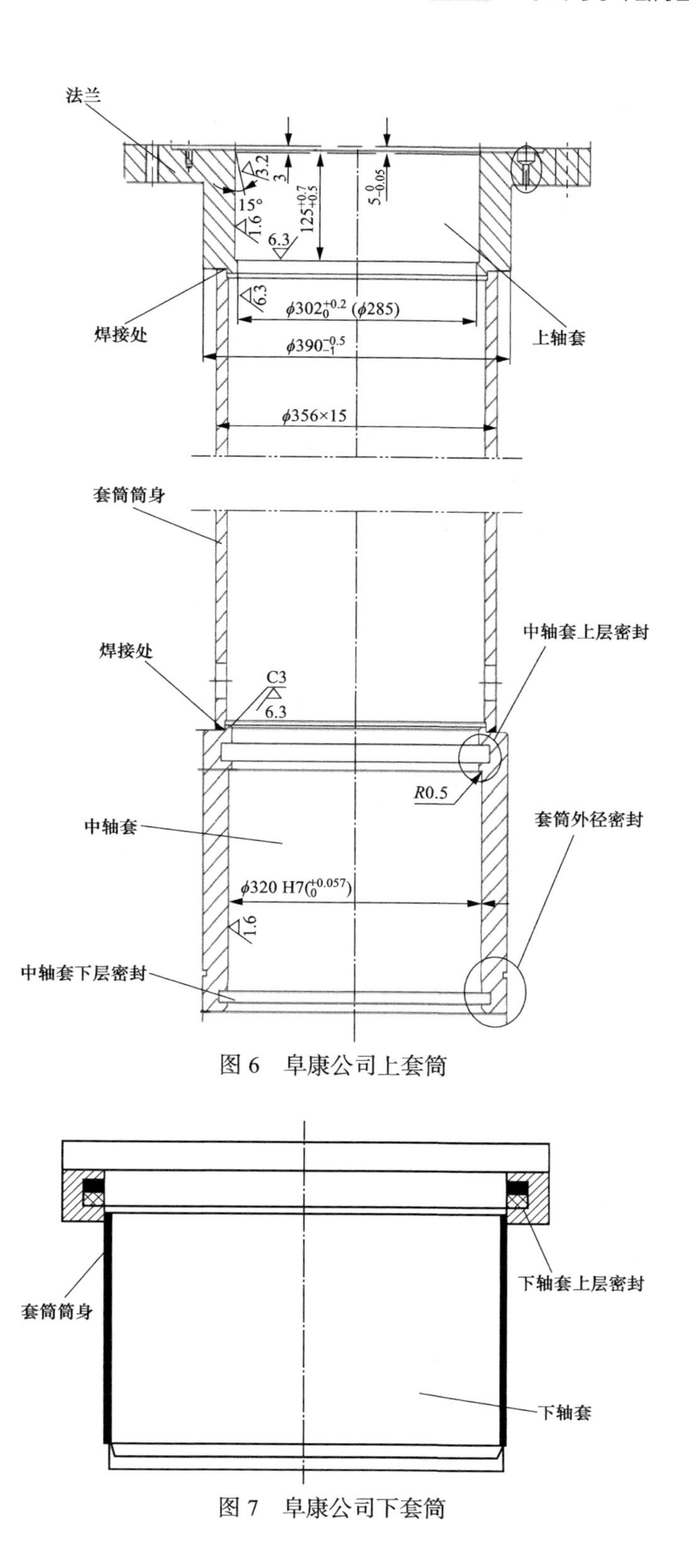

图 6　阜康公司上套筒

图 7　阜康公司下套筒

导叶的轴直接接触，从径向固定活动导叶，防止导叶在转动时发生偏移。

下轴套上层设置一道密封圈，上层密封圈作用是防止水中的杂质、泥沙进入轴套和活动导叶轴的接触面内的，对下轴套以及活动导叶轴面进行保护，防止运行过程中水流入活动导叶下端，防止由于水的压力导致导叶轻微向上位移，影响导叶端面间隙，在调相压水时对气体进行密封。

7 宝泉公司与阜康公司套筒结构及密封作用对比

7.1 从套筒筒身结构分析

宝泉公司导叶套筒筒身整体一次性铸造，是一体的铸件。优点是不存在焊缝，运行过程中，不会出现振动导致焊缝开裂，检修时只需检查整体筒身有无裂痕。缺点是铸造时间较长，工艺较为复杂。

阜康公司导叶套筒筒身由三段直径不同的钢管焊接而成。优点是制造周期短，工艺较为简单。缺点是存在焊缝的工艺精度要求高，在机组运行振动较大时，有焊缝开裂的风险；每次检修时需要对焊缝进行探伤，检修工作量大。

宝泉公司导叶套筒筒身两侧分别有一个切面，主要原因是顶盖内均压管路、回水排气管路、上迷宫环供水管路与套筒位置重叠，出于安装需要，故厂家对套筒与管路重合部分进行切割。此种结构优点是中轴套上端密封如出现漏水现象，水会通过套筒筒身切口，进入顶盖内，不会直接沿着活动导叶与套筒内壁，流到顶盖表面。缺点是套筒自身刚性下降。

阜康公司的套筒筒身是一个完整的空腔圆柱。优点是套筒自身刚性较好。缺点是中轴套上端密封如出现漏水情况，水会沿着活动导叶与套筒内壁向上，从拐臂下端直接渗漏到顶盖，导致机械部件锈蚀，同时顶盖上二次元件及接线，存在短路风险。

7.2 从密封结构分析

（1）宝泉公司导叶下套筒下轴套上下侧分别设置一道密封，阜康公司下套筒的下轴套只设计了一道密封。主要原因是两家公司的轴套的材质不同，宝泉公司的轴套采用复合成分以及固体润滑颗粒组成，运行过程中，需要通过注水孔注水进行冷却和润滑，防止导叶转动过程中，过热及过度磨损；阜康公司的轴套采用金属自润滑轴套，在导叶转动过程中不需要水冷却和润滑。

（2）阜康公司的套筒密封结构与宝泉公司的套筒密封结构存在一定差异，阜康公司的套筒密封没有抗磨环，由一个 U 形密封内径中加一个 O 形密封组成（见图 8）。

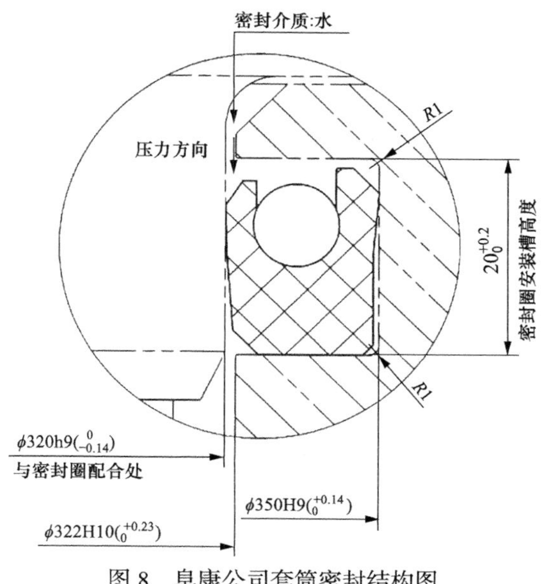

图 8　阜康公司套筒密封结构图

由于没有抗磨环，在活动导叶转动过程中，所有摩擦力都由 U 形密封承担，一方面会使 U 形密封发热更严重，劣化加剧，另一方面会加大 U 形密封的磨损量，减短 U 形密封的使用寿命。检修期间需注意 U 形密封的劣化情况及使用寿命长短。

8　结束语

通过上述对比分析，对阜康公司后期运维工作提出以下思考：

（1）机组检修期间加强对导叶套筒焊缝的探伤，如出现开裂及时补焊，开裂过大及时更换导叶套筒，保证套筒的刚性满足运行要求。

（2）检修期间对更换下的导叶套筒密封进行检验分析，通过密封的损坏和劣化情况，判断导叶套筒密封的尺寸、材料、性能是否满足工作条件。

（3）投产后加强对水车室巡检，密切关注水车室内漏水情况，如顶盖表面与导叶拐臂连接处频繁发生漏水现象，优先考虑导叶套筒密封损坏，及时检查、更换密封，以防漏水量继续增大，发生引起事故停机。

超大规模抽水蓄能电站坝库填筑工程管理实践

陈洪春，段玉昌，洪　磊，梁睿斌，徐　祥，李　明

（江苏句容抽水蓄能有限公司，江苏省镇江市　212400）

摘要　句容抽水蓄能电站上水库填筑达 2900 万 m^3，填筑规模巨大。主坝填筑量 1750 万 m^3，填筑高度 182.3m，为世界最高的抽水蓄能电站大坝，坝基岩溶发育、表面石笋遍布，坝体填筑料以弱、微风化白云岩、闪长玢岩为主；库盆填筑量达 1150 万 m^3，填筑高度达 120m，为世界最大的抽水蓄能库盆填筑规模，填筑料较杂，有土料、石料、土石混合料等。句容抽水蓄能电站坝库填筑施工管理重点、难点突出，质量管控难度高，就典型的超大规模抽水蓄能电站坝库填筑施工过程中的重难点、填筑参数、坝基处理方式、质量管控措施、质量检测手段及变形监测手段等进行交流。

关键词　句容抽水蓄能电站，堆石坝，库盆，填筑，管理

1　概述

江苏句容抽水蓄能电站上水库主坝坝高 182.3m，坝顶长度 810m，坝顶宽度 10m，最大坝宽 600m，主坝填筑量达 1750 万 m^3，库盆最大填筑高度 120m，填筑量达 1100 万 m^3，是世界最高的抽水蓄能电站大坝、最大的库盆填筑规模、最高的沥青混凝土面板堆石坝。上游坝坡坡比为 1∶1.7，下游坝坡坡比不同高程分别为 1∶1.8 和 1∶1.9。主坝坝体填筑材料分成垫层区、特殊垫层料、过渡区、上游堆石区、下游堆石区等，上游堆石料、过渡料采用上水库内开采的新鲜弱、微风化白云岩填筑，下游堆石料采用库内开挖的新鲜弱、微风化白云岩与闪长玢

岩混合料填筑；库盆填筑料较杂，有土料、石料、土石混合料等。大坝库盆典型断面图如图 1 所示。

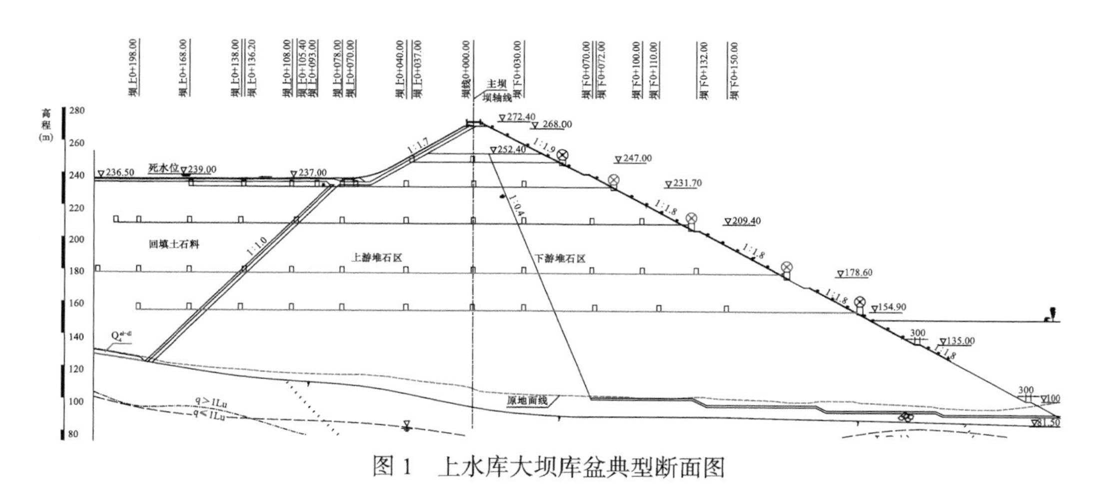

图 1　上水库大坝库盆典型断面图

2　上水库库坝管理重点难点

句容抽水蓄能电站上水库大坝、库盆施工难度大，填筑工程量大，施工强度高；施工场地狭小，安全风险突出；库盆、库岸地质条件复杂，填筑料源紧张；坝基条件差，溶槽、石笋石芽表面形态发育。

2.1　填筑工程量大

句容抽水蓄能电站上水库位于仑山主峰西南侧一坳沟内，北、东、西三面由山脊及山峰组成，南侧为坳沟的沟口，主坝填筑量达 1750 万 m^3，库盆填筑量达 1100 万 m^3，大坝库盆填筑量大，填筑工期紧张，为电站建设工期关键性线路。根据施工规划，上水库大坝库盆施工工期 48 个月，高峰时段月平均填筑强度 100 万 m^3，持续 12 个月。

2.2　施工安全风险突出

上水库库底平台由半挖半填而成，在 0.67km^2 内边挖边填，施工场地狭小，开挖与填筑高差近 300m，运输作业路线长、任务重、强度大，同一时段上部有多个料场及进出水口开挖，下部有大坝填筑碾压，交叉作业多，安全管控难度大。填筑施工完成需要布置多期施工道路，并根据填筑施工进展及时进行调整。

2.3　填筑料源紧张

上水库闪长玢岩岩脉分布广泛并极易蚀变，断层较发育，岩性复杂。主坝填筑料全部来源于上水库库盆及库岸开挖料，上水库大坝主堆石料、过渡料、垫层料及反滤料对工程开挖料源质量要求较高，需采用白云岩开挖石料，次堆石填筑采用白云岩、闪长玢岩，其中闪长玢岩含量不超过33%，岩性复杂易蚀变对料源使用产生较大影响。根据设计招标土石方平衡分析料源紧张平衡，上坝料质量控制困难。

2.4 坝基条件差

坝基揭露后地表石芽较发育，单体石芽规模不大，高度不超过2m，多在0.5～1.5m之间，部分区域受构造影响岩溶发育，石芽高度3～5m，间距3～5m，地基溶槽、溶蚀裂隙发育，裂隙内充填黄褐色黏土。若避免可能导致坝基渗漏、不均匀沉降等情况出现，需采取可行的处理措施。

3 坝基溶槽、石笋石芽表面形态处理

为保证两岸岸坡部位坝体填筑碾压质量，主坝在填筑过程需要时，对溶槽、石笋突出部位进行处理，并邀请以院士、大师组成特别咨询团对坝基溶槽、石笋石芽表面形态处理方式进行相关咨询。

3.1 初步处理

首先对主坝坝基揭露的溶槽、石笋石芽进行初步处理[1]：

大坝填筑基础存在反坡或陡于1：0.3边坡需进行削缓处理。将大坝基础面溶槽内的表土、松散土层及孤石应清除干净，充填土便于挖除时，原则上全部予以清除，局部溶槽狭窄难以清除的充填黏土，其表面进行填筑30cm反滤料并压实处理。

初步处理完成后，将坝基表面形态处理分为河床段坝基处理和左右岸坝基处理两类。

3.2 河床段坝基处理

河床段（范围从基础面至左右岸10m高差内）坝基超过100cm以上凸起岩体削除处理，岩体坡度修整至不超过1：0.3；溶槽内底部先回填30cm厚反滤料，上部回填40cm厚过渡料，采用小型机械碾压或手持碾夯实；再填筑80cm厚上游堆石料（包括溶槽内30cm厚），沟槽外部不足80cm处控制堆石料粒径大小（见图2）。

3.3 左右岸坝基处理

坝轴线上游左右岸坝基超过100cm以上凸起岩体削除处理，岩体坡度修整

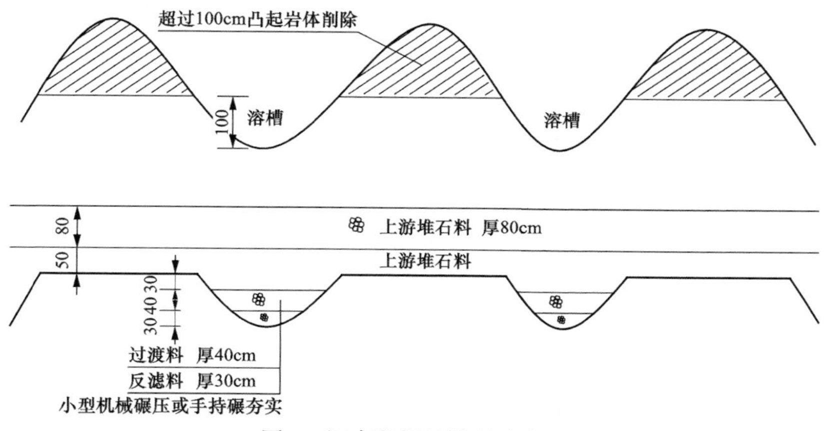

图 2 河床段坝基处理示意图

至不超过 1∶0.3，溶槽内回填两层 40cm 厚过渡料，采用小型机械碾压或手持碾夯实；再填筑 80cm 厚上游堆石料（包括溶槽内 20cm 厚），沟槽外部不足 80cm 处控制堆石料粒径大小（见图 3）。

坝轴线下游左右岸坝基溶槽底宽超过 150cm 时，溶槽内直接填筑上游堆石料，逐层按照上游堆石区要求分层压实（见图 4）。

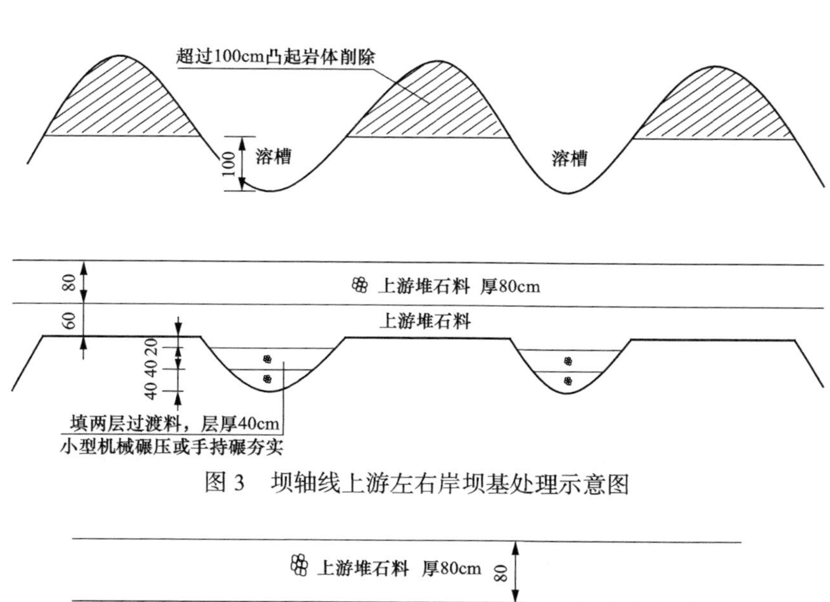

图 3 坝轴线上游左右岸坝基处理示意图

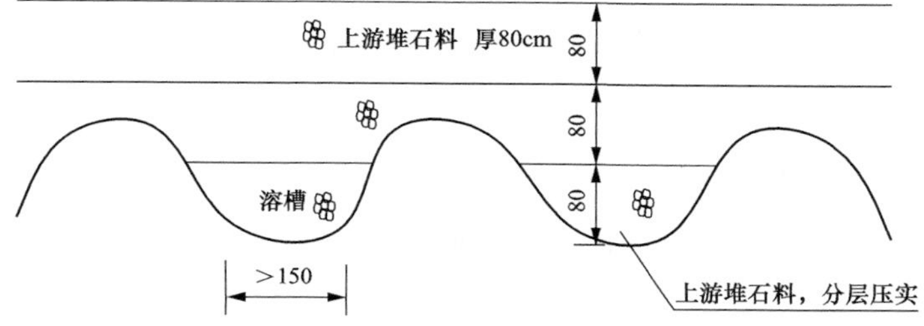

图 4 坝轴线下游左右岸溶槽底宽大于 150cm 坝基处理示意图

坝轴线下游左右岸坝基溶槽底宽小于150cm，其处理方式按照坝轴线上游左右岸坝基处理。

4 大坝库盆填筑技术参数

句容抽水蓄能电站主体土建标在招标前，外委进行上水库大坝、库底回填区及下水库粘土铺盖现场碾压及室内试验研究，初步选定招标阶段碾压试验参数。在上库大坝正式开始填筑前，编制碾压试验实施细则，合理安排各填料碾压试验场次、参数，先后开展了47大场125小场碾压试验，组织24次专题会，对试验成果进行评审，并邀请以院士、大师组成特别咨询团进行大坝填筑参数咨询，确定各项填筑参数，见表1。

表1　　上库大坝填筑参数表

<table>
<tr><th>序号</th><th>填料种类</th><th>料源</th><th>压实厚度（cm）</th><th>碾压机具</th><th>碾压遍数</th><th>行走速度</th><th>洒水量</th><th>检测项目</th><th>设计指标</th><th>检测频次</th></tr>
<tr><td rowspan="3">1</td><td rowspan="3">上游堆石料</td><td rowspan="3">弱、微风化、新鲜白云岩石料</td><td rowspan="3">80</td><td rowspan="3">32t振动碾</td><td rowspan="3">8</td><td rowspan="3">0～3km/h</td><td rowspan="3">10%</td><td>孔隙率</td><td>≤18%</td><td rowspan="2">6万m^3</td></tr>
<tr><td>颗分</td><td>—</td></tr>
<tr><td>渗透系数</td><td>自由排水</td><td>10万m^3</td></tr>
<tr><td rowspan="2">2</td><td rowspan="2">下游堆石料</td><td rowspan="2">弱、微风化白云岩与蚀变闪长玢岩的混合料</td><td rowspan="2">80</td><td rowspan="2">32t振动碾</td><td rowspan="2">8</td><td rowspan="2">0～3km/h</td><td rowspan="2">适量</td><td>孔隙率</td><td>≤17.6%</td><td rowspan="2">6万m^3</td></tr>
<tr><td>颗分</td><td>—</td></tr>
<tr><td rowspan="3">3</td><td rowspan="3">边渡料</td><td rowspan="3">弱、微风化、新鲜白云岩石料</td><td rowspan="3">40</td><td rowspan="2">26t振动碾</td><td rowspan="2">8</td><td rowspan="2">0～3km/h</td><td rowspan="3">10%</td><td>孔隙率</td><td>≤18%</td><td rowspan="2">5000m^3</td></tr>
<tr><td>颗分</td><td>—</td></tr>
<tr><td>液压平板夯</td><td>8</td><td>—</td><td>渗透系数</td><td>自由排水</td><td>10万m^3</td></tr>
<tr><td rowspan="3">4</td><td rowspan="3">反滤料</td><td rowspan="3">人工轧制新鲜成品骨料</td><td rowspan="3">40</td><td>20t振动碾</td><td>6</td><td>0～3km/h</td><td rowspan="3">10%</td><td>相对密度</td><td>≥0.85</td><td rowspan="2">1000m^3</td></tr>
<tr><td>液压平板夯</td><td>8</td><td>—</td><td>颗分</td><td>—</td></tr>
<tr><td>蛙式夯</td><td>8</td><td>—</td><td>渗透系数</td><td>自由排水</td><td>5000m^3</td></tr>
</table>

5 安全管控措施

为了保证高强度填筑运输下的安全管控，句容抽水蓄能电站建立了“一根本、三强化”机制（以道路建设为根本，强化车辆管控、强化驾驶员管控、强化日常管理），单独列支上库主体工程施工道路建设及维护费，库内12km施工道路砼硬化，在高峰期200辆车每日运输近3000车次的情况下，有效保障了电站的交通安全。

5.1 以道路建设为根本

句容抽水蓄能电站料场开挖以 A、B、C 区为面，各个运输队为点。联合坝面填筑分区、料源需求，并结合现场交通安全运输管理，精确规划每一辆渣土车运输路径及终点，实现料场到填筑面料源运输高效合理。高标准推进临时道路的建设维护，所有道路宽度不小于 12m 并硬化路面；道路临空侧因地制宜设置波形梁钢护栏、防撞墩及防护坎，防止车辆冲出；靠山侧结合实际采取及时清理大体积边坡挂渣、主动防护网稳定少量碎石、被动防护网挡住零星滚石等措施防止上部落石；同时安装路灯，安排专人维护，为交通安全创造条件。

5.2 强化车辆管理

严把车辆入场关，进场车辆除证件齐全、车况良好外，还需满足出厂期三年内要求，确保车况良好。实行“定人、定岗、定机长”管理，每日出车前驾驶员对车辆进行安全检查，经机长确认无误后，准许上路。车辆安装北斗 /GPS 定位装置，实时定位跟踪运行轨迹。

5.3 强化驾驶员管理

驾驶员除证照齐全、实际驾龄不低于 2 年外，还需经驾驶技能考核合格，方可上岗，以确保技能达标。每日出车前，由运输班组负责人检查驾驶员精神状态，防止酒驾及疲劳驾驶。每周由施工项目部领导对运输班组开展安全教育，持续提升驾驶员安全行车意识。

5.4. 强化日常监督检查

在场内施工道路安装 21 处监控摄像头，借助网络，管理人员可通过手机及电脑实时查看场内车辆运行状况。设置 8 处雷达测速点，同时不定期开展交通安全检查，查处超速、抛洒、强行超车等行为，确保行车安全。

6 质量管控措施

为保证电站上水库大坝、库盆施工质量，严格填筑料源管理，现场施工采用“堆饼法”控制层厚，应用数字化大坝系统保证施工参数，制定准填证、准压证等一系列制度规范大坝填筑程序。

6.1 严格料源管理

电站上水库大坝填筑可利用料较紧张，上水库库盆、库岸部分区域闪长玢岩脉、断层较发育，岩性复杂。为统筹电站工程开挖与填筑，以填定挖，保证电站工程料源合理应用，成立电站料源管理工作小组，明确料源管理流程，负责协调解决料场料源开挖、鉴定、装运、存放及回采过程中的一系列有关问题。坝体填筑料仓每次爆破后，料源管理小组联合前往掌子面进行查看，确定该炮料源去向，四方现场填写料源去向单，过程中防止有用料浪费，从源头保证大坝填筑质量。

电站填筑料源复杂，为保证合理充分利用各种填料，加强料源管控及分析，每月进行统计管控，每季度进行土石方平衡分析，以及不定期复核，保证填筑料源总体可控。

6.2 数字化大坝系统

现场施工对运输车辆采取分区、挂牌管理，根据料源鉴定结果装运，运输车辆悬挂标识牌。采用北斗 /GPS 定位技术，实现运料车的实时定位，跟踪运料轨迹，对违规操作进行记录，并安排专人指挥运料车辆，防止料源运错。料源运输过程中装设有智能加水站，智能加水站自动识别车辆，自动称量、自动计算加水量、自动加水，有效缩短加水时间，提高车辆通行率。填筑碾压过程数字化大坝系统采用北斗 RTK 高精度定位技术及智能传感技术，实现现场碾压施工过程的数据采集，跟踪施工过程轨迹，实时计算碾压遍数、振动碾压遍数、碾压速度、激振力等关键指标。施工过程对相关施工参数实时监控，超标自动报警，提高现场施工质量。

6.3 规范填筑程序

现场施工制定填筑前准填证，碾压前准碾证规范填筑施工程序。现场施工推料摊铺采用“堆饼法”进行控制铺料厚度，在大面积填筑施工前，通过测量人员测量控制堆饼厚度，施工过程严格参照。在铺料填筑过程中，现场监理工程师对填料质量、铺料厚度、平整度、加水站加水情况及个别超径石处理等进行全过程管控，发现问题及时督促整改。

7 填筑质量检测

填筑质量检测以第三方土建试验室现场挖坑检测孔隙率及颗分级配为主。同时，应用附加质量法对大坝填筑质量进行大规模（每 $2000m^2$ 一个检测点）无损检测，包含在挖坑检测点的原位检测。附加质量法检测既是对挖坑灌水检测的补充验证，又是对大面积进行质量检测的补充，具有快速、准确、实时和无破坏性等特点，为大坝填筑施工提供了一种便捷实用的重要检测手段[2]。附加质量法检测能够实时、快速测定堆石体密度，发现和揭露堆石体内部缺陷，对不合格部位及时补碾，达到控制大坝填筑碾压施工质量的目的。

8 沉降变形监测

句容抽水蓄能电站最大坝高达182.3m，最大坝宽超过600m，上水库应用多重安全监测技术，及时掌握坝体、库盆变形。布置有常规的电磁式沉降仪、水管式沉降仪，同时布置分布式传感光纤监测上水库主坝及库底填筑区的变形，获取堆石体内部的连续变形情况。

8.1 水管式沉降仪

句容抽水蓄能电站在上水库主坝0+225、主坝0+330、主坝0+530分别布设1个水管式沉降仪监测断面，其中主坝0+225和主坝0+330断面均布置5层观测条带，依次位于154.90m高程（11个测点）、178.60m高程（12个测点）、209.40m高程（11个测点）、231.70m高程（9个测点）、247.00m高程（2个测点），两个断面测点分布相同，均为45个测点；主坝0+530.000断面布置1层观测条带，位于231.70m高程，10个测点。

上库主坝坝体沉降随着坝体填筑逐渐增大，呈库盆沉降量最大、次堆石区次之、主堆石区最小的分布规律，分布规律与可研阶段主坝有限元计算成果一致：从各个监测断面变形情况来看，主坝0+330断面沉降量最大，其次为主坝0+225，主坝0+530断面沉降量最小（见图5～图7）。库盆最大沉降量为1077.6mm，位于主坝0+330断面、高程178.6m、坝上0+228，为目前坝高的1.02%；主堆石区最大沉降量为366.6mm，位于主坝0+330断面、高程178.6m、坝下0+30，为目前坝高的0.20%；次堆石区最大沉降量为485.8m，位于主坝0+330断面、高程154.9m、坝下0+72，为目前坝高的0.26%。

8.2 分布式光纤监测

针对句容抽水蓄能电站坝体及库底填筑量大、填筑高度高，易发生沉降变形等特点，在主坝178.6m高程、0+330断面，及主坝232m高程、平行坝轴线左右岸方向、坝轴线往下游方向布设分布式传感光纤对大坝垂直位移进行监测。将工字钢等连续性较好、强度较大的材料埋入堆石料内部，在埋入材料的适当位置固定应变传感光纤，在较高的坝体自重压力下，工字钢与光纤可以与坝体堆石料

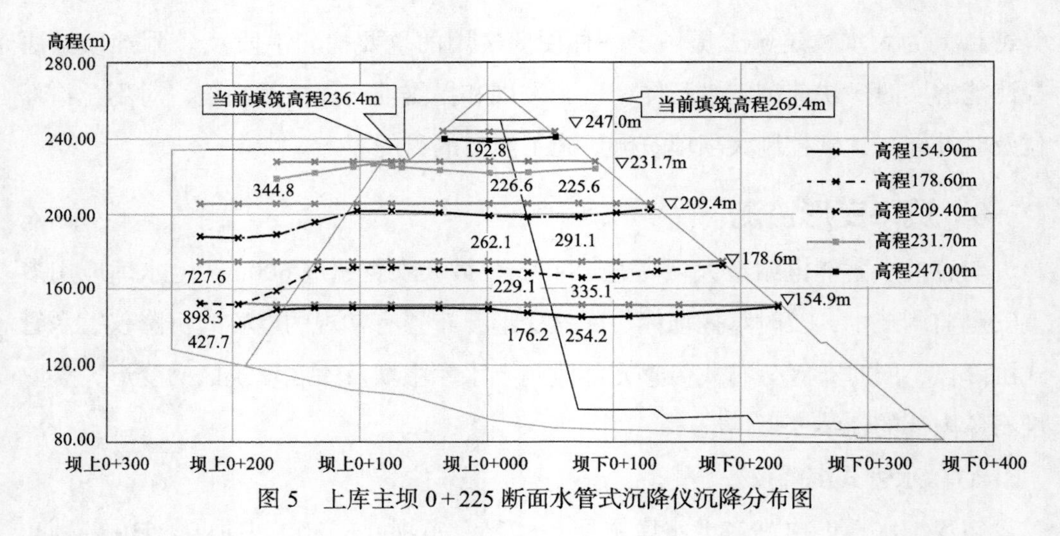

图 5 上库主坝 0+225 断面水管式沉降仪沉降分布图

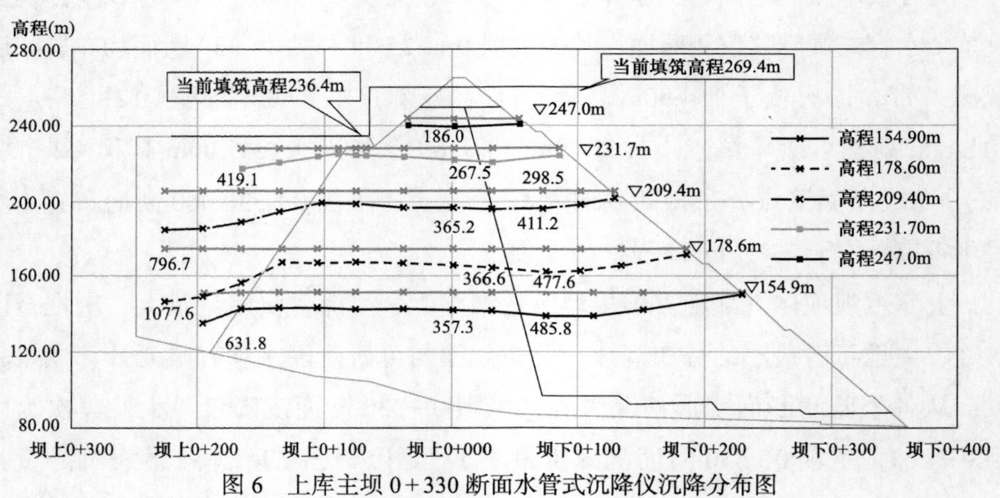

图 6 上库主坝 0+330 断面水管式沉降仪沉降分布图

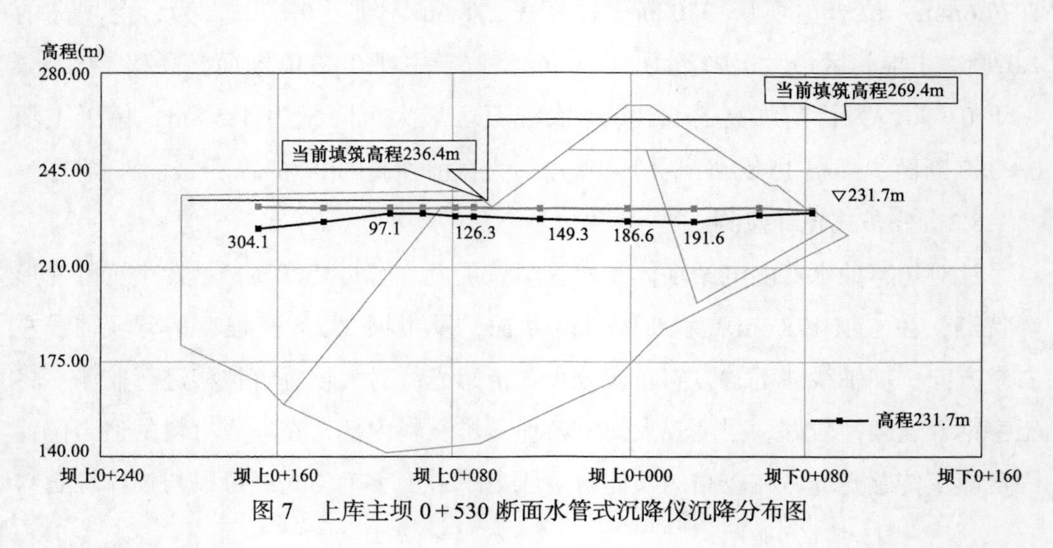

图 7 上库主坝 0+530 断面水管式沉降仪沉降分布图

同步变形，故可将测量坝体变形的问题，简化为测量该材料变形问题。通过运用布里渊分布式光纤传感原理（BOTDA），测定脉冲光的后向布里渊散射光的频移实现分布式温度、应变测量，利用解调仪对监测数据进行解析[3]。

传统的水库大坝内部变形安全监测技术存在监测点少、呈点状分布、成本高，仅能监测点状数据等局限性，而分布式传感光纤技术展现出了很好的适用性，能够监测全断面变形数据，测点数量多，施工难度低。

对主坝 178.6m 高程、0+330 断面分布式传感光纤历次观测数据进行统计分析，近半年沉降分布见图 8。

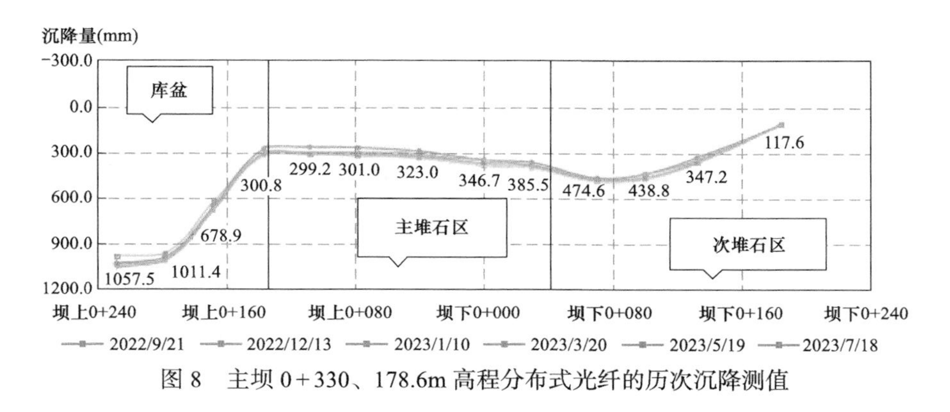

图 8　主坝 0+330、178.6m 高程分布式光纤的历次沉降测值

通过与该部位水管式沉降仪监测数据进行对比分析（见图 9），上库主坝 178.6m 高程、0+330 断面分布式传感光纤各测点沉降量为 298.4～1077.6mm，变化量为 -9.4～20.8mm；其中，库盆各测点沉降量为 683.5～1077.6mm、主堆石区为 298.5～376.1mm、次堆石区为 360.1～470.3mm、观测房为 119.6mm。与水管式沉降仪互差为 -22.5～7.3mm，数据拟合性较好，符合变化规律。

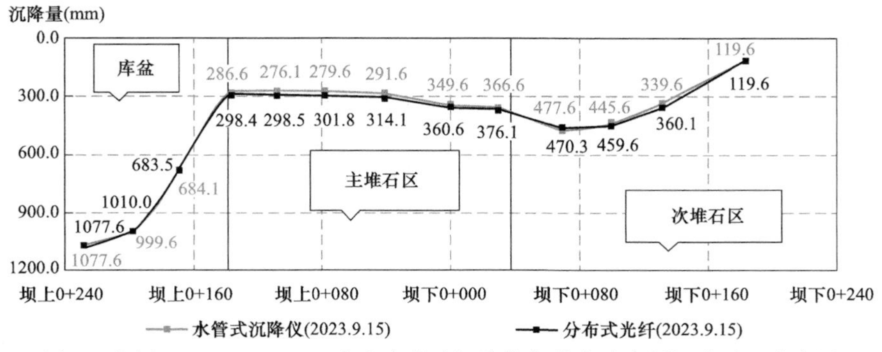

图 9　主坝 0+330、178.6m 高程水管式沉降仪与分布式光纤沉降对比分布图

9 结束语

句容抽水蓄能电站作为典型的超大规模抽水蓄能电站库坝填筑工程，填筑工程量大，施工强度高，库盆、库岸地质条件复杂，料源紧张，坝基条件差，溶槽、石笋石芽表面形态发育，施工管理重点、难点突出，质量管控难度高。但通过精心组织，合理安排，克服填筑料源复杂、紧张，坝基条件差等问题，句容抽水蓄能电站上水库填筑施工积极稳妥推进，曾连续 4 个月单月填筑突破 120 万 m^3，创下单月填筑量 172.3 万 m^3，创造世界抽水蓄能施工纪录，对抽水蓄能大坝、库盆填筑施工具有积极的借鉴意义。

（1）施工过程“以填定挖”，严格执行料源鉴定，合理规划多期填筑施工道路，抢抓有利天气全力推进填筑施工。

（2）招标设计阶段将“临时道路安全防护费”单独列项，施工过程保证安全防护设施投入，成立交叉作业协调管理小组，应用上下多层安全防护措施，保证工程连续安全作业。

（3）制定并执行料源鉴定、准填证、准碾证、夜巡制度等有效质量管理措施，截至目前验收评定 3045 个单元，其中，优良 2993 个单元，优良率 98.3%，工程质量整体优。

（4）工程应用数字化大坝系统（智能加水、车辆定位、碾压监测等）、附加质量法检测、分布式光纤监测等先进技术，以先进技术为抓手保证大坝、库盆建设。

（5）注重技术管理，组建以大师、院士为首的特别咨询团，对大坝、库盆填筑工程遇到的各类难题进行“诊断把脉”。

参考文献

［1］ 段玉昌，徐剑飞，梁睿斌，等. 句容抽水蓄能电站上水库堆石坝及库盆基础处理方式介绍［C］// 中国水力发电工程学会电网调峰与抽水蓄能专业委员会 2019 年学术交流年会论文集. 北京：中国电力出版社，2019.

［2］ 段玉昌，徐剑飞，梁睿斌，等. 附加质量法检测技术在句容抽水蓄能电站

堆石坝中的应用［C］// 中国水力发电工程学会电网调峰与抽水蓄能专业委员会 2019 年学术交流年会论文集. 北京：中国电力出版社，2020.
［3］ 何斌，徐剑飞，何宁，等. 分布式光纤传感技术在高面板堆石坝内部变形监测中的应用［J］. 岩土工程学报，2023（3）：627-633.

作者信息

陈洪春（1900—），男，高级工程师，主要从事水利水电工程设计与施工工作。E-mail：chenhongchun@sgxy.sgcc.com.cn

段玉昌（1991—），男，高级工程师，主要从事水利水电工程设计与施工工作。E-mail：1518735894@qq.com

洪　磊（1900—），男，高级工程师，主要从事水利水电工程设计与施工工作。E-mail：1172863878@qq.com

梁睿斌（1900—），男，高级工程师，主要从事水利水电工程设计与施工工作。E-mail：liangrb90@163.com

徐　祥（1900—），男，高级工程师，主要从事水利水电工程设计与施工工作。E-mail：xuxiangtc@163.com

李　明（1995—），男，高级工程师，主要从事水利水电工程设计与施工工作。E-mail：1584501659@qq.com

城门洞型Ⅲ类闪长岩洞室光面爆破参数选择的研究

张晓朋，张振伟，高　翔

（保定易县抽水蓄能有限公司，河北省保定市　074200）

摘要　为提升洞室整体光爆水平，保障洞室开挖围岩稳定，总结国内外光爆参数研究现状，确定光面爆破参数主要研究方向，以河北易县抽水蓄能电站某城门洞型Ⅲ类闪长岩洞室段为研究对象，在该段开挖过程中结合顶拱和边墙残孔情况、掌子面围岩地质构造发育程度，不断优化光爆参数，得出城门洞型Ⅲ类闪长岩洞室光面爆破参数的最优选择。

关键词　光爆参数；城门洞型；地质构造；Ⅲ类闪长岩

0　引言

当前，在“双碳”目标背景下，新型电力系统加快构建，各类利好政策进一步落地，抽水蓄能迎来了加快发展的重要窗口期，其具备调峰填谷、调频调相、紧急事故备用、黑启动等作用。抽水蓄能电站工程地下洞室多，在TBM施工技术未大范围应用的背景下，洞室开挖过程中仍需采用光面爆破技术。河北易县抽水蓄能电站各类地下洞室共计62个，其中，城门洞型洞室为50个，占比较大；工程区地质主要为闪长岩和白云岩，地下洞室群主要以闪长岩为主，其中，Ⅲ类闪长岩占比75%，局部断层节理裂隙较发育，且个别部位位于岩性接触带附近；同时，光面爆破质量的高低对工程安全、质量、进度和投资都紧密相关，而光面爆破参数对光爆质量起到决定性作用，因此开展城门洞型Ⅲ类闪长岩洞室光面爆破参数选择研究是很有必要的。

1 工程概况

河北易县抽水蓄能电站位于河北省保定市易县境内，电站距雄安新区公路里程 94km，距北京市公路里程 120km。电站主要由上水库、输水系统、地下厂房、下水库等建筑物组成，为一等大（1）型工程，总装机容量为 1200MW，额定水头 354m，装有 4 台单机容量 300MW 可逆式水泵水轮机组。

2 光面爆破参数研究现状

目前国内外关于光爆参数的研究方式主要包括理论公式计算法、工程经验类比、软件模拟、现场光爆试验等方法[1]，国内外关于光爆参数的研究成果很多。如：宗琦等[2]依据光面爆破成缝机理，对炮孔间距、最小抵抗线和炮孔邻近系数、装药结构、装药集中度等参数进行了理论分析，并推导出了计算公式；Mancini[3]对隧道爆破精度控制技术进行了研究；刘春富等[4]对弯山隧道钻孔台车深孔光面爆破参数进行了试验研究，包括掏槽眼布置、装药结构、起爆手段等；罗大会等[5]研究了三峡工程高边坡岩体开挖中的大孔径光面爆破技术；张志呈等[6]从光面爆破的偏心不耦合、中心不耦合和护壁不耦合等 3 种不同装药结构出发，研究了不同装药结构光面爆破对岩石的损伤情况；Mandal[7]对光面爆破模式进行了研究；毛建安[8]对不同级别围岩采用针对性的爆破设计，认为适当加密周边眼、合理确定光面爆破层厚度、采用小直径药卷不耦合装药结构、保证爆破眼同时起爆是光面爆破成功应用的关键；王孝荣[9]对周边眼间距、最小抵抗线、炮眼密集系数、不耦合系数、装药集中度、装药结构以及起爆方式等爆破参数进行优化，优选出隧道Ⅱ围岩最佳的掏槽方式和钻爆参数；罗伟[10]对爆破孔炮孔堵塞长度进行了数值分析。

由此可知，目前国内外关于光爆参数的研究方向主要集中在炮孔布置、不耦合系数、装药结构形式、装药量、药卷直径、掏槽方式、最小抵抗线与密集系数等方面。

3 Ⅲ类闪长岩光爆设计主要参数选定

本次爆破参数选定主要采用现场光爆试验和工程类比相结合的方法，以交通洞全长 1079m 的Ⅲ类围岩段为试验段；爆破设计各参数选择以尽可能提高炸药能量利用率，减少爆破对围岩扰动及降低爆破震动强度，提高半孔率为原则，利用前人得出的爆破参数相关结论等进行爆破设计，同时结合本工程围岩类别和地质构造、开挖断面尺寸、炸药种类、掏槽形式、循环进尺深度等情况不断优化爆破设计。

3.1 炮孔布置方式

光面爆破炮孔质量应满足“准、直、齐、平”的要求。易县抽水蓄能电站相关洞室炮孔开钻前，先由测量人员根据爆破设计进行测量放点和洞轴线复测工作，按照测量定出的中线、腰线、开挖轮廓线和炮孔位置进行钻孔，确保孔距和孔位布置精确；光爆孔钻孔时应保证钻杆垂直掌子面，并结合掌子面平整度情况调整炮孔深度，确保孔底落在规定平面上，同时光爆孔应相互平行，确保开挖轮廓整齐。炮孔间距一般可以按 E=（8～18）d，E 为孔间距，d 为炮眼直径，Ⅲ类闪长岩宜取中间值。

通过现场试验最终得出了城门洞型Ⅲ类闪长岩洞室光爆孔炮孔间距为 0.49m，共计 50 个孔；辅助孔间距为 0.7～0.97m，共计 105 个孔；掏槽孔间距为 0.5m，共计 6 个孔。

3.2 不耦合系数

不耦合系数指孔径与药径之比，反映炸药与孔壁的接触情况，光面爆破采用的不耦合系数一般在 1.6～3.0 之间。本工程钻孔直径为 $\phi42$，因当地市场上销售的最小药卷直径为 32mm，为使光爆孔的不耦合系数达到最优值，通过工程实验，将直径 32mm 的药卷切成一半视为直径 16mm 的药卷这一方法是可行的，经计算得出了城门洞型Ⅲ类闪长岩洞室光爆孔不耦合系数为 2.6，辅助孔和掏槽孔不耦合系数为 1.3。

3.3 装药结构型式

爆破原理为空气中存在缓冲爆冲波和爆生气体作用于孔壁产生初始冲压力，并消除或降低对孔壁岩体压缩作用；同时，延长爆生气体膨胀压力对岩体作用时间，使贯穿裂缝得以形成。合理的装药结构应使孔壁的初始冲击压力小于岩石动态体积抗压强度，作用于孔壁的初始动拉力大于岩体动态抗拉强度。

通过现场试验不断对装药长度、间隔距离等参数进行优化，最终得出了城门洞型Ⅲ类闪长岩洞室光爆孔为等药径不连续装药，底部采用一卷 32mm 的加强药卷，加强药卷与下一段药卷间距为 20cm，其余药卷各段间隔距离为 40cm，药卷总长度为 1.4m，这样空气柱可以缓冲初始冲击压力，降低对围岩的作用时间，使贯通裂缝形成；掏槽孔和辅助孔为等药径连续装药，进而形成凌空面降低对上层岩体的压力，辅助孔药卷总长度为1.6m，掏槽孔药卷总长度为2m。

3.4 掏槽方式

结合前人研究情况和现场爆破试验，本工程选用易将岩石抛出的楔形掏槽形式，确保凌空面的形成。

3.5 炮孔装药量

应根据孔距、光爆层厚度、围岩类别、炸药种类及现场试验综合考虑确定装药量；其中，光爆孔的装药量应使爆生气体对孔壁产生的初始冲压力小于围岩动态体积抗拉强度，确保炮孔连心方向孔壁起裂并形成孔间贯通裂缝。掏槽孔的装药量最大，其次为辅助孔，最小的为光爆孔。

本项目使用岩石乳化炸药，其具有密度大、爆速高、猛度高、污染少等特点，根据炸药特性并通过现场试验不断对装药量进行调整，最终得出了城门洞型Ⅲ类闪长岩洞室光爆孔单孔装药量为800g，辅助孔装药量为1600g，掏槽孔装药量为2000g。

3.6 最小抵抗线与密集系数

最小抵抗线即光爆层厚度，其值选取是否合适将直接影响光爆效果和洞室围岩稳定，前人研究表明，最小抵抗线的取值主要与洞泾和围岩性质及地质构造有关，小跨度隧道一般取600～700mm，硬岩一般取500～600mm。

密集系数指炮孔间距与最小抵抗线之比，密集系数偏大容易造成超挖，并出现眼间裂隙；偏小容易造成欠挖，且光爆层无法下来，实践表明密集系数一般0.8～1。

Ⅲ类闪长岩为硬岩，交通洞洞径开挖洞径8.2×9.1m为小跨度，综合考虑孔间距、最小抵抗线及密集系数三者间的关系，并通过现场爆破试验，在岩石较为完整，掌子面围岩节理裂隙不发育时，Ⅲ类闪长岩光爆孔孔间距为480mm，最小抵抗线为580mm，密集系数为0.83。

3.7 炮孔堵塞长度

正常当炮孔不堵塞时，由于其孔内轴向压力远超过横向压力，使得孔内的部分气体消散在空气以外的空间，形成较强的空气冲击波，对爆破效果不利；当堵塞过长、过大时，虽然炮孔内的气体不能冲出，且气体的作用时间变长，但是光面爆破质量很差；而浅堵塞效果最好，通过浅堵塞可以降低震动影响，适当延长孔内膨胀气体作用时间，提高炸药化学反应完全程度，减少有害气体生成，加强爆破漏斗效应，增强岩块抛掷作用。炮泥堵塞长度主要与炮孔深度、炸药密度、炮孔直径等因素有关，一般孔深越大堵塞长度越长，炸药密度越大堵塞长度越短。

本工程乳化炸药药卷密度为 0.95～1.3g/cm^3，长度为 20cm，通过现场试验不断对堵塞长度进行调整，最终得出了城门洞型Ⅲ类闪长岩洞室光爆孔长度为 4m 时，其堵塞长度为 40cm，辅助孔长度为 4m 时，其堵塞长度为 2.4cm，掏槽孔长度为 4.2m 时，其堵塞长度为 2.2cm。

城门洞型Ⅲ类闪长岩洞室爆破参数设计、炮孔布置和装药结构见图 1 和表 1。

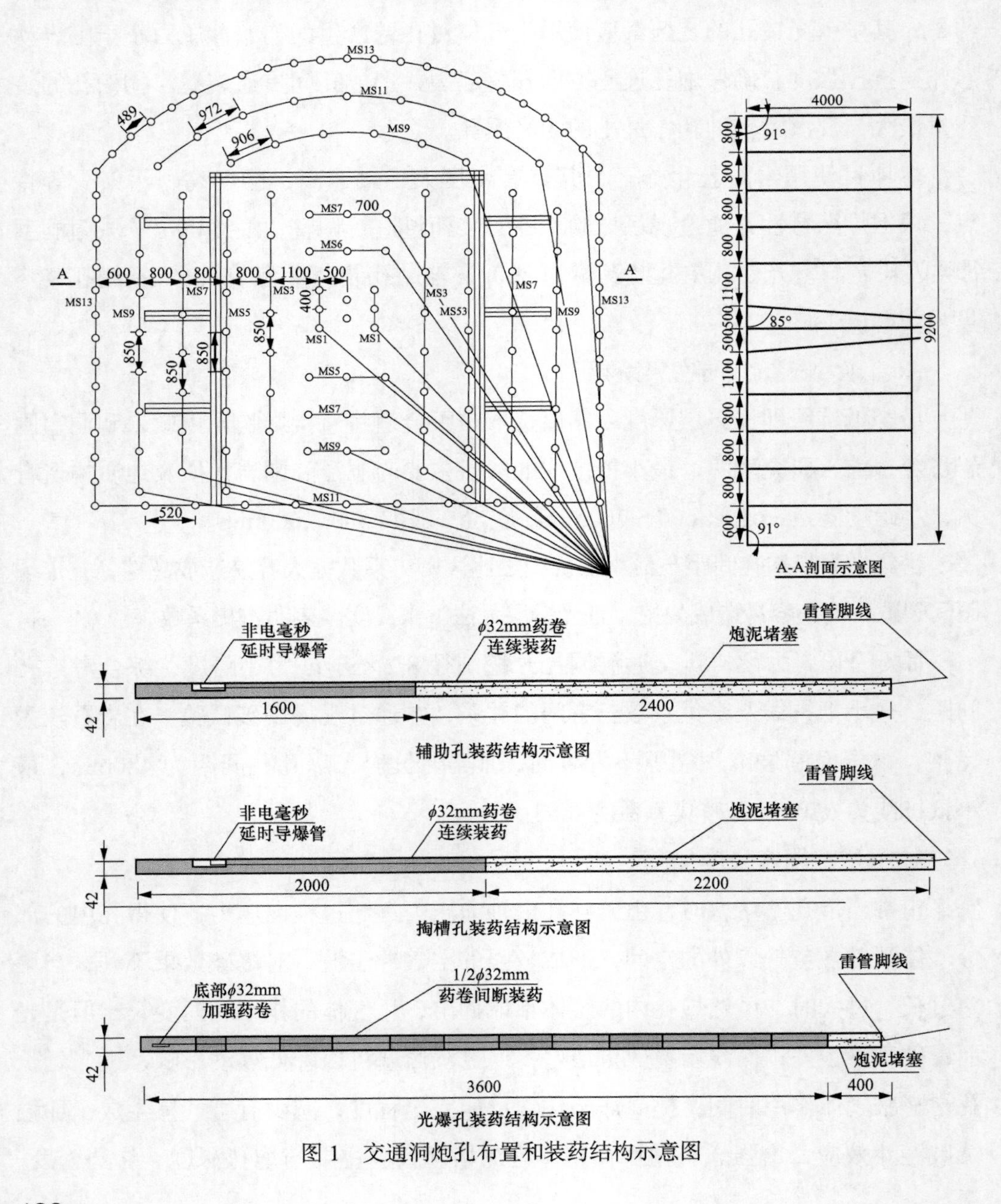

图 1 交通洞炮孔布置和装药结构示意图

表 1　　交通洞爆破参数设计表

Ⅲ类闪长岩	孔径（mm）	孔距（m）	孔数	不耦合系数	药卷间距（m）	单孔药量（kg）	孔深（m）	堵塞长度（m）	总装药量（kg）
光爆孔	ϕ42	0.49	50	2.6	0.2/0.4	0.8	4	0.4	220
辅助孔	ϕ42	0.7～0.97	105	1.3	—	1.6	4	2.4	
掏槽孔	ϕ42	0.5	6	1.3	—	2	4.2	2.2	

4　工程实践情况

通过上述方法为河北易县抽水蓄能电站交通洞内Ⅲ类闪长岩选定爆破各项参数，在工程实践过程中结合掌子面围岩地质构造等情况不断优化各项参数，同时做好作业人员技术交底工作，残孔率由一开始的 60%，提高至 85% 以上，光面爆破质量得到显著提升（实际开挖效果见图 2）；同时，城门洞型Ⅲ类闪长岩洞室光面爆破试验研究的开展为后期大坝趾板、岩锚梁等重点部位的开挖积累了技术经验，为后期同类型洞室开挖的爆破设计提供了参考依据，为精品优质工程创建打下了坚实基础。

图 2　交通洞光面爆破实际效果

5　结论

通过对城门洞型Ⅲ类闪长岩洞室光面爆破参数的研究，针对光面爆破质量的提升，主要结论如下：

（1）以河北易县抽水蓄能电站某城门洞型Ⅲ类闪长岩洞室段为研究对象，得到了适用于该段的最优爆破参数，将光爆孔残孔率由一开始的 60%，提高至 85% 以上。

（2）最优爆破参数对围岩产生的扰动小，可以避免不必要的地质缺陷发生，有利于保障洞室安全稳定、缩短工期和节省投资。

（3）开挖前应先结合断面尺寸型式、围岩类别、排炮进尺等情况进行爆破试验初步确定各项参数，后结合围岩地质构造、光爆效果等对炮孔间距、装药量、光爆孔药卷间距等参数进行微调。

（4）应做好作业人员技术交底工作，现场作业人员是光面爆破作业实施的最后一环，确保作业人员严格按照爆破设计施工，尽可能做到定人定孔，确保前后炮孔连续不间断。

（5）合理选择炸药，控制总装药量。炮孔底部宜选用高爆速炸药，药卷直径须小于炮孔直径，光爆孔间隔装药，其他视情况可选择连续装药结构，药卷与炮眼壁间留有空隙，严格控制总装药量，确保洞室整体稳定。

（6）控制开挖程序和起爆顺序，避免先爆落石渣堵死光爆孔临空面情况出现。

（7）适当加密光爆孔，应综合考虑围岩类别、炸药种类、炮孔直径等因素，适当缩小光爆孔间距，有利于控制爆破轮廓，避免欠挖。

参考文献

[1] 王建秀，邹宝平，胡力绳．隧道及地下工程光面爆破技术研究现状与展望[J]．地下空间与工程学报，2013.

[2] 宗琦，陆鹏举，罗强．光面爆破空气垫层装药轴向不耦合系数理论研究[J]．岩石力学与工程学报，2005.

[3] Mancini R. Technical and economic aspects of tunnel blasting accuracy control [J]. Tunnelling and Underground Space Technology, 1996.

[4] 刘春富，陈炳祥．弯山隧道的深孔光面爆破[J]．岩石力学与工程学报，1998.

[5] 罗大会，徐炳生．大孔径光面爆破技术在高边坡岩体开挖中的应用[J]．长江科学院院报，1999.

[6] 张志呈，蒲传金，史瑾瑾．不同装药结构光面爆破对岩石的损伤研究[J]．

爆破，2006.
[7] Mandal S K, Singh M M, Dasgupta S. Theoretical concept to understand plan and design smooth blasting pattern [J]. Geotechnical and Geological Engineering, 2008.
[8] 毛建安. 光面爆破技术在向莆铁路青云山特长隧道工程中的应用 [J]. 现代隧道技术，2011.
[9] 王孝荣. 戴峪岭隧道Ⅱ级围岩光面爆破技术探讨 [J]. 爆破，2011.
[10] 罗伟，朱传云，祝启虎. 隧洞光面爆破中炮孔堵塞长度的数值分析 [J]. 岩土力学，2008.

作者简介

张晓朋（1992—），男，工程师，主要从事抽水蓄能工程建设管理工作。E-mail：310551875@qq.com

张振伟（1981—），男，高级工程师，主要从事抽水蓄能工程建设管理工作。

高　翔（1988—），男，高级工程师，主要从事抽水蓄能工程建设管理工作。

抽水蓄能电站电缆保护拒动问题分析及改进建议

方书博，娄彦芳

（河南国网宝泉抽水蓄能有限公司，河南省新乡市　453636）

摘要　南自 PSL-603U 国网九统一线路保护在抽水蓄能电站使用过程中可能存在拒动问题，主要分析了继电保护拒动原因，并根据抽水蓄能电站接线特点及运行方式，提出改进建议。其他公司的线路保护作为短电缆保护应用于抽水蓄能电站时，也可能存在类似问题，可参照进行排查整改，从而有效避免避免继电保护拒动事故发生。

关键字　线路保护；拒动；抽水蓄能电站；电缆保护

0　引言

抽水蓄能电站主变压器一般位于地下厂房，通过高压电缆送至开关站，高压电缆保护配置与电网高压线路保护配置相似，一般只配置光纤差动保护。但高压电缆一次设备配置与电网高压线路不同，运行方式也不同，若按照电网高压线路简单配置线路差动保护，则在某些情况下，可能引起差动保护拒动，造成故障扩大，严重影响电网安全。因此，应根据抽水蓄能电站一次设备配置及运行方式，合理配置高压电缆保护，防止继电保护拒动事故发生。

1　高压电缆保护配置

宝泉抽水蓄能电站以一回 500kV 出线接入新乡 500kV 获嘉变电站，发电机、主变压器位于地下厂房，通过两根 500kV 电缆（短引线）接入开关站 GIS，在开关站配置 5011、5012、5013 三个断路器，500kV 两段母线分别配置一组单相电压互感器，500kV 出现配置两组三相电压互感器，具体接线如图 1 所示。

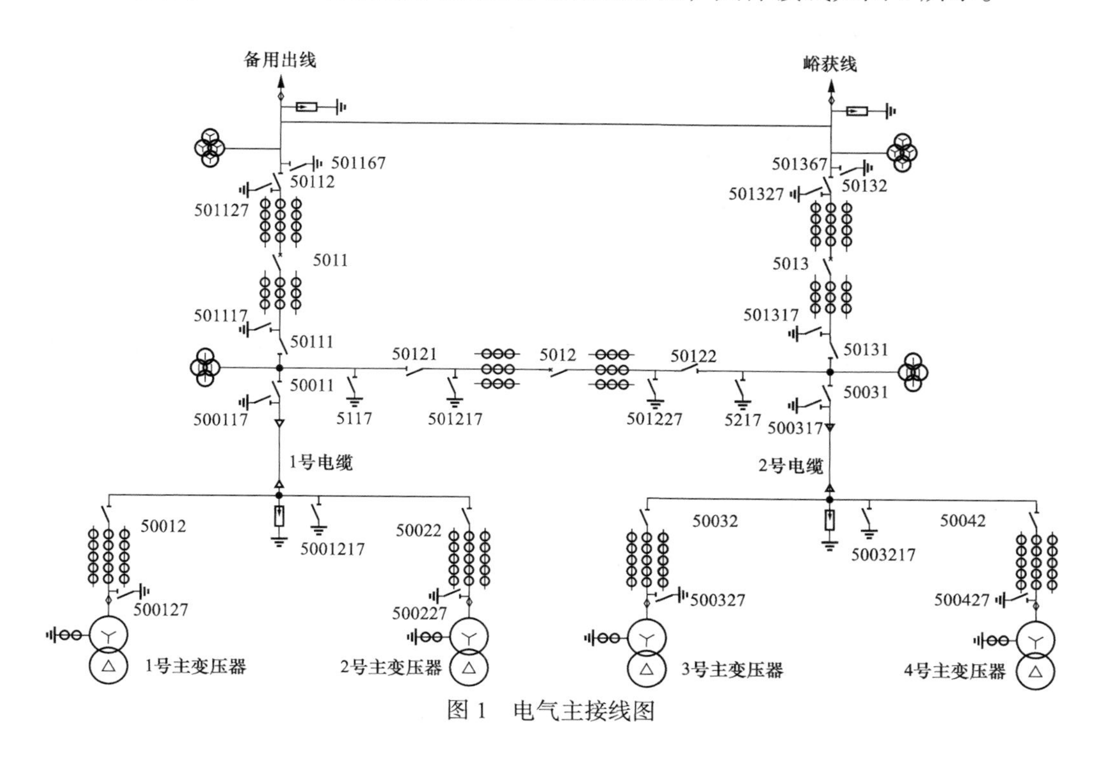

图 1　电气主接线图

改造前，每根 500kV 电缆由两套保护组成，第一套由南京南瑞继保电气有限公司生产，内含线路保护装置 RCS-931D 和光纤通信接口装置 FOX-41A。第二套由许继电气股份有限公司生产，内含线路保护装置 WXH-803A 和光纤通信接口装置 ZSJ-901。

本次改造内容为将第二套短线保护由许继线路保护装置 WXH-803A 更换为国电南自线路保护装置 PSL-603U，光纤通信接口装置 ZSJ901 更换为南自光纤信号传输装置 GXC-01U。其中，南自线路保护装置 PSL-603U 为国网九统一标准版，宝泉公司未对保护装置内部程序进行修改。

2　存在问题

宝泉公司在保护装置出厂验收过程中发现国网九统一标准版线路保护装置 PSL-603U 应用于抽水蓄能电站电缆保护时存在拒动情况。保护启动元件用于启动故障处理功能和开放保护出口继电器的负电源，只有保护启动，保护装置才能正常出口跳闸，但在某些运行工况下，500kV 电缆发生故障时，因保护装置不启动，出现保护装置拒动情况。

3 原因分析

3.1 PSL-603U 启动元件分析

国网九统一标准版线路保护装置 PSL-603U 共有五个启动元件[1]：

（1）电流突变量启动元件。

（2）零序电流启动元件。

（3）静稳破坏检测元件。

（4）弱馈启动元件。

纵联电流差动保护中，用于弱馈侧和高阻故障的辅助启动元件，同时满足以下两个条件时动作：

1）对侧保护装置动作。

2）以下条件满足任何一个：一是任一侧相电压或相间电压小鱼 65% 额定电压；二是任一侧灵虚电压或灵虚电压突变量大于 1V。

（5）TWJ 启动元件。

纵联电流差动保护中，作为手合于故障或空充线路时，一侧启动，另一侧不启动时，未合侧保护装置的不启动元件同时满足两个条件时动作：一是有三相 TWJ；二是对侧保护装置启动。

3.2 拒动情况分析

抽水蓄能电站接线与常规变电站不同，宝泉抽水蓄能电站主变压器高压侧未配置断路器及电压互感器，开关站配置 5011、5012、5013 三个 500kV 断路器及线路电压互感器。

原第二套电缆保护为许继线路保护装置 WXH-803A，以 500kV 电缆 1 为例，地下厂房侧 WXH-803A 接入 1、2 号主变压器高压侧电流互感器，开关站侧接入 5011、5012 断路器侧电流互感器及 5011、5012 断路器三相位置。更换为南自线路保护装置 PSL-603U 后，若按照原有图纸接线，在以下运行方式下发生故障，存在拒动情况。

（1）电缆空载时拒动分析。

以 1 号电缆为例，1、2 号机组处于停机状态，1、2 号主变压器空载运行，1 号电缆处于空载状态。该运行方式为电站常见运行方式，此时若 1 号电缆内部发生故障，故障点电流全部由开关站侧 500kV 系统提供（厂房机组未启动，变压器空载无法提供短路电流），此时开关站侧电流互感器因存在电流突变，开关站侧 PSL603U 可正常启动。但地下厂房侧保护无法正常启动，具体原因如下：

1）地下厂房侧电流互感器无电流突变（变压器空载时电流互感器流过电流很小，发生故障后该电流变为 0，突变量较小，电流突变量启动元件不动作），前三种启动元件（电流突变量启动元件、零序电流启动元件、静稳破坏检测元件）均不动作。

2）第四种启动元件为弱馈启动元件，因第二套电缆保护未接入电压量，不满足电压条件，弱馈启动元件不动作。

3）第五种为 TWJ 启动元件，因地下厂房侧线路保护装置未接入断路器位置信号，保护装置默认断路器在“合”位，不满足 TWJ 启动元件动作条件，TWJ 启动元件不动作。

综合以上分析，电缆空载时电缆内部发生故障，因地下厂房侧保护装置无法正常启动，将造成保护装置拒动。

（2）主变压器送电时拒动分析。

主变压器送电时拒动情况与电缆空载时拒动情况类似，以 1、2 号主变压器为例，主变压器停电检修后，通过合 500kV 断路器 5011 送电，送电前若 1 号电缆（1、2 号主变压器通过 1 号电缆与开关站连接）存在短路故障，5011 合闸后，故障点电流全部由开关站侧 500kV 系统提供（厂房机组未启动，变压器空载无法提供短路电流），此时开关站侧电流由 0A 突变至短路电流，存在电流突变，开关站侧 PSL603U 可正常启动。但地下厂房侧保护无法正常启动，具体原因如下：

1）送电前地下厂房侧电流互感器电流为 0A，送电后因 1 号电缆内部存在短路故障，电流值仍然为 0A，无电流突变，前三种启动元件（电流突变量启动元件、零序电流启动元件、静稳破坏检测元件）均不动作。

2）第四种启动元件为弱馈启动元件，因第二套电缆保护未接入电压量，不满足电压条件，弱馈启动元件不动作。

3）第五种为 TWJ 启动元件，因地下厂房侧线路保护装置未接入断路器位置信号，保护装置默认断路器在“合”位，不满足 TWJ 启动元件动作条件，TWJ 启动元件不动作。

综合以上分析，主变压器送电时电缆内部发生故障，因地下厂房侧保护装置无法正常启动，将造成保护装置拒动。

（3）黑启动时拒动分析。

抽水蓄能电站具有黑启动功能，黑启动（Black-Start）是指电网在遇到灾难性事故失去所有电源后的重新启动和恢复过程。在电厂机组启动成功以后，再按照预先设定的路径去启动相应的电厂或者带上一定的负荷，使得系统得以逐步恢复，逐步扩大电网的恢复范围，最终实现全网的完全恢复。

以 1 号机组黑启动为例，首先启动 1 号机组，1 号机组发电启机成功后，通过合 1 号机组出口断路器，给 1 号主变压器和 1 号电缆送电（500kV 断路器 5011、5012 均在“分”位），此时若 1 号电缆内部发生故障 1 号主变压器高压侧电流互感器流过短路电流，电流突变量启动元件正常启动，开关站侧保护可能无法正常启动，具体原因如下：

1）送电前开关站侧电流互感器电流为 0A，送电后因 1 号电缆内部存在短路故障，电流值仍然为 0A，无电流突变，前三种启动元件（电流突变量启动元件、零序电流启动元件、静稳破坏检测元件）均不动作。

2）第四种启动元件为弱馈启动元件，因第二套电缆保护未接入电压量，不满足电压条件，弱馈启动元件不动作。

3）第五种为 TWJ 启动元件，1 号电缆开关站侧有两个 500kV 断路器，线路保护装置 PSL-603U 只能接入一个 TWJ，TWJ 信号接入便存在四种接线方式：① 只接入 5011 断路器 TWJ；② 只接入 5012 断路器 TWJ；③ 5011、5012 断路器 TWJ 串联接入；④ 5011、5012 断路器 TWJ 并联接入。针对以上四种 TWJ 接线方式进行逐个分析。

a）只接入 5011 断路器 TWJ。

黑启动时，若 5011 断路器处于分闸备用状态，TWJ 启动元件可正确动作，若 5011 断路器处于检修状态（未向线路保护装置 PSL-603U 提供 TWJ 信号），黑启动通过 5012、5013 断路器向电网供电，TWJ 启动元件将无法启动，开关站侧保护因不启动而拒动。

b）只接入 5012 断路器 TWJ。

黑启动时，若 5012 断路器处于分闸备用状态，TWJ 启动元件可正确动作，若 5012 断路器处于检修状态（未向线路保护装置 PSL-603U 提供 TWJ 信号），黑启动通过 5011 断路器向电网供电，TWJ 启动元件将无法启动，开关站侧保护因不启动而拒动。

c）5011、5012 断路器 TWJ 串联接入。

黑启动时，若 5011、5012 断路器均处于分闸备用状态，TWJ 启动元件可正确动作，若 5011 或 5012 断路器有一个处于检修状态（未向线路保护装置 PSL-603U 提供 TWJ 信号），保护装置将无法收到 TWJ 信号，TWJ 启动元件将无法启动，开关站侧保护因不启动而拒动。

d）5011、5012 断路器 TWJ 并联接入。

黑启动时，若 5011、5012 断路器只要有一个处于分闸备用状态，TWJ 启动元件可正确动作，因黑启动通过 5011 或 5012 向电网送电，5011 或 5012 至少有一个处于正常分闸状态，黑启动时该接线方式不存在拒动可能。

综合以上分析，黑启动时保护是否拒动与开关站 500kV 断路器 TWJ 接入保护装置方式有关，与黑启动方式有关。

4 改进方案

（1）电缆空载时拒动、主变压器送电时拒动改进方案。

针对电缆空载时拒动情况、主变压器送电时拒动情况可通过引入 500kV 线路三相电压解决，不论是电缆空载还是主变压器送电，前提条件均是 500kV 线路带电运行正常，接入 500kV 线路三相电压后，电缆空载及主变压器送电时电缆发生故障，均将导致 500kV 线路三相电压降至 65% 额定电压以下，地下厂房侧保护通过第四种启动元件（弱馈启动元件）启动。

（2）黑启动时拒动改进方案。

黑启动时，500kV 线路不带电，线路三相电压一直为 0V，无法通过第四种启动元件（弱馈启动元件）启动，只能通过第五种启动元件（TWJ 启动元件）启动，为防止因黑启动方式不同导致 500kV 电缆保护在某种情况下拒动，需合理接入断路器 TWJ 信号。

1）5011、5012 断路器 TWJ 并联接入保护装置优缺点分析。

以 1 号电缆为例，将 5011、5012 断路器 TWJ 并联接入，可确保电缆保护在黑启动过程中不发生拒动。但该接入方法存在严重缺陷，以 2 号电缆为例，2 号电缆停电检修，5013、5012 处于分闸状态，5011 处于合闸状态，5011、5012 断路器 TWJ 并联接入 1 号电缆保护（开关站侧），因 5012 在分闸状态，1 号电缆保护一直收到断路器 TWJ 信号，但此时 1 号电缆开关站侧通过 5011 断路器与电网连接，此时若 1 号电缆内部发生故障，地下厂房侧保护可正确动作跳闸，但开关站侧保护因收到 TWJ 信号，PSL−603U 保护装置将差动保护定值抬高 4 倍（PSL−603U 线路保护装置检测到断路器位置在“分”时，会将差动保护定值抬高四倍，以防止误动），会导致开关站侧差动保护动作灵敏度降低或在经高阻接地时拒动。

2）5011、5012 断路器 TWJ 串联联接入保护装置优缺点分析。

电站处于非黑启动工况时，电站通过 500kV 线路供电，因 500kV 线路电压已接入保护装置，电缆发生任何故障，开关站侧保护装置均可通过电流突变量元件启动，同时 500kV 线路电压也会降至 65% 额定电压以下，两侧保护装置均可正确启动，此时只要没有断路器分闸信号，两侧保护装置均可正确动作跳闸。因此，将 5011、5012 断路器 TWJ 串联接入开关站侧保护，确保开关站侧保护装置能收到断路器合闸信号，避免非黑启动运行时不发生拒动。

但在黑启动时，只要 5011 或 5012 断路器（以 1 号电缆为例）有一个处于检修状态（未向线路保护装置 PSL−603U 提供 TWJ 信号），保护装置将无法收到 TWJ 信号，TWJ 启动元件将无法启动，开关站侧保护因不启动而拒动。

针对此矛盾，常规解决方法是在 5011、5012 断路器 TWJ 接入保护装置前增设断路器“运行 / 检修”位置切换把手，当断路器处于检修状态是，将该断路器的切换把手切至“检修”位置，人为断开该断路器 TWJ 信号，防止因一个断路器分闸导致保护装置定值抬高或拒动。因抽水蓄能电站接线独特，运行工况复杂，若按照此方法切换，将增加日常维护工作量，存在断路器断路器“运行 / 检修”位置把手切换不及时或切换错误等问题。

为彻底解决该问题，减少日常维护工作量，根据抽水蓄能电站运行特点，可配置断路器“串联 / 并联”位置切换把手。电站处于非黑启动工况时，只要没有断路器分闸信号，两侧保护装置均可正确动作跳闸，因此可将断路器“串联 / 并联”位置切换把手切至“串联”位置，确保非黑启动工况下，电缆只要带电，开关站侧保护无分闸信号，保护不发生拒动。

黑启动时，将断路器“串联 / 并联”位置切换把手切换至“并联”位置，确保 500kV 断路器只要有一个在“分”位，保护装置就可收到分闸信号，避免电缆保护在黑启动过程中不发生拒动。具体接线如图 2 所示。

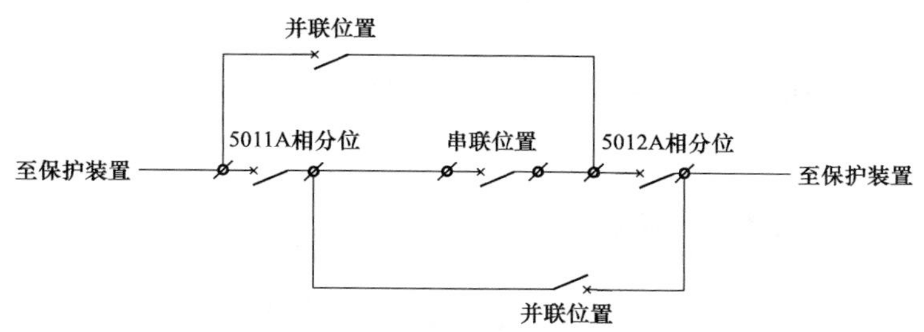

图 2　断路器“串联 / 并联”位置切换把手原理图

5　结束语

短电缆保护作为 500kV 电缆的主保护，任何拒动都会引起事故范围的扩大，可能造成一次设备严重损害及大面积停电，严重威胁电网安全稳定运行，给国民经济和人民生活造成极大损失，因此，继电保护人员应充分考虑一次设备的不同运行方式，采取有效的防范措施，消除隐患，杜绝继电保护拒动事故发生，提高继电保护的动作可靠性。

抽水蓄能电站启动回路隔离开关在线监测系统的探讨及应用

朱传宗，李 勇，王宗收，李世昌，于 潇，赵雪鹏

（河北张河湾蓄能发电有限责任公司，河北省石家庄市 050300）

摘要 针对位于较高位置的抽水蓄能电站启动回路隔离开关巡检困难进行分析，探讨了大型抽水蓄能机组中启动回路隔离开关巡检困难部分因素，确定了解决方案并进行实施，为以后抽水蓄能电站处理相同问题提供了一种处理方法。

关键词 隔离开关；玻璃；红外热成像；巡检

0 引言

目前抽水蓄能电站启动回路隔离开关普遍都安装在封闭管母内部，启动母线回路隔离开关只能通过位置较高的观察孔进行观察，另外启动母线回路隔离开关接近于机组开关处，在机组断路器分合前后的时间内不建议进入母线洞内部巡检，SFC拖动及背靠背启动到机组断路器合闸时间较短，此时不具备条件爬上管母进行观察设备的动作及运行情况。启动回路隔离开关的巡检成为现场运维人员的一个难题。

1 背景

1.1 应用需求分析

某抽水蓄能电站机组检修期间，班组维护人员对机组出口断路器灭弧室柜内进行检查时，发现灭弧室控制柜内有一根弹簧，后对柜内断路器机组侧接地开关与断路器换相隔离开关侧接地开关触头进行检查未发现缺少弹簧，然后扩大检查范围，对出口断路器两侧的隔离点拖动隔离开关与被拖动隔离开关进行外观检

查，经过检查发现被拖动隔离开关存在损伤（见图 1）。

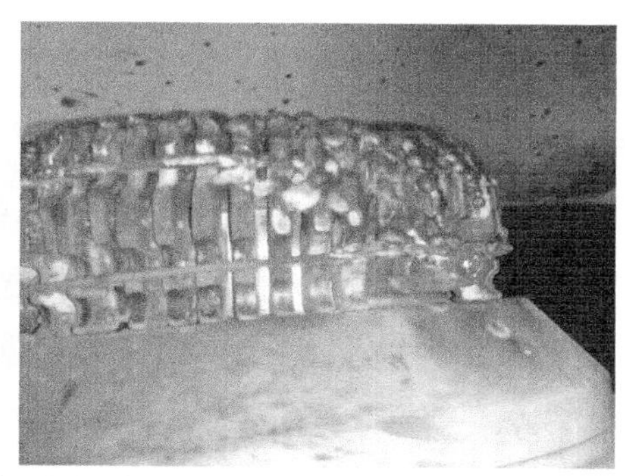

图 1　被拖动隔离开关损伤情况

此次被拖动隔离开关烧损发现较为及时，未发生机组启动不成功及放电伤人事件，但是也给我们敲响警钟，如何实时地监测被拖动隔离开关温度及表面变化情况显得尤为重要。

1.2　研究现状

通过对启动回路被拖动隔离开关进行检查，发现封闭管母内部被拖动隔离开关只能通过观察窗观察，不能进行测温工作。若想测温，就必须停电隔离进入管母内部，然而隔离开关不在运行时的测温没有实际意义，所以封闭管母内部的被拖动隔离开关根本就不能进行测温工作，另外隔离开关运行期间人员不能爬上管母通过观察窗观察隔离开关运行状态，所以一旦发生内部过热、隔离开关损伤等现象不能做到早发现、早处理，也不能对隔离开关的损伤趋势做出判断。

经过运维人员进行统计，启动回路动作比较频繁的隔离开关是 SFC 拖动 1～4 号机组启动时的被拖动隔离开关，这些隔离开关因为高度在 2.5m 左右巡检非常困难。

1.3　研究目的和意义

鉴于启动回路被拖动隔离开关亟需进行实时监测及测温的问题，研究如何通过合理增加视频红外热成像监测装置的方式，实时监测被拖动隔离开关的分合闸位置、触头温度，从而减少设备运行的安全隐患。

2　应用于抽水蓄能电站的启动母线回路隔离开关在线监测系统

对启动回路隔离开关不能进行测温及巡检困难的问题，通过对对各种玻璃的温度透过率及透光性的分析，提出针对性解决启动回路隔离开关不能进行测温及巡检困难的技术措施；分析出启动回路隔离开关不能进行红外测温的主要原因，继续研究开发出新型的启动回路隔离开关专用观察窗，并与红外成像技术相结合，做到对隔离开关的实时监测及测温，对于隔离开关的安全可靠运行提供了保障。

启动回路隔离开关红外观察窗主要是采用锗玻璃与普通玻璃相结合的方式，该专用观察窗是一种具有较好的温度透过率及透光性，应用后与红外成像仪相结合，能够对隔离开关进行实时测温及外观检查。按照原启动母线隔离开关观察孔的尺寸制作新的观察窗，观察窗参数：红外可视直径 75mm，晶体直径 80×4mm，开孔直径 106mm，整体直径 154mm，内径 95mm，红外透过率大于 90%，防护等级 IP68，冲击等级 IK07。

启动回路隔离开关红外观察窗结合卡片式测温热像仪，卡片式测温热像仪通过自制的监测装置支架进行固定，与观察窗进行结合，透过观察窗对内部设备进行实时监视。卡片式测温热像仪选型如图 2 及表 1 所示。

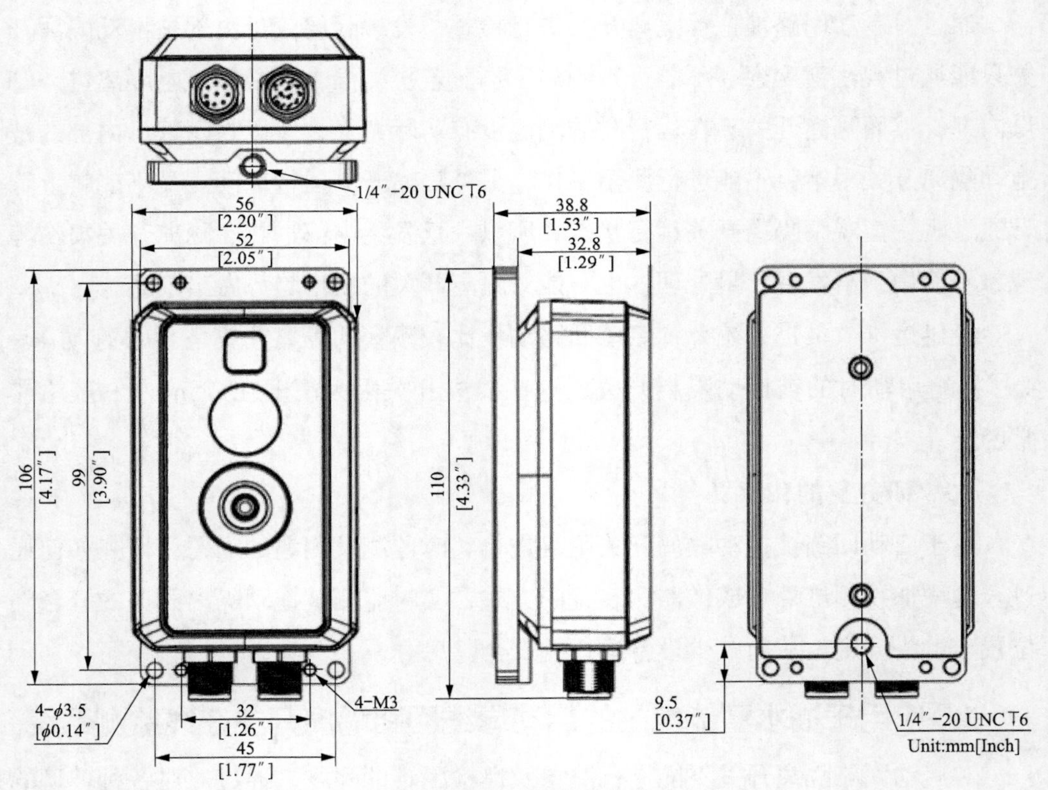

图 2　卡片式测温热像仪

表 1　　技　术　参　数

参数	型号	DS-2TA2SH-LH2
		微型智慧测温热像仪
热成像	传感器类型	氧化钒非制冷型探测器
	最大图像尺寸	160×120
	响应波段	8～14μm
	像元尺寸	17μm
	NETD（噪声等效温差）	＜40mk（@30℃，F#=1.1）
	焦距 / 最小成像距离	1.8mm/0.1m
	视场角	90°×66.4°
	F 值	1.1
	帧频	25 帧
	数字变倍	2×、4×
	测温范围	−20～150℃或 20～350℃
	测温单位	摄氏度、华氏度、开尔文
	精度	±2℃或读数的 ±2%
可见光	分辨率	200W
	可见光镜头焦距	2mm
	聚焦距离	0.1m
	视场角	92.6×75.8°
	图片分辨率	800×600 或 1600×1200
	视频分辨率	800×600 或 1600×1200
接口	复位键	1 个复位键
	网口	1Gbit/s
	报警	1 进 /1 出
	RS485	支持
	应用编程接口	支持海康 SDK（Win&Linux x86）接入； 支持 Modbus 传输温度信息； 支持 16bit 25Hz 160×120 像素温度或 16bit 25Hz 裸数据输出
系统参数	菜单语言	中文
	测温规则	10 个点、10 个框、1 条线
	电源接口	DC12V、POE（802.af）

续表

参数	型号	DS-2TA2SH-LH2
		微型智慧测温热像仪
系统参数	电源输入	宽幅供电 DC10～30V
	功率	日常运行≤3W，最大 5W
	工作温度和湿度	−20～50℃，＜90% RH
	存储温度和湿度	−40～70℃，＜95%RH
	防护等级	IP67
	重量	≤215g（加背板 285g）
	尺寸	105mm × 55mm × 30mm（长 × 宽 × 厚），不含背板
	安装	背板＋支架 支持配电柜内磁吸安装、壁装、吊装、柱装
	配件	电源适配器、8 芯航空头网线、12 芯航空头甩线
	外壳	铝合金

监测装置支架移动功能检查：确认固定装置支架可移动和调整，在紧急情况下，可以通过调整、移动支架，不影响人工巡检。监测装置支架如图 3 所示。

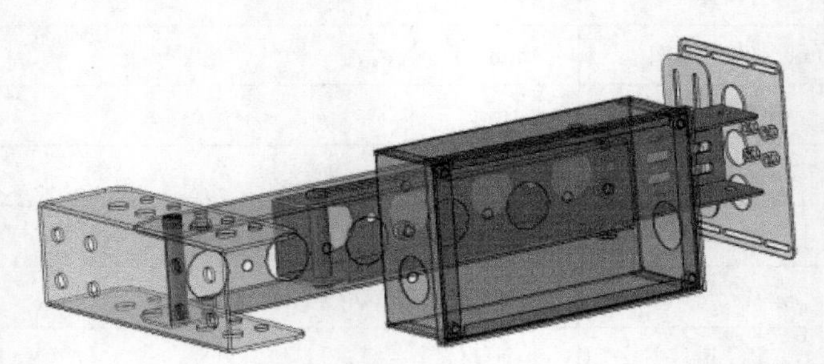

图 3　监测装置支架图

启动回路隔离开关红外测温测点采用串联方式连接至 1～4 号母线洞壁挂箱，后经一路光缆引至汇控柜，汇控柜再转接至在线监测服务器后台进行实时监测。

3　现场实施

（1）拆除被拖动隔离开关的玻璃观察窗玻璃，用定制红外穿透测温的玻璃（氟化钡晶体）替换安装。原观察窗如图 4 所示。

（2）在每相拖动隔离开关位置更换定制玻璃，如图 5 所示。

（3）更换需在设备停电下进行，更换后需进行相关检查和试验，确认紧固合

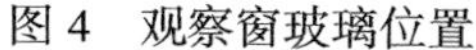
图4 观察窗玻璃位置

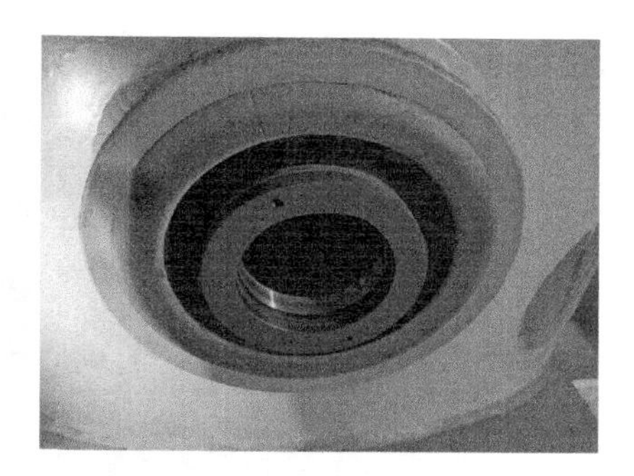

图5 观察窗替换玻璃

格，视频和红外热成像装置的拍照、视频、温度测量功能正常。

监测装置支架移动功能检查：确认固定装置支架可移动和调整，在紧急情况下，可以通过调整、移动支架，不影响人工巡检。

（4）安装前后对比。安装红外成像前如图6所示，安装红外成像后如图7所示。

图6 安装视频和红外热成像装置前

图7 安装视频和红外热成像装置后

4 效果检查

该项红外成像测温装置的应用，可实时监测启动母线管母内部被拖动隔离开关，解决了运行中封闭母线管母内部无法测温及监视的问题，大大降低了班组专业巡检和日常维护的工作量。

启动回路封闭母线管母内部的被拖动隔离开关在长期运行动作的过程中，隔离开关动触头和静触头等部位都有可能因为老化或接触电阻过大而产生过热现象，最终可能导致重大安全事故。该系统在监测软件上设置温度高定值，提前预警，及时发现隐患，并且在抽水启动及背靠背启动过程中都能够观察隔离开关分合闸过程及隔离开关触头的变化，分闸及合闸效果图见图8、图9。

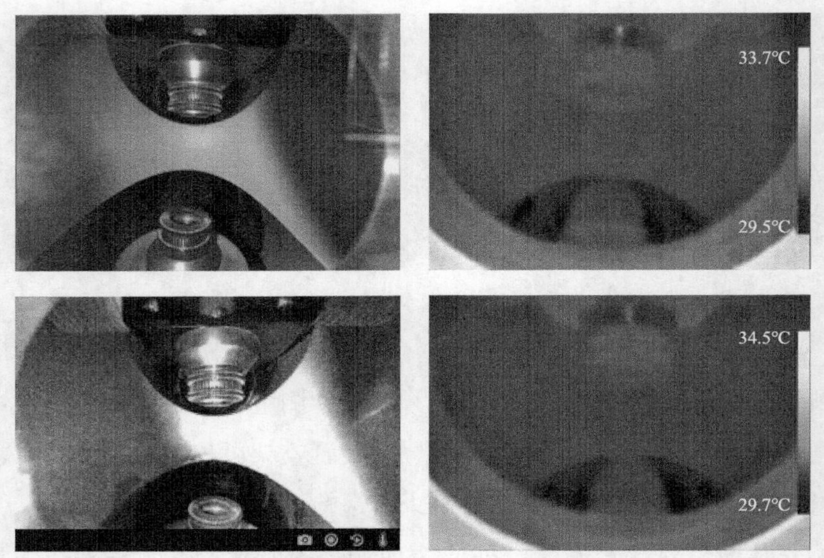

图 8　拍照效果图（分闸、温度）

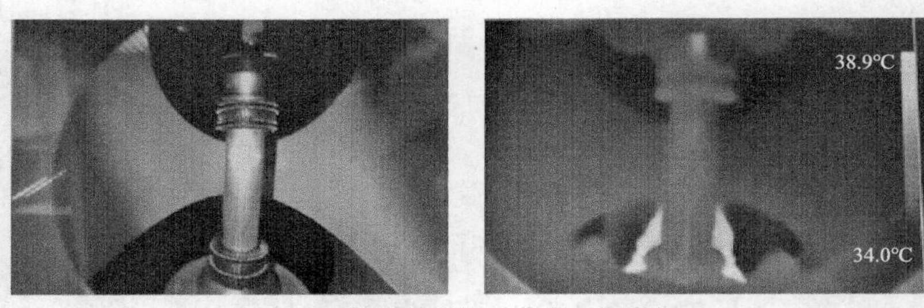

图 9　拍照效果图（分闸、温度）

5　结论

启动母线隔离开关是发电厂设备的重要组成部分，启动回路的正常稳定运行是保障机组抽水运行的基础。结合本次启动回路隔离开关红外成像装置的增设，将启动回路隔离开关纳入了日常巡检之中，进一步完善了巡检项目，及时发现存在的缺陷及隐患，强化设备运维管理，保障设备稳定运行。

参考文献

[1] 刘琼琼. 红外图像的增强和规范化算法研究 [D]. 哈尔滨：哈尔滨工程大学，2007.

[2] 刘莹. 红外热像仪中图像增强算法的研究[D]. 吉林：吉林大学. 2007.
[3] 吴宗凡. 红外热像仪的原理和技术发展[J]. 现代科学仪器，1997（2）：28-30，40.

作者简介

朱传宗（1991—），男，工程师，主要从事抽水蓄能电站设备的维护与施工工作。E-mail：252808443@qq.com

抽水蓄能电站水力矩及轴套热膨胀性能对导叶开启卡顿的分析

李开明[1]，张小宇[2]，李　伟[2]

（1. 南方电网调峰调频发电有限公司工程建设管理分公司，广东省广州市 510000　2. 南方电网调峰调频发电有限公司检修试验分公司，广东省广州市 511400）

摘要　针对某抽水蓄能电站发生的发电工况启动过程中导叶卡顿问题，基于流体力学相关基础原理，综合水力矩的原理及现场试验现象，结合导水机构导叶轴套的设计、计算、选型、安装等方面进行分析，给出相应的意见及建议。

关键词　抽水蓄能机组；水力矩；导叶轴套；导叶卡顿

0　引言

导水传动机构是水轮发电机组部件最多、结构最复杂的机械设备之一，调速器液压系统通过导水传动机构的传动，实现对导叶开度大小的调节，进而实现对机组输出功率的调节控制功能。抽水蓄能电厂由于机组启停频繁、负荷调节频繁，其导水传动机构动作频率较高，因此，其导水传动机构的稳定性及耐用性在设计选型阶段需考虑更多的裕度。

本文主要以控制环结构的机组为例，围绕南方区域某抽水蓄能机组发电工况启动导叶开启卡顿问题，对其开展的排查情况进行介绍并开展原因分析，提出相应的管控解决方案；同时，结合相关的理论进行分析，对后续选型设计阶段提出相应的建议，以期提高抽水蓄能机组导水机构乃至机械设备整体设计水平，实现投运设备运行可靠性进一步提升。

1 导水传动结构介绍

目前国内抽水蓄能机组导水传动机构主要有两种类型：一类为通过两个主接力器连接控制环再通过连板、导叶拐臂等设备传递至各个导叶，实现导叶开度的调节与控制，一般简称为控制环结构；另一类为每个导叶单独设置接力器，通过对单个接力器活塞缸体内油量的控制实现导叶开度的调节与控制，一般简称为单导叶接力器结构。

控制环结构相对单导叶接力器结构而言，由于接力器数量只有 2 个，结构相对简单，因此相应的控制回路较为简单、电液转换元件等数量较少，目前在国内抽水蓄能电厂应用更为广泛；但由于控制环整体较为庞大、重量较重，也存在导水结构后续拆解检修较为复杂等问题。

2 故障情况介绍

该抽水蓄能机组导水机构采用的是控制环结构。在投运后的 3～4 年后，发生过 2 次机组在发电工况开机过程中因导叶开启超时造成机组启动失败的故障现象，两次故障的发生，均发生在每年的元旦前后。

依据现场导叶开启位置反馈及转速波形显示，故障原因为导叶在开度约 6.5% 的位置发生明显的卡顿迟滞现象，开导叶信号发出后在流程规定时间内机组转速未大于 5%，导致流程超时。

该抽水蓄能电站导叶轴套采用的为某品牌铜基镶嵌自润滑轴套，除每年 C 级检修常规项目维护外，该台机组导水机构及调速器系统未进行过大的检修或设备改造。

3 排查情况介绍

针对控制环结构因导叶未能正常开启造成机组发电启动失败问题，现场对机组开展了以下相关排查工作。

3.1 静态开导叶试验

在球阀关闭情况下，进行了机组静态开导叶试验。从收到开导叶信号至导叶开度至 15%，开启时间 11s，导叶动作正常，整体过程顺畅无卡顿，静态试验正常。通过对波形分析，导叶动作曲线为一条平滑的直线，见图 1。

3.2 SR（空载）开导叶试验

在球阀开启情况下，进行了 1 号机组 SR 工况开导叶试验。该试验开展多次，试验结果主要分为以下两类。

第一类现象：导叶可以在流程限制的时间内达到调速器给定的一级开度，但导叶动作过程中在 5%～8% 开度（正常该区间用时 4s 左右），存在明显的卡顿现象，到达预定开度开启时间较正常偏长，动作曲线见图 2。

第二类现象：导叶无法在规定的时间内达到预定的开度，造成转速上升过慢直至流程超时，动作曲线见图 3。

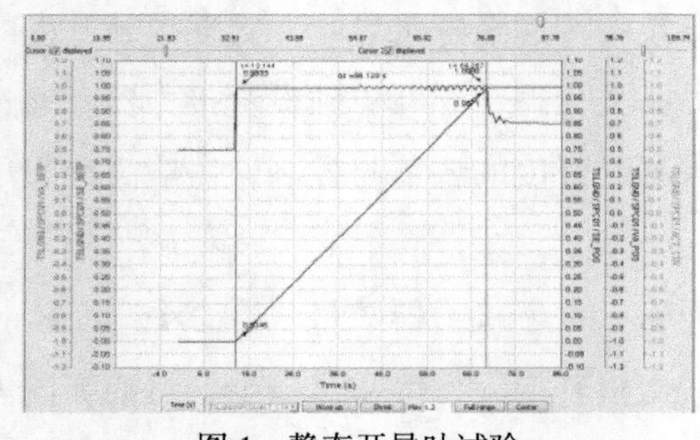

图 1　静态开导叶试验

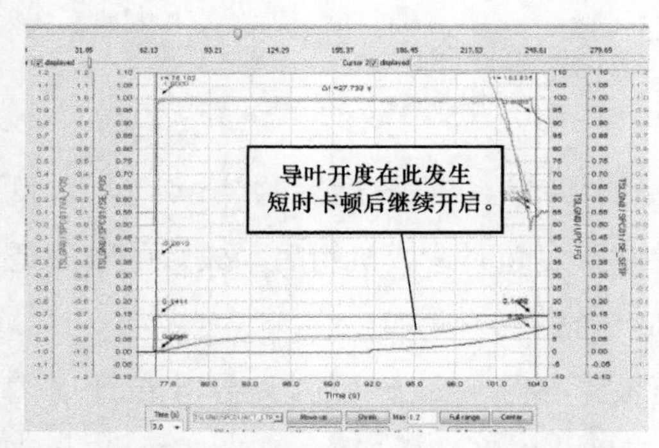

图 2　SR（空载）开导叶试验（第一类现象）

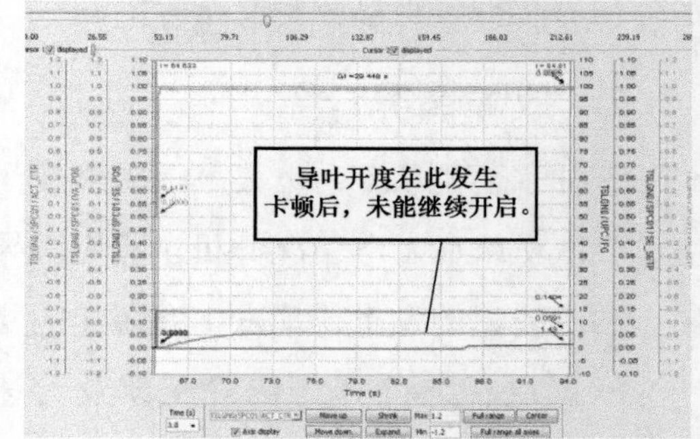

图 3　SR（空载）开导叶试验（第二类现象）

3.3　导叶最小压力动作试验

在球阀关闭、下游密封投入、蜗壳充水时开展导叶最小动作压力试验：

（1）导叶开启过程中，调速器系统压力在 0.4MPa 时，可实现全行程开启动作，动作顺畅，无明显卡顿。

（2）导叶关闭过程中，调速器系统压力在 0.5～0.6MPa 时，可实现全行程关闭动作，动作顺畅，无明显卡顿。

以上两项试验说明：导叶最小压力动作试验正常。

3.4　蜗壳带压测量

通过退出球阀下游密封使得蜗壳带上库水压（球阀阀芯处于关闭位置），开展以下测量试验工作：

（1）蜗壳带上游水压与蜗壳带尾水压力测量顶盖变形量、导叶偏移量测量。

顶盖水平、垂直方向的变形量较小，均在 0.05mm 以内（抽查 *Y*、−*Y* 方向，垂直、水平）；抽查 4 个导叶向大轴方向的偏移量，均在 0.04mm 以内。整体变形量较小。

（2）导叶设定 4% 开度时实际开度值测量。

调速器设置导叶开度 4% 时，测量导叶臂转动位移量，6 个导叶基本在 4.70～5.5mm，但 15 号导叶转动位移量相对较小（3.91mm）。依据测量数据、现场情况及图纸估算，导叶开度在 4% 时，相邻导叶间相对最小距离为 6～8mm，相对偏差不大。

（3）单步开导叶试验。

在球阀下游密封退出，球阀阀芯未开启的情况，开展单步开导叶试验。从导叶位置反馈波形显示，导叶在 5%～8% 开度有明显变缓的情况，但卡顿时间较短。分析在球阀阀芯关闭状态时，蜗壳压力受到流道影响较球阀阀芯开启时小，导叶开启卡顿现象减弱。

3.5 小结

根据上述排查情况，确定排除液压回路及自动化元器件故障的可能。导叶卡顿拒动的原因定位至导叶及其传动机构摩擦阻力增大，进一步开展机组导水机构解体检查工作。

4 导叶结构拆解排查

通过相关试验结果，现场机械专业人员组织开展该台机组导叶传动机构专项解体排查及相关试验。

4.1 检查情况

现场机械专业人员组织对导水机构拐臂、连板、控制环等设备进行解体检查。因机组结构限制，除导叶下轴套、中轴套等尚不具备检查条件（需要将顶盖顶起才能检查），其他传动设备（大连板、控制环、小连板、止推环、导叶抗磨板等）均进行全面检查，相关设备未发现明显会造成阻力大幅增加的异常现象。

4.2 检修后调试试验

为验证解体排查效果，机组调试期间，开展了 60bar（调速器液压系统）压力下静水开导叶试验以及 SR 试验，试验数据显示：

当导叶开启瞬间调速器液压系统压力在约 60bar 时，在导叶开度 5%～8% 时卡顿迟滞维持约 42s（正常 4s 左右），导叶从 0 开到 15% 开度用时 54s。试验表明，该台机组导叶开启卡顿问题仍未得到有效解决。

4.3 调速器液压系统增压试验及运行

鉴于排查尚未彻底解决导叶开启卡顿迟滞问题，考虑到机组需恢复投运，现场经分析提出通过增加适当的导叶开启力实现机组的正常运行。经分析论证，在保障设备安全的前提下，采取提升调速器油罐压力的方法来增加导水机构传动开启力矩，以提升导叶开启的成功率。

通过一系列试验，现场最终将调速器压力油罐工作压力区间整体适当提高，现场由专业人员修改程序，将调速器油罐内压力在开机阶段维持在高压力水平。在此条件下，现场进行了 SR 试验，导叶开启卡顿（5%～8% 开度）时间明显减少，机组可以正常开启。

5 故障原因分析

5.1 概述

导叶在 G 工况开启过程中发生卡顿，主要原因在于导叶接力器提供的开启力不足以克服水轮机活动导叶的动作阻力。分析导水机构传动阻力，分两类进行考虑：

（1）活动导叶水力矩。基于流体力学的导叶开启时水流对活动导叶开启产生的力，该部分需在设计阶段进行考虑。

（2）机械传动阻力矩。主要以导水传动机构各连接部件的传动摩擦为主，设备正常的磨损、异常的卡涩、剐蹭等也在此范畴。该部分较为直观，通过大、小修对设备进行拆解、检查可直观判断。

5.2 活动导叶水力矩分析

5.2.1 活动导叶水力矩理论

活动导叶水力矩是基于流体力学导叶开启时水流对活动导叶产生的力矩，该部分需在设计阶段配合水轮机模型试验综合考虑。

当活动导叶在小开度开启时，由于蜗壳与尾水管的压差较大，两个导叶之间会有流速较大的水流通过，依据流体力学伯努利原理，相邻导叶间有相互吸引的力存在（导叶自关闭趋势），这就是活动导叶水力矩的原理（见图 4）。

依据抽水蓄能机组导叶水力矩的特性及相关模型试验，在发电工况导叶开启过程中，导叶水力矩随导叶开度呈现先快速增加，然后再缓慢减小的变化趋势，且其最大值一般位于导叶小开度处。水力矩最大值的最高点，与主机厂整体的水力设计（如座环结构、导叶叶形、转轮结构等）有关，但整体的变化趋势是一致的。

按照以上水力矩的理论分析，该台机组在导叶 5%～8% 区间发生明显的卡顿迟滞现象，与水力矩特性曲线密切相关。

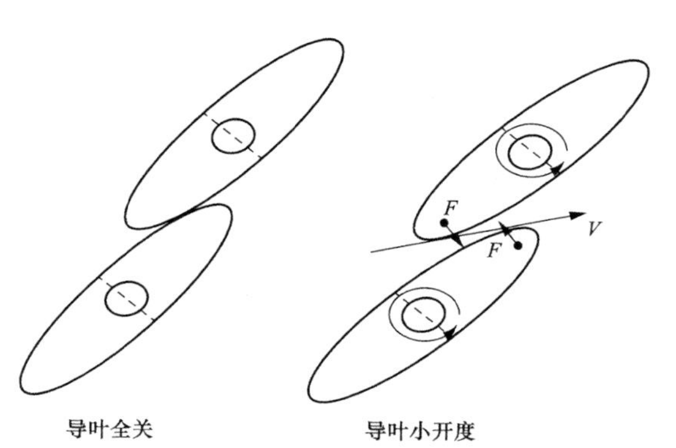

图 4　活动导叶水力矩的原理

5.2.2　其他机组活动导叶水力矩验证

为进一步验证活动导叶水力矩对导叶开启的影响，现场专业人员组织在其他结构完全一样的 3 台机组开展了调速器液压系统降压时 SR 开导叶试验，数据记录详见表 1。

表 1　　其他机组调速器降压 SR 试验数据

机组	轴套安装时室温（℃）	时间	工况	导叶开启瞬间调速器油罐压力（bar）	一级开限出现时间（s）	5% 转速出现时间（s）	导叶 5%～8% 开度时间（s）	冷却水温度（℃）	导叶开启情况
2 号	15	2021.04.10 15：10	SR 试验	59.5	15.9	10.8	3.7	20.8	正常开启
		2021.04.10 15：30	SR 试验	57.3	16.7	11.6	4.1	20.8	正常开启
		2021.04.10 15：50	SR 试验	55.5	17.6	12.4	4.9	20.8	正常开启
		2021.04.10 16：10	SR 试验	53.6	21	13.6	5.9	20.8	正常开启
3 号	5	2021.03.08 20：50	SR 试验	58.9	15.8	12.4	4.8	17.8	正常开启
		2021.03.08 21：10	SR 试验	55.3	18.6	14	5.7	17.8	正常开启
		2021.03.08 21：30	SR 试验	53.9	20.5	15.2	7.1	17.7	正常开启
4 号	15	2021.03.02 11：00	SR 试验	58.8	15.4	11.8	4.73	18.2	正常开启
		2021.03.02 11：20	SR 试验	56.19	18.8	14	7.2	18.2	正常开启
		2021.03.02 11：40	SR 试验	53.65	33	21	17.5	18.3	正常开启

试验表明，随着调速器油压逐步降低，导叶达到一级开限（15%）时间逐步增加、导叶开度 5%～8% 卡顿迟滞现象愈加明显。但其他 3 台机组的导叶仍然能够正常开启。

5.2.3　水力矩原因分析小结

综合以上分析及试验结果，机组最大水力矩发生在导叶 5%～8% 区间，但不是 1 号机组导叶开启卡顿的主要原因，在导水机构机械传动阻力矩不发生异常增大情况下，现有导叶接力器设计裕度可满足机组的正常运行。

5.3 机械传动阻力矩分析

除导叶轴套外，其他导水传动机构设备均已在此前的解体检修中进行了排查，因此重点的分析方向集中在导叶轴套上。关于导叶轴套导致的摩擦阻力矩增大的原因，分析有以下几种可能。

5.3.1 导叶轴套润滑不足

如导叶轴套密封损坏，导叶轴套漏水情况加剧，水对自润滑材料冲刷使得导叶偏磨加重，过度的偏磨就会引起导叶轴套摩擦力矩增加。但由于其他 3 台机组均属于同时期投产设备且未发生该现象，分析该原因的可能性较低。

5.3.2 导叶轴套热胀冷缩的影响

经详细查阅机组当年安装资料，技术人员发现该台机组导叶轴套加工、安装至顶盖 / 底环上是在夏天 6 月左右，当时的环境温度约 28℃。而其他 3 台机组轴套与顶盖 / 底环的安装是在室温 15、17、5℃进行。依据该信息，技术人员分析提出该台机组在导水机构安装时环境温度较高，由于铜基镶嵌导叶轴套热膨胀性较大，在冬天环境温度低情况下轴套内径收缩，造成导叶轴与轴套间隙偏小的可能。

用现场的备品轴套进行热膨胀试验，得出的热膨胀系数为 0.006mm/℃（双边），与轴套厂家提供的数据一致。在温差 20℃时（由 30℃降低至 10℃），轴套内径缩小约 0.12～0.13mm。

该电站机组轴套与导叶轴的安装间隙控制在 0.17～0.20mm。结合该电站所处环境，冬天最低水温为 10～13℃，此时 1 号机组轴套实际间隙可能只有 0.05～0.10mm（理论推算，基于导叶轴受到温度影响较小考虑），而其他 3 台机组轴套间隙在低温环境下可维持在 0.15mm 左右或者以上水平。

5.3.3 导叶轴套间隙大小对传动阻力增加的分析

由于导叶传动结构的特点，导叶与轴套的接触摩擦基本集中在固定的圆周局部区域（非整圈均匀磨损），导叶轴套的偏磨不可避免。机组安装后运行初期，导叶轴与轴套接触偏磨区域接近于线接触，摩擦力较小；当运行一段时间后，轴套偏磨量逐渐增加，接触区域为弧形的面接触，摩擦力增加。而轴套在同样偏磨厚度的情况下，与导叶轴配合间隙较小的，轴套与导叶轴接触面积越大，摩擦力也越大。结合导叶轴套与导叶轴配合间隙大小，轴套偏磨区域原理示意如图 5 所示。

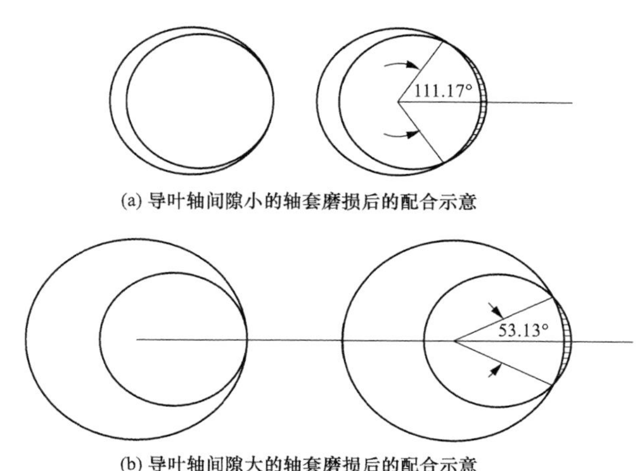

(a) 导叶轴间隙小的轴套磨损后的配合示意

(b) 导叶轴间隙大的轴套磨损后的配合示意

图 5　轴套相同磨损深度情况下配合示意图

5.4　故障原因总结分析

依据以上水力矩与导叶轴套相关试验及分析，该台机组由于夏天安装的轴套在冬季收缩较大，使得导叶与轴套间隙过小，造成轴套偏磨较其他 3 台机组严重。在冬季水温较低的情况下，由于轴套间隙较小，造成导水传动机构摩擦阻力增加较大，导致导叶接力器开启力矩不足以克服阻力矩，出现导叶在 G 工况开启过程中导叶在小开度区间发生卡顿迟滞现象。

6　结语

按照以上分析，现场对该台机组保持持续关注运行，当水库水温升高至 20℃以上时，导叶卡顿情况基本消失。但随着冬天的到来水温逐步降低时，导叶动作时间也存在缓慢增加问题，但目前机组运行整体仍维持稳定。

要彻底解决该问题，在条件允许的情况下，需要将该台机组水轮机顶盖吊起后对导叶轴套进行更换。轴套更换的同时应同步考虑相关机械设备的差异化热胀冷缩效应。在不同的环境温度下，导叶轴与轴套间配合间隙应有所差异，确保设备恢复后在多变的环境中维持安全稳定运行。

随着技术的进步，抽水蓄能机组机械设备整体的设计要求、加工工艺水平、安装质量等方面均较以前有大幅提升，使得机组整体质量也随着技术的进步而稳步提升。由于加工精度、设计要求的提升，机组部分精密配合设备如导叶轴套、各个导轴承等，需在设计及安装阶段综合考虑温度变化对设备的影响，确保设备在多变的环境中可维持长期安全稳定运行。

参考文献

[1] 吴望一. 流体力学第二版[M]. 北京：北京大学出版社，2021.

[2] 张彬. 水泵水轮机活动导叶水力矩的相关研究[J]. 水电站机电技术，2020，43(1)：1-3，27。

[3] 周伍，王茂海，王庆书，等. 水轮发电机组导叶操作拒动故障分析与处理[J]. 大电机技术，2018(6)：73-78.

作者简介

李开明（1984—），男，高级工程师，长期从事抽水蓄能电站机电设备检修、维护管理及建设技术管理工作。E-mail：13926159120@163.com

清原抽水蓄能电站引水隧洞钢岔管水压试验分析

张航瑞，史文广，张　绍，戴俏俏，邢贵阳，孙萌萌，
李晓琳，毕明涛，赵鹏宇，黄镝铭

（辽宁清原抽水蓄能有限公司，辽宁省抚顺市　113300）

摘要　清原抽水蓄能电站引水系统厂房上游边墙54.8m处布置三个对称“Y”形内加强月牙肋钢岔管，设计内水压强7.04MPa，实际内水压强6.2MPa，采用800MPa级钢板卷制焊接完成。介绍了水压试验期间压力、流量、温度、应力、变形的测试布置、测试方法及测试成果与分析，为抽水蓄能电站引水隧洞钢岔管制作提供数据依据。

关键词　800MPa级高强钢制造试压；应力

1　工程概况

清原抽水蓄能电站厂房上游边墙54.8m处布置三个对称“Y”形内加强月牙肋钢岔管3台，最大公切球直径6.12m，分岔角70°，主管直径5.4m，支管直径3.8m，设计内水压力7.04MPa，采用800MPa级钢板[1]，壁厚64mm/68mm，肋板厚130mm，单个钢岔管重73.855t。单台钢岔管在岔管拼装厂组装、焊接完成，并在各种检验、检测合格以后进行水压试验[2]。分别采取在主管及2个支管过渡管设置临时球形闷头，形成密闭容器，进行水压试验。水压试验完成后，将闷头切割下料，并切割掉闷头的焊接热影响区[3]，同时，岔管制造时需要在进出口管节预留100mm余量，并在水压试验后切割掉。每台钢岔管体型参数见表1。

表 1　　钢岔管体型参数表

序号	名称	材质	板厚（mm）	体型尺寸（mm）	斜度（与垂直方向角度）
1	A2 主管过渡管	800MPa 钢板	64	锥管（内径及高度）：ϕ5613/ϕ5391～1315	5°
2	A1 主锥管	800MPa 钢板	68	最大处锥管（内径及高度）：ϕ6254/ϕ5391～1838	11°
3	B1 支锥管 1	800MPa 钢板	68	最大处锥管（内径及高度）：ϕ6243/ϕ3997～3292	19.5°
4	C1 支锥管 2	800MPa 钢板	68	最大处锥管（内径及高度）：ϕ6243/ϕ3997～3292	19.5°
5	B2 支管过渡管	800MPa 钢板	64	锥管（内径及高度）：ϕ3997～ϕ3770～758	8.5°
6	C2 支管过渡管	800MPa 钢板	64	锥管（内径及高度）：ϕ3997～ϕ3770～758	8.5°
7	月牙肋	800MPa 钢板	130	130 × 6480 × 3938.5	—

每台钢岔管形状和钢岔管打压三维模型如图 1 所示。

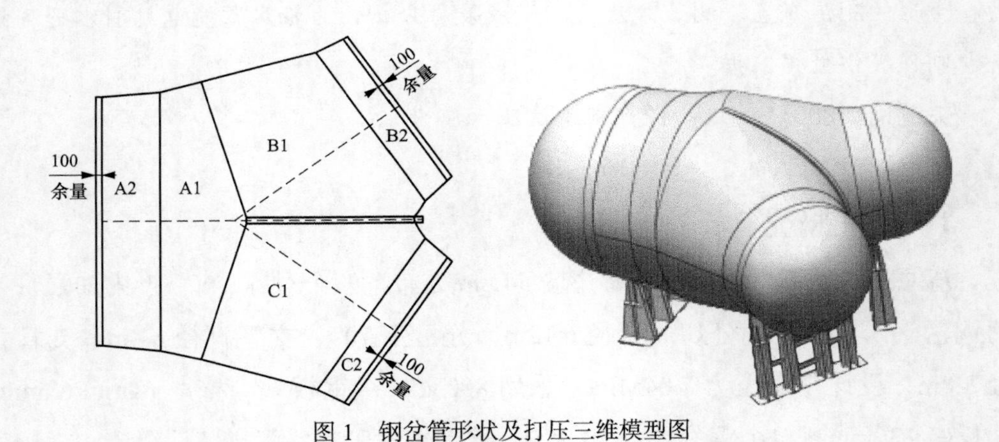

图 1　钢岔管形状及打压三维模型图

1.1　基本参数及材料特性

钢岔管主管内径 $\phi=5.4$m，两支管内径 $\phi=3.8$m，采用对称“Y”形内加强月牙肋岔管，支管分岔角为 70°，公切球半径为 $R=3060$mm。钢岔管本体材质为 800MPa 级钢板，壁厚 64mm/68mm，肋板厚 130mm，钢岔管外形尺寸为 7.33m × 7.91m × 6.48m（长 × 宽 × 高），单个钢岔管重 73.855t[4]，水压情况下，内部体积约为240m³[3]，主管闷头1个，支管闷头2个，闷头材料选用Q345R材质。水压试验用闷头尺寸见表2。

表2　水压试验用闷头尺寸　mm

部位		材料	直径	高度	厚度
主管闷头	直管段	Q345R	5383	100	64
	圆球形	Q345R	5383	2691.5	64
支管闷头2个	直管段	Q345R	3770	100	50
	圆球形	Q345R	3770	1885	50

1.2　水压试验压力取值

预压试验压力：4.0MPa，压力级差0.5MPa。

正式水压试验压力：6.5MPa（暂定），压力级差0.5～1.0MPa。正式水压试验压力6.5MPa为初拟最大水压试验压力值，最终采用值应根据水压试验过程中的监测成果进行调整为6.2MPa。

2　水压试验

2.1　试验目的

（1）通过水压试验检验设计方案的合理性和钢板和焊接接头的可靠性和安全性。

（2）通过对水压试验过程中工作应力的测试，找出应力分布规律。

（3）通过水压试验消除钢岔管的尖端应力以及施工附加变形，保证钢岔管安全运行。

2.2　试验专项测试内容

（1）钢岔管水压试验前焊接应力测试。

（2）水压试验过程中内水压力、水温、变形、管壳及肋板的应力应变、不同压力下的进水量测试。

（3）钢岔管水压试验后焊接应力测试。

2.3　水压试验准备工作

2.3.1　附件的布置及安装

每台钢岔管拟用5个鞍形整体支座及9个单支座进行支撑，各支撑间采用钢性支撑连接，支座底板与预埋的 3 块钢板焊接形成整体稳定刚性结构，用于承担 1 台套钢岔管本体自重（73.8t）、闷头自重（45.5t）及注水重量（约 240t），共 359.3t。支撑强度经计算，满足水压试验要求。

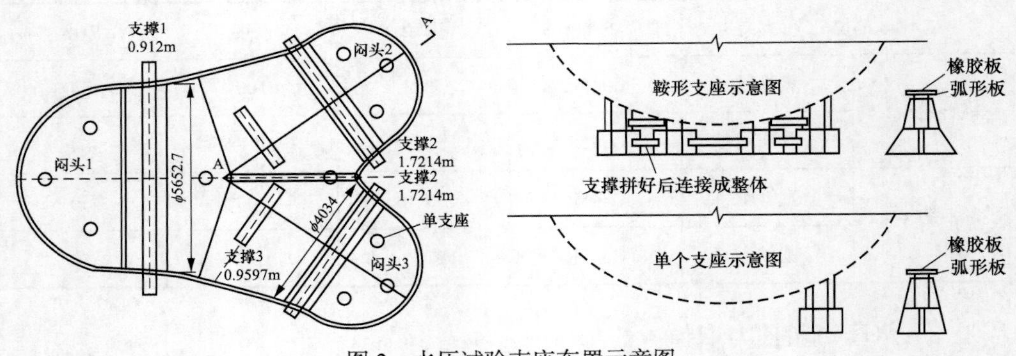

图 2　水压试验支座布置示意图

（1）水压试验前解除钢岔管外部约束，将钢岔管自由平放在支座上方，接触部位用厚度 20mm 橡胶板衬垫填实。内支撑管及连接搭板拆除后取出，管壁搭接位置打磨平滑，并经 MT 磁粉检测合格。

（2）水压试验打压管路、设备仪表安装及试验。

（3）水压试验前，进行相关附件的安装，包括闷头、注水管路、打压管路、排水管路、排气管路等附件安装。钢岔管内部排气管需在闷头焊接前用 $\phi48\times3.5$mm 无缝钢管将排气口引至钢岔管最高点，与钢岔管支撑焊接固定，便于腔内排气顺利。注水无缝钢管 $\phi89\times11$ 注水口应高于钢岔管最高点，便于注水顺利，在注水及排水管路上安装不小于 2 块压力表。

（4）按建筑施工门式钢管脚手架安全技术标准 JGJ/T 128—2019 要求搭设门式脚手架平台，进行应力测试的应变片、走线、出线布置、仪器布置、变形测量支架、变形测量及温度测量的传感器布置。参与水压试验的全部管路焊接完成后进行 100% MT/PT 探伤检查；本体与闷头连接焊缝，进行 100% UT/TOFD 无损检测；相贯线与三角交界处月牙肋焊缝，进行 100% UT/TOFD 无损检测后；再进行相控阵无损检测。

（5）试验工作区域布置。为防止试验过程中可能发生焊缝泄漏高压水冲击风险，试验开始前清离距钢岔管及基坑边沿 5.0m 范围的非必需设备，试验场地所有电气设备的门柜保持紧锁，做好防水绝缘措施，安装间桥机远离钢岔管打压区域 20m 以上。用安全警示带划出试验警戒区域，挂安全警示牌，试验开始后所有人员全部撤离安装间，试验过程中严禁无关人员进入警戒区域。试验监测显示设备、打压设备布置在安装间通道入口处，距钢岔管保持 30m 以上的安全距离，并搭设临时作业棚。

（6）试验管路预打压。打压管路、设备安装完成后，需进行管路预打压，打压试验压力 10MPa，保压 30min，试验应无渗漏及异常现象，管路预打压合格后才能进行钢岔管水压试验。

2.3.2 水温控制措施

由于钢岔管内部需水量为 240m^3，安装间钢岔管水压试验要求清洁水源，通过水源或洒水车及水带注水钢岔管口。采用温度传感器测量记录水温。当环境温度较低时，为保证钢岔管内部水温在 5℃以上，在钢岔管内需加注热水调节水温至 9℃以上，从县城水车装运至钢岔管注水钢岔管口。

热水用量计算：清水温度（T_0），装入钢岔管时热水温度（T_1），需装热水体积 V_1（m^3），清水体积 V_0=240−V_1(m^3)，(T_1−8)×V_1=(8−T_0)(240−V_1)。计算得出热水量：

$$V_1 = \frac{(8 - T_0) \times 240}{T_1 - T_0} \tag{1}$$

2.4 水压试验过程

水压试验过程中为了保证安全，采用预压试验及正式水压试验，逐级升压、降压过程如图 3 和图 4 所示。

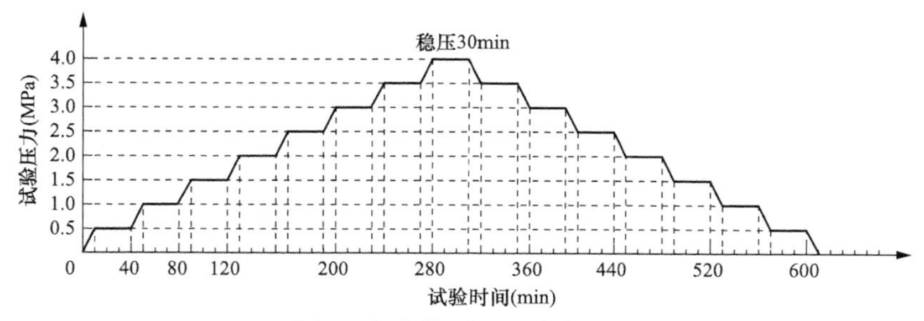

图 3 钢岔管预压试验曲线图

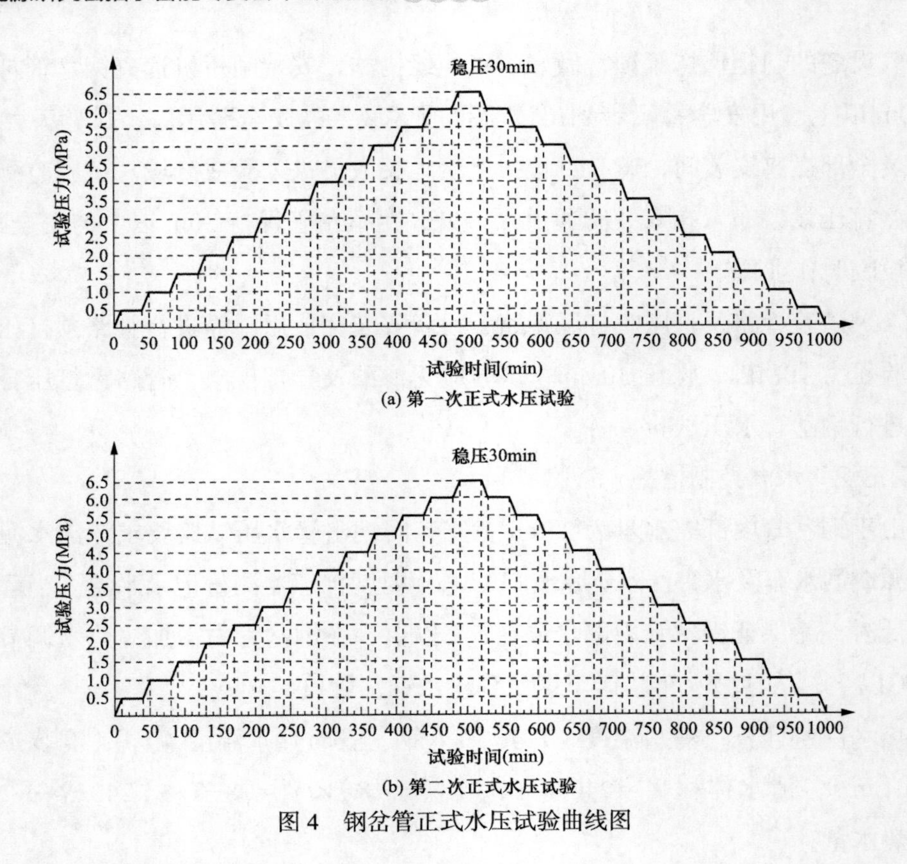

图 4　钢岔管正式水压试验曲线图

3　水压试验（专项）测试方案

为了科学、直观地检测、验证设计方案的合理性、施工质量的可靠性、钢岔管结构的安全和致密性，检测钢岔管水压试验过程中应力分布规律[5]、水压试验消除焊接残余应力[6-7]的效果、钢岔管的尖端应力消除以及钢岔管施工附加变形情况，确保钢岔管长期、安全运行，在水压试验的过程中，需进行残余应力、内水压力、水温、变形、管壳及肋板的应力应变[8]、不同压力下的进水量专项测试。

根据水压设计及技术要求，在右侧腰线位置布置 4 点，编号为 W1～W4；在左侧腰线位置布置 2 点，编号为 W5～W6；在支管靠肋板侧腰线处布置 2 点，编号为 W7～W8。在三个闷头部位各布置 1 点，编号为 W9～W11，在岔管底部和顶部各布置 1 点，编号为 W12、W13。其中，钢岔管顶部测点采用“7”字形工字钢。测点布置见图 5。

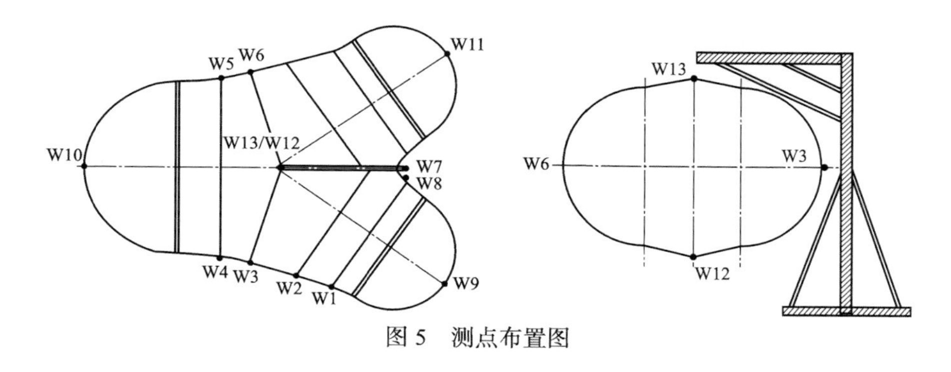

图 5　测点布置图

外水温度、环境温度及内水温度测试曲线见图 6。

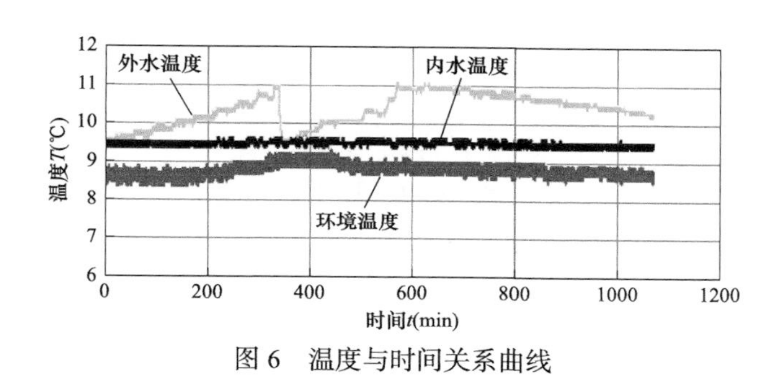

图 6　温度与时间关系曲线

可见，内水温度基本不变，维持在 9.5℃左右，环境温度在 8.3～9.2℃之间，外水温度在 9.5～11℃之间。外水温度在开始时与内水温度一致，在加压阶段由于大量的水在水泵中逐级循环使温度有所上升，在 345min 左右由 11℃下降至 9.5℃，是升压过程中水箱水位下降导致温度传感器露出，并向水箱中注入与内水温度一致的水后又缓慢上升。卸压阶段，内水温度回流至水箱中，温度又缓慢下降。

将采集电脑中数据转换为电子表格形式，绘制变形与时间关系曲线见图 7，变形与水压力关系曲线见图 8。可见，各测点的变形均与水压力成较好的线性关系，最大变形 4.52mm，发生在主锥左侧腰线（W4 号测点）。

测试结果说明，W1～W11 测点变形均为正值，表示在水压力作用下钢岔管主管腰线、闷头及肋板向外鼓胀，而钢岔管底点的 W12 号测点的变形为负值，钢岔管顶点的 W13 测点为正值，二者综合来看为负值，表示在水压力的作用下钢岔管顶底是向内收缩的。

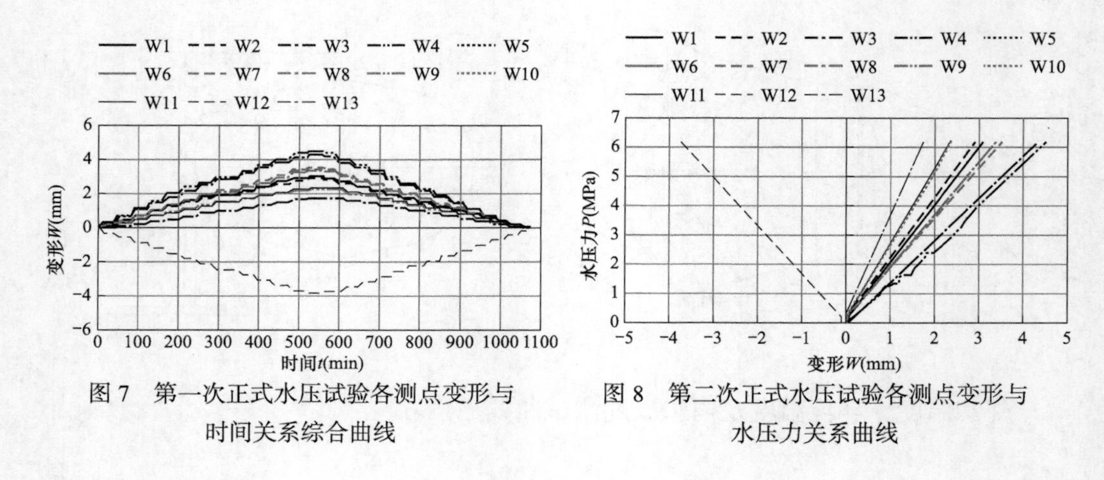

图 7　第一次正式水压试验各测点变形与时间关系综合曲线

图 8　第二次正式水压试验各测点变形与水压力关系曲线

4　结论

根据设计技术及规范要求完成了辽宁清原抽水蓄能电站 2 号引水钢岔管的水压试验专项测试工作，本次水压试验期间内外水及环境温度基本稳定，各项电测数据规律性好、数据可信、成果可靠。在 6.2MPa 水压力试验的加卸压过程中，进出水量、变形、应力与水压力之间呈线性关系。结论如下：

（1）预压试验所有测试项目工作正常，最大压力 4MPa，累计进水量 806L，最大变形 2.99mm，最大等效应力 323.5MPa。

（2）第一次正式水压试验最大压力 6MPa，累计进水量为 1211L，最大变形 4.39mm（主锥左侧腰线），相贯线顶部焊缝内表面测点应力超设计限值而终止试验。

（3）第二次正式水压试验最大压力 6.2MPa，累计进水量为 1232L，最大变形 4.52mm（主锥左侧腰线），相贯线顶部焊缝内表面及主锥膜应力区外表面应力超设计限值而终止试验。

通过水压试验找到钢岔管应力分布规律，分析出薄弱部位，为钢岔管的制作焊接时的把控关键部位提供基础，保障高压钢岔管运行安全可靠。

参考文献

[1]　吴海林，伍鹤皋，罗京龙，等. 高水头水电站地下埋藏式钢岔管结构研究

[J]. 水电能源科学，2005，23（3）：6.
[2] 蔡军，高源涛. 江苏宜兴抽水蓄能电站引水钢岔管压水试验测试［J］. 水力发电，2009（2）：4.
[3] 赵琳，张旭东. 800MPa级低合金钢焊接热影响区韧性的研究［J］. 金属学报，2005，41（4）：5.
[4] 李哲斐. 钢岔管结构的优化设计［D］. 南京：河海大学，2005.
[5] 陈宜坤，谢海洋. 塞拉利昂哥马水电站钢岔管应力分布与变形量测原型试验［J］. 江西水利科技，1986（2）：66-81.
[6] 游敏，郑小玲. 关于焊接残余应力形成机制的探讨［J］. 焊接学报，2003，24（2）：5.
[7] 王者昌. 关于焊接残余应力消除原理的探讨［J］. 焊接学报，2000，21（2）：4.
[8] 韩东，丁桦. 实验-CPFEM方法在分析先进高强钢应力应变配分中的应用［J］. 材料与冶金学报，2019，18（4）：12.

抽水蓄能机组静止变频启动装置低速阶段故障分析

方军民[1]，武 波[2]，李辉亮[1]

（1. 华东天荒坪抽水蓄能有限责任公司，浙江省安吉县 313302；
2. 河北丰宁抽水蓄能有限公司，河北省承德市 068350）

摘要 抽水蓄能机组静止变频启动过程中，低频阶段的机组转速测量、转子位置测定以及加速调节与模式控制的设计、计算、参数调试完善与否，密切关系到机组的启动成功率[1][2]。通过对两起典型的静止变频启动低速阶段故障的原因分析、相关调控原理介绍，总结提炼出改进措施与工程参数调试经验，供相关专业人员参考。

关键词 抽水蓄能；静止变频启动；故障分析

0 引言

抽水蓄能机组抽水方向启动方式通常首选静止变频启动，静止变频启动装置（简称 SFC，下同）是抽水蓄能电站重要的组成部分，是电站发挥电力调节作用的重要保障。SFC 作为机组启动的关键控制设备，此前一直以进口为主。经过近来十多年的实践与探索，我国自主设计、设备自主可控的大功率 SFC 已实现国产化突破，电站运维专业人员对 SFC 控制原理的理解也有了进一步的提升。SFC 的启动成功率普遍较高，通常高达 99% 以上，但一些因工程参数调试不充分、参数设置不合理造成的偶发性故障，往往给设备运维人员带来极大的困扰。对此，通常需要借助有针对性的故障录波进行深入分析，才能找出确切的故障原因，并经参数优化、调试试验，以消除缺陷。下面介绍两起典型的 SFC 低速阶段启动故障，并分析其原因、对策与改进措施。

1 故障现象及处理

1.1 转速异常故障

2010 年 11 月 18 日 00：42，THP 抽水蓄能电站（简称 T 电站，下同）1 号 SFC 控制系统升级改造投运一周后出现一次启动机组失败，被拖动机组顺控流程测速异常保护动作自动转停机，检测 SFC 和励磁启动后 30s 机组转速未到 2%，SFC 由外部轻故障联动跳闸。待故障复归后，SFC 重启机组正常。

通过修改 SFC 参数完成消缺处理，针对启动初期的极低速阶段，将频率驱动 FD（frequency driving）至自控 SC（Self-Control）模式切换转速设定启动值由 1.22% 改为 1.5%，返回值 0.5% 维持不变。并优化频率驱动模式加速控制参数，加速斜率控制积分时间常数由 410s 改为 330s、模处理周期时间由 50 × 3.5ms 改为 70 × 3.5ms，以提高机组加速起始阶段的加速度。

1.2 转速差故障

2023 年 4 月 27 日 00：14，FN 抽水蓄能电站（简称 F 电站，下同）二期 SFC 投运一年后出现一次启动机组失败，发电电动机转子转动近 1/4 圈后即反转，并连续反转约一圈后由 SFC 故障出口事故停机。SFC 检测为转速差异故障，判断逻辑为启动初期，转速参考大于 1.2%，而实测转速未及 0.5%，延时 9s。

通过修改 SFC 参数完成消缺处理，针对启动初期的极低速阶段，将频率驱动至自控模式切换转速设定启动值由 1.2% 改为 2.4%，返回值 0.43% 维持不变。并优化频率驱动模式加速控制参数，加速斜率时间常数由 70s 改为 100s，稍稍降低加速起始阶段的加速度。

2 原因分析

2.1 转速异常故障

通过波形分析发现，T 电站机组静止变频启动过程中，极低速阶段 SFC 测算的电机转速信号线性度不佳，存在幅度较大的干扰尖波。同时，SFC 频率驱动模式下调控参数设置不合理，未充分考虑机组静止变频启动时转轮脱水方式特殊性对启动力矩的影响，导致 SFC 频率驱动模式至自控模式切换不稳定[3]。该电站机组 SFC 启动，转速高于 15% 时开始转轮室压水，15% 转速以下的低速阶段转轮在水中旋转，与零转速下转轮脱水启动的主流设计相比，低速阶段阻力矩较大，加速较缓慢。该电站 SFC 启动初始阶段异常波形与正常波形对比如图 1 所示。

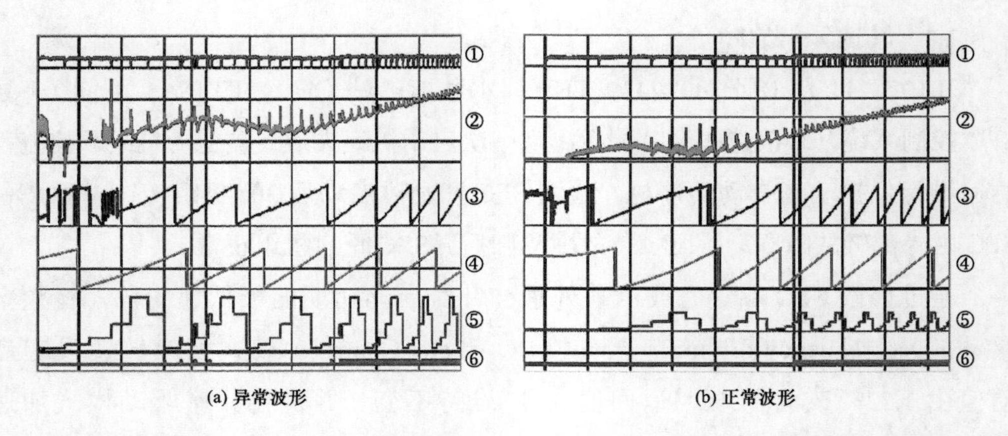

(a) 异常波形　　(b) 正常波形

①—SFC直流电流；②—机组转速；③—机组加速度；④—SFC预设加速度；⑤—机桥换相组合；⑥—自控模式

图 1　T 电站 SFC 启动初始阶段录波图

由图 1（a）异常波形结合程序逻辑与参数设定综合分析可知，SFC 频率驱动模式下调控参数设置不合理包含两方面。其一，频率驱动模式至自控模式切换的转速设定值偏小且启动值与返回值差值偏小，导致自控模式切换偏早且异常反复切换多次。其二，SFC 频率驱动模式加速斜率设定值偏小，导致启动初始阶段机组加速偏慢，加速度速忽大忽小、加速不连贯。由该波形图可知，在机组加速非稳定阶段，过早切换为自控模式，受转速波动的影响异常切回频率驱动模式。同时，在极低速阶段，转速信号受机桥换相干扰影响波动较大，导致调节模式在频率驱动模式与自控模式之间异常频繁的来回切换，该次启动过程中两个模式来回切换达 5 次之多，好在第 6 次切换后机组进入加速稳定区，此后加速正常、未造成启动失败。但如此异常的模式切换，极易造成启动失败，如前文述及的 T 电站 2010 年 11 月 18 日 00：42 的那次启动失败。

修改 SFC 调控参数后，由图 1（b）正常波形可知，频率驱动模式至自控模式切换平稳，未发生两个模式来回切换的现象。由此可知，在机组进入加速稳定区后进行自控模式切换，对于实现模式切换的无扰动与提高加速的稳定性是非常有利的。

2.2　转速差故障

T 电站 SFC 和 F 电站二期 SFC 为同一厂家不同时期的产品，作为该厂家提供的新一代产品，F 电站 SFC 的程序逻辑与参数有一些优化和改进。通过两个电站 SFC 波形对比可知，机组静止变频启动过程中极低速阶段，F 电站二期 SFC 测算的电机转速信号线性度较大程度的改善，受机桥换相的干扰影响较小。该电站 SFC 启动初始阶段故障波形与正常波形对比如图 2 所示。

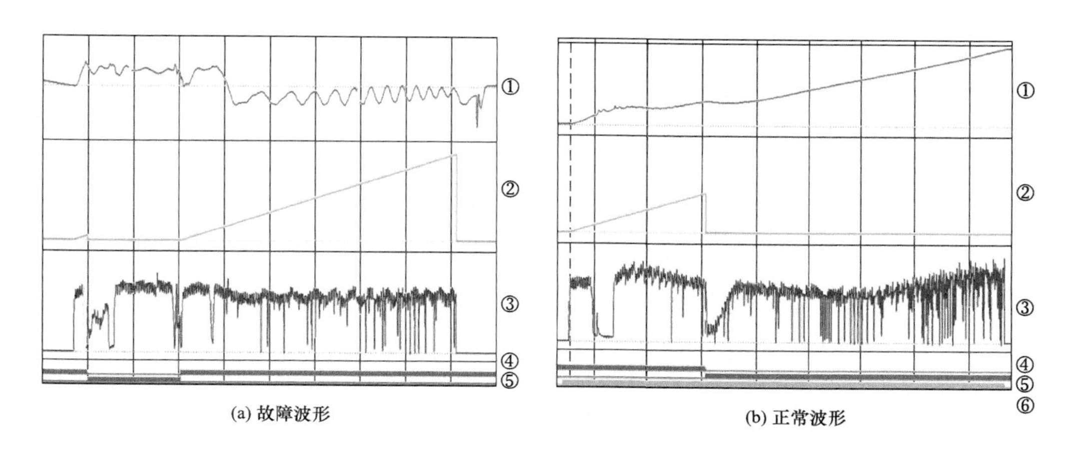

①—机组转速；②—力矩目标值；③—机桥A相电流；④—频率驱动模式；⑤—自控模式；⑥—脉冲耦合模式

图 2　F 电站 SFC 启动起始阶段录波图

由图 2（a）故障波形结合程序综合分析可知，在 SFC 输出的第一组力矩作用下，机组即加速至 SFC 自控模式切换转速设定值（1.2%），SFC 调控模式由频率驱动模式至自控模式。此后，因 SFC 过早进入自控模式，出现力矩控制异常，机组无法正常加速并出现异常波动。3.7s 后，因转速低于设定值，SFC 又异常切回至频率驱动模式，此时 SFC 输出力矩控制依然不正常，随后机组转速过零点并持续反转且波动较大，直至因 SFC 转速差异故障导致机组事故停机。

上述过程中，SFC 调控模式由频率驱动模式至自控模式时，机组转速仍处于非稳定阶段，SFC 调节所需的机组定子绕组端电压测量信号不仅幅值低，频率更低，还无法真实反映机组转子位置角等重要参量。此时，SFC 进入自控模式，为时尚早，属于误切换，导致 SFC 机桥换相加速度与机组实际加速度不一致，从而造成 SFC 无法输出有效的启动力矩，甚至输出反向力矩，机组无法正常连续的加速，转子动一动停一停。待机组转速异常跌落至 SFC 频率驱动模式回切设定值（0.43%）时，SFC 调控模式由自控模式至频率驱动模式。此时，机组经转动后转子位置已发生变化，SFC 仍按照转动前的转子初始位置按预设的加速目标曲线进行机桥换相控制，显然是无法输出有效力矩的，甚至输出反向力矩，导致机组转速异常降至零，并持续反转，最终因 SFC 转速差异故障导致机组事故停机、启动失败。

修改 SFC 调控参数后，由图 2（b）正常波形可知，频率驱动模式机组加速平稳，无异常波动。同时，频率驱动模式至自控模式的切换顺利，未发生模式异常回切的现象。

3 相关原理与理论

在机组转速极低阶段，SFC 无法可靠测定机组转速和转子动态位置，SFC 调节器无法用机组实测转速信号进行转速闭环控制，机桥也无法按照机组转子实际变化位置进行换相。为此，SFC 低速阶段的加速度调控又分为极低速阶段的开环控制和转速较高的低速阶段的闭环控制，前者称为频率驱动模式，前者称为自控模式。两各模式的切换受控于程序预设的转速设定值（含启动值与返回值）。SFC 低速阶段加速调控成功与否，与电机转速测量信号处理以及极低速阶段的加速度控制及其相关。

3.1 电机转速测算

SFC 调节控制需要测量电机的转速，通常无需专用的测速装置，而是通过机桥侧的电流型或电压型霍尔效应传感器测量机桥磁通后计算而得。计算方法主要有电动机转子相位角（或简称转子角）变化量算法和机桥磁通正弦波过零点周期变化量算法，后者相当于常用的 PT 电压测速。在低速阶段，通常采用前者，即通过机桥磁通矢量计算转子相对位置角（转子磁轴相对于定子 A 相磁轴的电气角），再对转子角求微分快速获得电机的实时转速。下面列出转子角变化量算法相关的计算公式。

转速信号计算公式为：

$$N = \frac{\mathrm{d}\lambda}{\mathrm{d}t} \tag{1}$$

式中：N——电机转速，rad/s；

λ——转子角，rad；

t——时间，s。

转子角计算公式为：

$$\lambda = \mathrm{actn}\frac{\Phi_\beta}{\Phi_\alpha} \tag{2}$$

式中：λ——转子角，rad；

Φ_β——机桥磁通 β 轴分量，标幺值；

Φ_α——机桥磁通 α 轴分量，标幺值。

Φ_α 和 Φ_β 为机桥磁通在两相直角坐标系中的分量，由机桥三相电压、电流、互感等计算而得。转子角实时值即 Φ_α 和 Φ_β 矢量的夹角，由其三角函数关系，通过反正切计算求得，0°～360°对应于转子在电气角度参照系下转动一周。

3.2　低速阶段加速度调控

按照机桥换相模式不同，SFC 启动电动机的过程主要分为脉冲耦合模式的低速阶段与同步模式的高速阶段，两个阶段的分界点转速范围为 6%～10%，对应于额定频率 50Hz 时的频率范围为 3～5Hz。而按照转子位置测定（即机桥锁相）原理不同，SFC 机桥换相加速过程又分为脉冲分配模式的极低速阶段和自控模式的低速阶段，两个阶段的切换点转速范围通常为 1.5%～2.5%。上述同步模式的高速阶段也属于自控模式。

极低速阶段，SFC 转子电气测位所需的电动机定子电压信号频率极低、幅值小，无法正确计算电机转子位置角，机桥无法锁定相位，即无法按照电机转子位置变化进行换相。为此，通常通过程序内置加速模型、现场调试后确定模型参数的方法，完成加速度曲线建模，实现极低速阶段的 SFC 加速度控制。其建模方法为，对该阶段参考驱动力矩 T_M 求二次积分，得到一条非固定斜率的加速曲线，并将转子初始位置角 λ_0 作为此曲线的初始值，再对该合值做圆周角 2π 的模计算，即可得理论的加速过程中不断变化的转子位置角 λ，如图 3 所示。此阶段 SFC 加速度调节是一个独立开环控制的频率分配驱动过程，机桥换相按照程序预设的加速曲线进行，不受控于电机实际转速。

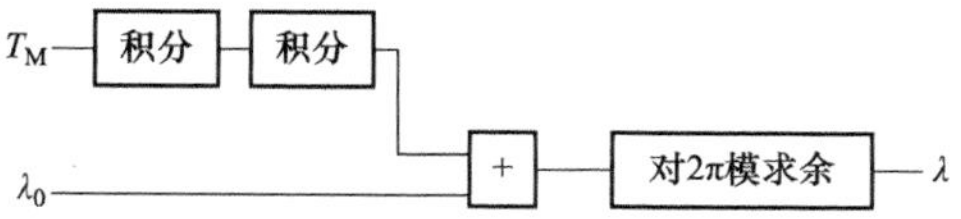

T_M — 积分 — 积分 — + — 对2π模求余 — λ；λ_0 — +

图 3　SFC 极低速阶段加速度调节框图

待电机转速达到较高的低速阶段时，SFC 所测的定子电压信号频率及幅值已足够大，已能正确计算电机转子位置角，机桥能正确锁定相位，即能按照电机转子位置变化进行换相。进入此阶段后，SFC 与电机联合进行闭环控制，实现加速度调节。

4　改进措施与注意事项

为了提高机组静止变频启动的成功率，同时为了电机的平稳加速，SFC 极低速阶段与低速阶段的加速度调节以及模式切换控制显得尤为重要。下面从电机转速信号处理、工程参数调试等方面展开说明相关的改进措施与注意事项。

4.1 电机转速信号处理

电机转速信号由机桥磁通量计算而得，在机桥强迫换相阶段，尤其是启动初期的极低速阶段，转速信号受截断电流时磁通量突变的影响很大。为此，转速信号的滤波处理环节尤其重要，否则转速信号的杂波含量、尖波幅值会很大，极易造成 SFC 调控异常，从而导致启机失败。

转速信号处理通常需经多级滤波，滤波形式有多阶凹陷滤波、多阶数字滤波以及多级的低通、高通、带通、带阻滤波等。

4.2 相关工程参数调试

为了提高静止变频启动低速阶段的可靠性与稳定性，SFC 机桥首次换相控制应自适应于转子初始位置的随机性。参数调试应遵循以下原则，根据调试录波波形，依次完成极低速阶段加速曲线的设定、机组转速稳定区的确定、脉冲分配 / 自控模式切换转速的设定。同时，注意对极低速阶段总时间的控制，应在多方位参数设置与匹配均合理的前提下尽可能的缩短该阶段的加速时间。相关应用实例录波见图 4。

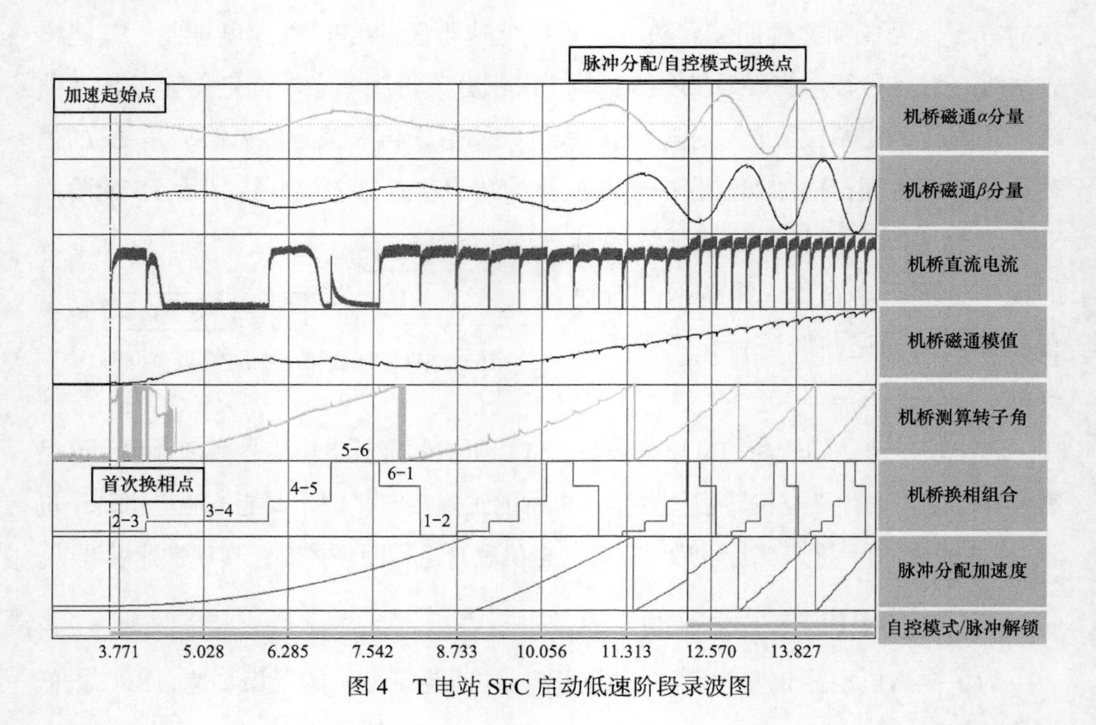

图 4　T 电站 SFC 启动低速阶段录波图

下面展开细说几个主要的关键点：

4.2.1 机桥首次换相控制

由于电机转子初始位置是随机的，为了提高 SFC 启动初期第一组力矩的有效性，应通过精密计算和精准控制，实现机桥第一组脉冲通流时间的控制，即机桥首次换相控制。其控制原理如图 5 所示。

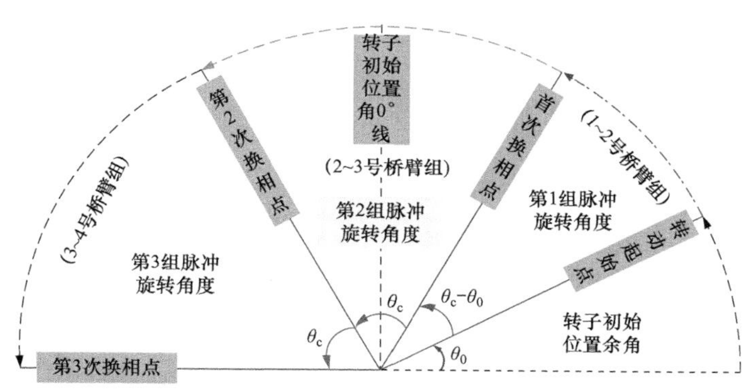

图 5　SFC 机桥脉冲换相控制原理图

图 5 中，θ_c 是换相周期角，为固定的 60°；θ_0 为转子初始位置剩余角，由转子初始位置角（λ_0）及其所处脉冲组合六扇区位置决定[4][5]，变化范围为 0°～60°。由此可知，SFC 机桥第一组脉冲通流时对应于转子旋转的角度为 $\theta_c-\theta_0$，是随动的，变化范围为 60°～0°。为此，SFC 机桥首次换相点应根据转子初始位置剩余角与极低速阶段加速度曲线折算而得，使得第一组脉冲导通区间始终处于最佳做功区间，提供最大的驱动力矩。

由图 4 可见，该例 SFC 启动过程中，机桥的第一组脉冲发给了 2～3 号桥臂，第一组脉冲通流后转子旋转 3.3° 后，进行首次换相，此后依次经固定的 60° 进行换相。

4.2.2 极低速阶段加速曲线的设定

极低速阶段加速曲线的设定通常以工程理论计算为基础，按照图 3 所示，预先设定参考驱动力矩 T_M、加速曲线积分时间常数及模计算周期时间常数。在此基础上，进行启动试验，并观察机组转子加速是否平稳、连贯，直到转速进入稳定区。调试过程中，首先确定频率驱动模式下参考驱动力矩 T_M，为防止出现上述案例 2 第一组力矩即引起转速突变过大的情况，T_M 不宜太大，通常设定为 30% 额定值左右。此后，根据机组转速实际变化情况对加速曲线积分时间常数及模计算周期时间常数进行微调，直到转子加速平稳、连贯为止。

此外，如一级加速度配置下调控不佳时，可考虑多级加速度的多段线控制策略，以适应不同工程应用需要。

4.2.3 机组转速稳定区的确定

机桥磁通测量信号的准确度决定电机转速测量信号的准确度。如图 4 所示，“机桥磁通模值”在机桥换相两个周期后进入加速斜率稳定，即表明机组转速此刻进入加速稳定区。

4.2.4 模式切换转速的设定

低速阶段，待机组转速进入加速稳定区后，才允许进行 SFC 调控模式切换，从脉冲分配模式切至自控模式。同时，如图 4 所示，模式切换点应选在“脉冲分配加速度”曲线与“机桥测算转子角”变化曲线重叠区，以实现切换的无扰动。

5 结束语

本文介绍了两个电站 SFC 的两次类似的典型故障，对故障原因进行详尽的分析，同时介绍了 SFC 相关的调控原理，进而总结提炼出改进措施与工程参数调试经验，供相关专业人员参考。

参考文献

[1] 李浩良，孙华平. 抽水蓄能电站运行与管理［M］. 杭州：浙江大学出版社，2013.

[2] 国网新源控股有限公司. 抽水蓄能机组及其辅助设备技术-SFC［M］. 北京：中国电力出版社，2019.

[3] 电力行业水电站自动化标准化技术委员会. DL/T 1819—2018，抽水蓄能电站静止变频装置技术条件［S］. 北京：中国电力出版社，2019.

[4] 姜树德，J. M. CLAUDE，蒋一峰. 抽水蓄能电站发电电动机变频启动原理［C］// 中国水力发电工程学会、中国长江三峡工程开发总公司. 第二届水力发电技术国际会议论文集，2009 年 4 月 20-22 日，北京，中国：1271-1278.

[5] 方军民. 抽水蓄能机组变频启动技术[J]. 水电站机电技术，2012，35(2)：17-19.

作者简介

方军民（1977—），男，高级工程师，主要从事抽水蓄能电站运行维护管理。E-mail：thpfjm@163.com

武　波（1993—），男，工程师，主要从事抽水蓄能电站运行维护管理。E-mail：wbgoodluck426@163.com

李辉亮（1974—），男，工程师，主要从事抽水蓄能电站运行维护管理。E-mail：jazz_thp@163.com

电磁感应加热技术在顶盖分瓣螺栓拆除中的应用

卢　彬，林文峰，谷振富，李　勇，赵雪鹏，高　磊

（河北张河湾蓄能发电有限责任公司，河北省石家庄　050300）

摘要　介绍了某大型抽水蓄能电站大修过程中电磁感应加热技术在顶盖分瓣螺栓拆除中的应用，详细介绍了其工作原理及现场实际应用情况，对比分析了其优缺点。电磁感应加热技术在机组检修中得到应用，不仅提高了效率，保证了质量，也带来了很高的经济效益，有效地避免了电阻加热棒使用造成的时间和金钱上的浪费，解决了高温加热困难和超大功率加热困难的技术难题。

关键词　电磁感应；加热棒；效率

0　引言

张河湾抽水蓄能电站是一座日调节纯抽水蓄能电站，共安装4台立轴单级混流可逆式水泵水轮机组，机组单机容量250MW，总装机容量为1000MW。以一回500kV线路接入河北南部电网，承担系统调峰、填谷、调频、调相及事故备用等任务。该厂发电电动机生产厂家为日本富士，型号为GDH7057S-09。发电电动机为立轴、半伞式、三相、50Hz、空冷、可逆式、同步发电电动机。发电电动机有发电（G）、抽水（P）、发电调相（GC）、抽水调相（PC）、停机（SS）五种稳定工况，另外还设有拖动（BTB）、黑启动（BS）、线路充电（LC）等特殊工况。机组发电方向（发电、发电调相、线路充电工况）运行时，机组旋转方向为顺时针，机组抽水方向（抽水、抽水调相工况）运行时，旋转方向为逆时针。

张河湾公司安装有 4 台由 GE 提供的 250MW 单级、立轴、混流可逆式水泵水轮机组，为日调节纯抽水蓄能电站。顶盖是水轮机组重要组成部件之一，其主要作用是形成流道并承受相应的流体压力，固定和支撑活动导叶及其连杆机构，支撑水导轴承。

张河湾公司顶盖采用箱形下法兰结构，由钢板焊接而成。顶盖分瓣面共设计有 40 颗材质为锻钢 34CrNi3Mo 的组合螺栓，这些螺栓设计上均为加热伸长后拆除类型，故需要使用螺栓加热装置对螺栓加热伸长后进行拆除。

在 2021 年 2 号机组 A 级检修期间，利用电磁感应加热技术对顶盖分瓣面把合螺栓进行拆除，相对于之前检修中使用常规电阻加热器，该项技术的应用，大幅度提高了现场效率，同时带来了较高的经济效益。

1　电磁感应加热介绍

电磁感应加热技术（Electromagnetic Heating，EH）是通过电磁加热控制器将 380V 的三相交流电转换成直流电，再将直流电利用 IGBT 或可控硅转换成不同频率（10～30kHz）的高频低压电，电流经过感应线圈后会产生交变磁场，当磁场内的交变磁力线通过导磁性金属材料时会在金属内部产生无数的小涡流，涡流使金属材料的铁原子高速无规则运动，原子互相碰撞、摩擦而产生热能，从而起到加热物品的效果。

因为是被加热金属自身发热，所以热转化率较高，属于直接加热的方式。目前的电磁炉、电磁灶与电磁加热电饭锅都是采用的电磁加热技术。从根本上解决电阻式加热方式，通过接触式传导方式传递热量，存在热传导热量损失导致环境温度上升，造成加热效率低等问题。

同时，电磁加热线圈本身不发热，采用绝缘材料和高温电缆制造，所以也不存在传统电阻丝在高温下氧化而缩短使用寿命的问题。

2　现场应用

张河湾公司在 2021 年 2 号机组 A 级检修中，使用电磁感应加热技术顺利完成顶盖分瓣面把合螺栓的拆卸工作。现场电磁控制柜如图 1 和图 2 所示，图 3 为现场用到的电磁加热棒，图 4 为现场施工过程。

现场准备工作：首先，对所有待拆除的螺栓进行清扫，一定要将螺栓加热孔内部杂质清除干净，特别是金属物质，避免影响磁场强度。然后，对所有螺栓

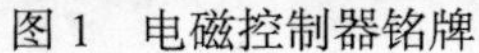
图 1　电磁控制器铭牌

图 2　电磁控制器整体照片

图 3　电磁加热棒

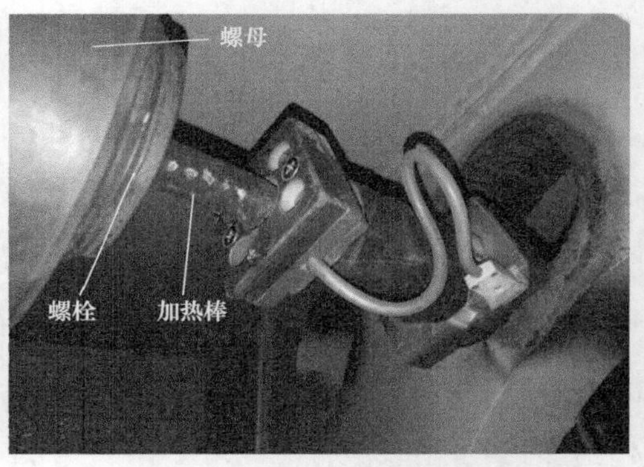

图 4　电磁加热施工过程

进行编号并分别标记在螺栓和螺母上。顶盖分瓣面螺栓如图 5 所示，数字编号 1～14 对应 14 颗 M115 螺栓，其余用字母标识的螺栓为 26 颗 M80 螺栓。

现场施工过程：现场具备了螺栓拆除的上述基本条件后，依据加热孔内径、

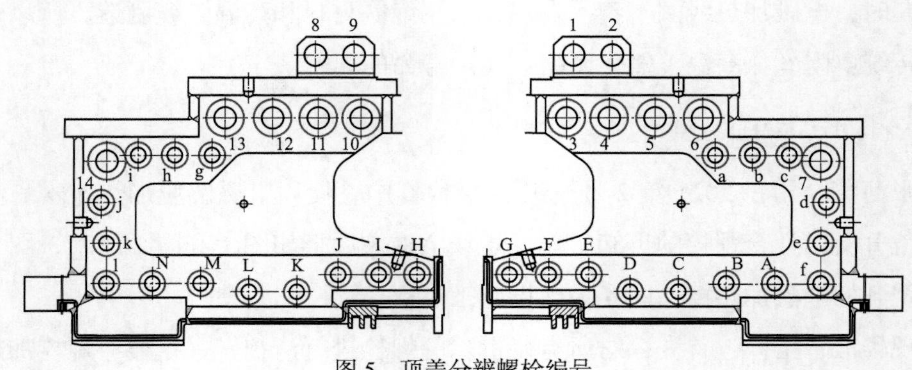

图 5　顶盖分辨螺栓编号

螺栓尺寸及空间大小选择合适的电磁加热棒，注意电磁加热棒的两端存在非加热区，加热区的长度要与螺栓长度匹配（加热区加热器的长度要大于螺栓长度的4/5）。加热前，首先测试控制柜内部漏电保护器的动作情况是否正常，并检查控制柜内部水箱水位是否正常，然后将操作手柄摆放至便于工作的位置。加热时，需要将加热棒对称安装在两颗分瓣螺栓加热孔内，并安排专人计时并测量记录螺栓松开时的温度。在本次拆除过程中，M115 的大螺栓用时 15min 左右、螺栓温度 230℃左右可松开，M80 的小螺栓用时 7min 左右、螺栓温度 150℃左右可松开。最后在每次加热松开一对螺栓后将控制柜断电，然后将加热棒移动至下一组螺栓，逐一对称拆除。在施工过程中遇到的特殊情况：由于顶盖投运已有 10 年，某些螺栓由于所处安装位置的组合面缝隙中有很多水蒸气导致在拆除过程中加热效率降低，需要在首次加热冷却后再次加热。

在现场工作时，加热时间和螺栓温度作为参考，可直观反映出每个螺栓是否可以松开。通过该方法拆除顶盖分瓣面把合螺栓，张河湾公司本次检修仅仅用时 1 天时间就将所有顶盖分瓣螺栓拆除，为拆除阶段的提前顺利收尾奠定了坚实的基础。

3　优点

使用电磁感应加热相较于常规电阻加热拆除螺栓具有以下明显优势。

（1）电磁加热施工的用时更短。

首先，使用常规电阻加热方式施工时，由于现场空间和螺栓尺寸不同需要用到 5 种不同规格的加热棒。电磁式加热功率适应范围可在控制柜中调整，整个施工过程中用到了 3 种加热棒，避免了频繁更换加热棒。其次，电磁线圈本身不发热，热阻滞小、热惯性低，加热效率明显提高。因此，在现场施工中使用电磁式加热方式拆除螺栓用时 1 天，较常规电阻加热方式节省 2 天的时间，提高了现场施工效率。

（2）电磁加热作业安全性更高。常规电阻式加热棒为接触式传导热量，加热棒本身温度很高，存在人员烫伤和加热棒烧坏的风险。电磁加热因线圈本身基本不会产生热量，热量聚集于被加热螺栓内部，电磁线圈表面温度略高于室温，可以安全触摸，无需高温防护，安全可靠。同时，电磁线圈为定制专用耐高温高压特种电缆线绕制，绝缘性能好，无漏电与短路故障隐患。

（3）电磁加热环保节能性更好。

采用电磁感应加热时，被加热螺栓内部分子直接感应磁能而生热，热启动非常快，平均预热时间比电阻圈加热方式大幅缩短 60% 以上。同时，电阻式加热棒是在自身发热然后在把热量传递到被加热螺栓上，部分热量会不可避免散发到空气中造成能量浪费。电磁感应加热，是通过电流产生磁场，使得被加热螺栓自身发热，热利用率较高，理论上在同等条件下，比电阻加热节电 30%～70%，大大提高了环保节能性。

（4）电磁加热经济效益性更优。

电磁式加热采用环形电缆结构，电缆本身不会产生热量并可承受高温，使用过程中未发生损坏，并且可重复使用，基本无维护费用。相比而言，电阻式加热棒由于绝缘材料和制造工艺等原因，大功率的加热棒内部电阻丝损坏率高，需要购买两套以上加热棒备用以满足现场需求；进口电阻式加热棒生产周期长，单只价格在 4 万～5 万元，并且购买的加热棒质量无法直接判定，国产加热棒加热速率。同时，在使用时，售后情况无法得到保障，加热棒损坏带来的经济损失情况明显增大。

（5）电磁加热适用范围更广泛。

对于不同主机厂家的机组，只需根据现场螺栓加热孔的尺寸、螺栓尺寸及空间布置来更换对应的电磁加热棒，即可使用相同的电磁控制柜进行螺栓拆除工作。应对不同厂家机组的准备工作所需时间缩短，可推广性高。

4 总结

电磁感应加热技术在军工、冶金等领域已广泛应用。电磁感应加热技术在机组检修中的应用，不仅提高了效率，保证了质量，也带来了很高的经济效益，有效地避免了电阻加热棒使用造成的时间和金钱上的浪费，解决了高温加热困难、超大功率加热困难的技术难题，可供其他有相似工作的单位借鉴参考。

参考文献

[1] 刘大恺. 水轮机（第三版）[M]. 北京：中国水利水电出版社，1997.

[2] Q/GDW 1544—2015，抽水蓄能检修导则 [S].
[3] 梅祖彦. 抽水蓄能发电技术 [M]. 北京：机械工业出版社，2000.

作者简介

卢　彬（1988—），男，高级工程师，主要从事抽水蓄能电站运维修试工作。E-mail：467045341@qq.com

国内首台大型变速机组转子齿压板变形分析及解决措施

雷华宇[1]，陈　优[2]，杨圣锐[1]，王英伟[1]，刘　欣[1]，娄艳娟[1]

（1. 河北丰宁抽水蓄能有限公司，河北省承德市　068350；
2. 中国水利水电第三工程局有限公司，陕西省西安市　710032）

摘要　变速抽水蓄能机组相比较传统定速抽水蓄能机组具有水泵功率可调进而更好地响应电网指令，同时通过在一定范围内的转速调节，更好地适应水头的变化，改善机组效率扩大机组安全运行范围的特点。转子作为变速机组核心部件，由中心体、铁芯、绕组、支撑环、护环等部件组成，转子铁芯由硅钢片堆叠而成，在铁芯叠装过程中进行铁芯内外高度测量，通过分段压紧及补偿的方式控制铁芯内外高差。介绍300MW变速抽水蓄能机组转子在国内首次安装过程中出现的齿压板变形原因分析与解决方案，对未来变速机组国产化提供重要借鉴意义。

关键词　变速机组；发电电动机；转子铁芯；齿压板

0　引言

在“双碳”目标引导下，能源体系以及发展模式正在进入非化石能源主导的崭新阶段，我国当前正处于能源绿色低碳转型发展的关键时期，由于新能源大规模接入同时风、光等发电存在间歇性等特点，对电网造成的冲击较大，因此，电力系统需要大量的调节设备方可实现新能源电力的大规模接入。可变速抽水蓄能机组与传统定速机组相比，调其不限于额定转速运行，从而使控更加灵活、高速、可靠。但需要注意的是，如何保证变速机组转子的动态稳定性是国际公认的难题，做好变速机组转子的组装工作，是保证变速机组安全稳定运行的核心问题，本文详细阐述了变速机组转子铁芯组装工艺及齿压板变形问题处理措施。

1 变速机组转子设计概述

变速机组转子与传统定速机组直流励磁相比，抽水蓄能变速机组转子采用交流励磁方式，转子上采用三相对称分布的励磁绕组，由幅值、频率、相位以及相序任意可调的变频器提供励磁[1]。目前国内首台变速机组转子铁芯内径 ϕ4870mm，高度 3300mm，其端部由下齿压板支撑，上端上齿压板压紧，铁芯由 294 根穿心螺杆进行压紧，中心体共设计有 7 组径、切向键，切向键和转子立筋上下直接切合。转子引线布置在轴上铣出的 6 个凹槽中，转子电压为 3.3kV，设计绝缘为 10kV，试验电压为 15.75kV。

2 转子结构及工艺控制

2.1 转子铁芯

转子铁芯由转子支架、硅钢片等部件组成，其构造方式与定子铁芯类似，由硅钢片堆叠而成，硅钢片两侧涂有良好热性能和机械性能的绝缘清漆，并交错堆叠。为了保证铁芯和绕组的冷却，将整个铁芯分为若干段，每段间设置有独立的通风槽片（见图 1）。分段磁轭通过设置在筋板和磁轭之间的键热套固定，以获得所需的预应力并将转矩传递给磁轭。转子铁心要受到离心力、热应力和电磁力的综合作用。由于变速抽水蓄能机组工况转换复杂，启停机频繁，转子铁芯长期处于热胀冷缩状态，铁芯硅钢片的漆膜收缩，安装时硅钢片间的虚间隙变小，导致铁芯的预紧力变小，硅钢片之间的摩擦力不能克服其离心力，铁芯硅钢片将产生相对窜动，窜动的硅钢片易磨损转子绕组绝缘，造成转子绕组接地短路或相间短路故障。因此，选择合适的转子铁芯结构，控制转子铁芯的压紧力，避免转子铁芯窜片割破转子绕组绝缘导致事故，是变速抽水蓄能发电电动机领域面临的重要问题。

2.2 转子端部绕组

变速机组转子端部由支撑环、绕组线棒、铝垫块、护环及绝缘部件等组成，外护环通过热套冷却后，将压紧力通过线棒间铝垫块传递至内支撑环，以保证转子端部的整体性，耐受转动过程中离心力。同时，使绕组端部形成有效的风道，确保转子端部的充分冷却。其中，线棒安装工艺与定子类似。

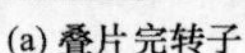

(a) 叠片完转子　　(b) 转子铁芯三维图

图 1　转子铁芯

2.3　转子齿压板

变速机组转子齿压板通过拉紧螺杆轴向拉紧铁芯的同时，采用内圈高强度细晶粒结构钢 S690L 和齿端外圈非磁性奥氏体钢焊接而成的整圆结构，2 种不同的材料结构使得齿压板内部可以传递旋转扭力，外部能够降低损耗。齿压板厚度 50mm，最内侧根据转子中心体立筋位置开槽，齿压板中部设置有圈拉紧螺栓的把合槽，槽中均布拉紧螺栓的预留螺栓孔。外侧齿段焊接不锈钢齿状段，共计 294 槽。其余附件如螺栓根据不同转子设计会有所不同，齿压板结构如图 2 所示。

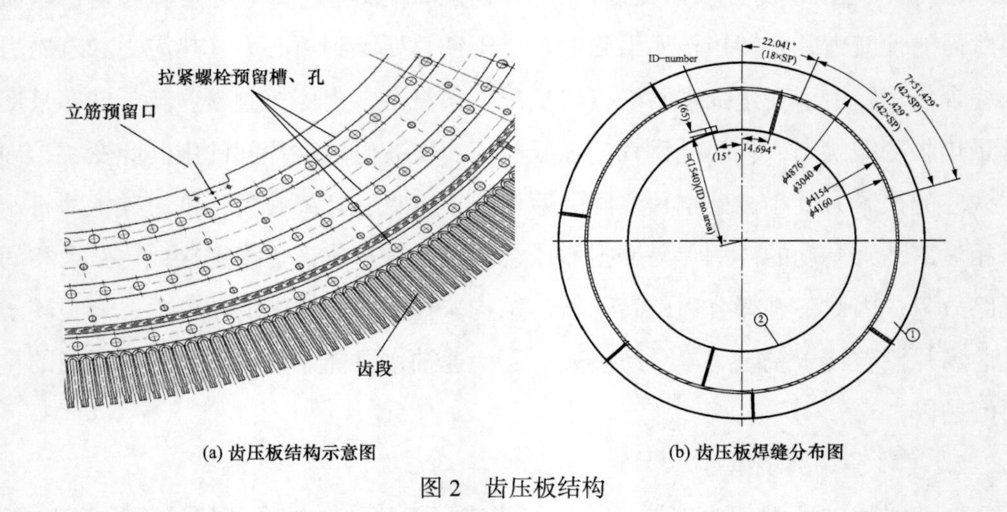

(a) 齿压板结构示意图　　(b) 齿压板焊缝分布图

图 2　齿压板结构

2.4　转子叠片工艺

转子叠片分为转子支架调整、齿压板调平、试叠片、铁芯整形、铁芯预压等关键工艺流程。首先，吊装转子中心体到确定中心的支墩上，通过在支墩上加铜垫的方式来调整转子支架的垂直度，采用挂钢琴线的方式测量转子支架垂直度，测量位置为上导滑转子面。要求转子支架垂直度不大于 0.02mm/m。齿压板就位后，对齿压板径向与切向位置进行初步调整并检查齿压板水平。其次，对铁心进行试叠片，堆叠高度为 10mm，用调整销调整压板螺栓孔到磁轭片来调整磁轭，通过插入定位销来定位磁轭并检查所有尺寸是否满足图纸要求。与常规定子 1/2 叠片不同的是，为保证飞逸转速下磁轭边缘旋转应力，变速机组转子铁芯叠片采用 7/6 叠片的方式。在转子铁芯叠片过程中，每叠一段对铁芯高度进行测量并有针对性地使用与硅钢片同形的 Nomax 绝缘纸进行高度补偿，保证叠片高度满足设计要求并分 5 次使用液压千斤顶对转子铁芯进行分段和最终压紧（见图 3）。

(a) 叠片中铁芯 (b) 铁芯分段压紧

图 3　铁芯叠装过程

3　齿压板变形分析

转子叠片完成后，安装上齿压板后进行再次压紧，拉紧螺杆 294 根，单根预紧力 400kN。转子铁芯标称片间压力 12.25MPa，在转子铁芯轭部，预应力保证片间摩擦，在转子铁芯压指部，标称预应力保证至少 1.5MPa。其中，齿压板屈服强度为 304MPa，拉伸强度为 594MPa，断裂伸率为 57.5%。

为进一步降低转子铁芯高度，加强转子铁芯整体紧实度，将转子铁芯分别加热至 90、150℃后，进一步降低 0.5mm 硅钢片两侧绝缘漆对转子高度影响。在转子温升至 90℃后，对转子整体进行压紧并测量转子内外段高度，结果见表 1。

表 1　整体压紧后铁芯高度测量结果　mm

点位	指部	槽底	内部
1	3310.5	3304	3305
2	3310	3304	3305

续表

点位	指部	槽底	内部
3	3310	3303	3305
4	3310.5	3304	3305
5	3310	3303.5	3305
6	3310	3303.5	3305
7	3310	3304	3305

结合以上数据分析，齿压板指段高度和内侧高度差出现超出图纸要求 ± 2mm 公差范围。

转子在加热过程中产生变形的主要原因分为两个：一是加热后硅钢片表面漆膜厚度降低；二是拉紧螺栓基本处于齿压板内圈位置，齿部未受到外力拉紧，加之齿压板为两种材料焊接成整圆的结构影响，导致加热后齿部漆膜厚度未进一步降低，转子铁芯内外侧高度出现超差的情况。

由图 4 可知，叠片完成后齿压板齿部轴向偏差为 1.09mm，此时形变处最大标称弯曲应力为 201MPa，小于齿压板屈服强度 304MPa。

由于铁芯加热到 90℃过程中硅钢片漆膜厚度降低，故螺栓预紧力由 400kN

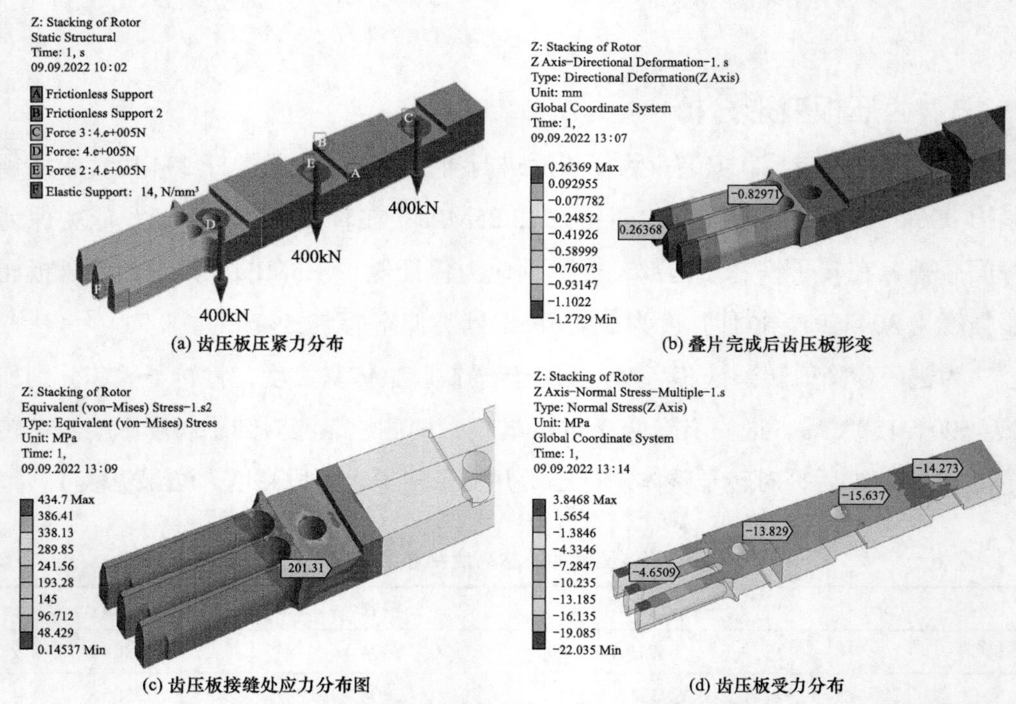

(a) 齿压板压紧力分布　(b) 叠片完成后齿压板形变

(c) 齿压板接缝处应力分布图　(d) 齿压板受力分布

图 4　铁芯压紧过程齿压板 FEA 模型分析图

降低至 250kN。同时，通过工厂内材料试验，点 $R_{p0,2}$ 应力相比较点 R_m 在 90℃时减小 1.27 倍，即由 468MPa 降低至 239MPa，如图 5 所示。

加热后至 90℃时，标称弯曲应力（250kN）为 191MPa，其压指轴向变形差（250kN 时）为 3.07mm，如图 6 所示。

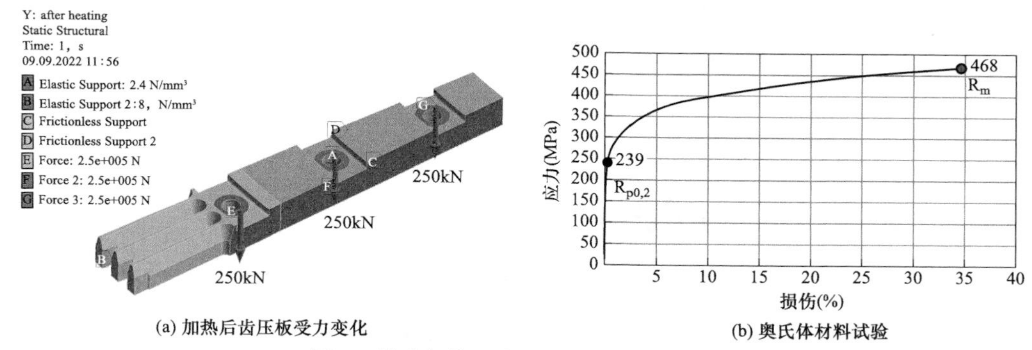

(a) 加热后齿压板受力变化　　(b) 奥氏体材料试验

图 5　铁芯加热后齿压板受力及材料曲线

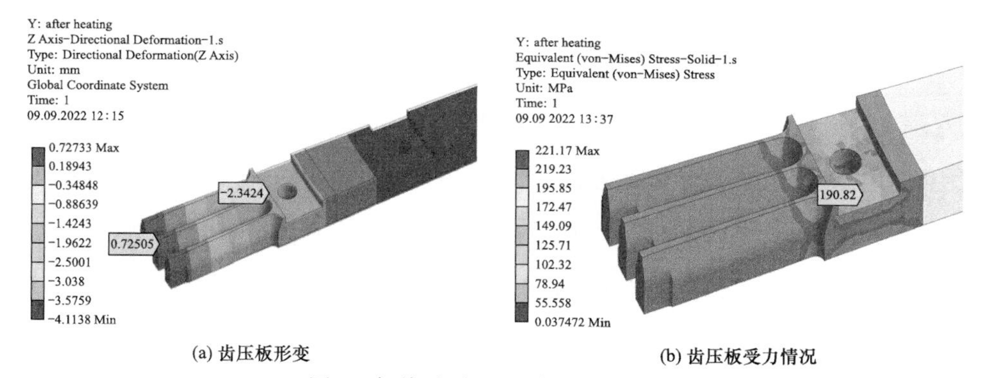

(a) 齿压板形变　　(b) 齿压板受力情况

图 6　加热后（250kN）齿压板变形

经 FEA 进行有限元分析，当压指所受压力为 0kN 时，其轴向变形为 0.07mm，由于产生的形变很小，最终松开拉紧螺杆后的轴向变形在可接受范围内。

为了进一步验证齿压板的变形性质，证明其变形不影响后续转子组装工作，在上文中所提到的压指变差 3.07mm，重新在 FEA 中进行有限元分析，施加压板变形达到当前状态，如图 7 所示。

同时现场将转子铁心拉紧螺杆实际作用力减少至 25kN，测量齿部与轭部高差为 3mm，相比较 250kN 基本上无变化。根据以上 FEA 受力分析，为了产生施加的变形，需要有 20.7kN 的反作用力，这个反作用力低于实际情况下的 25kN，故现在的变形是线弹性的。

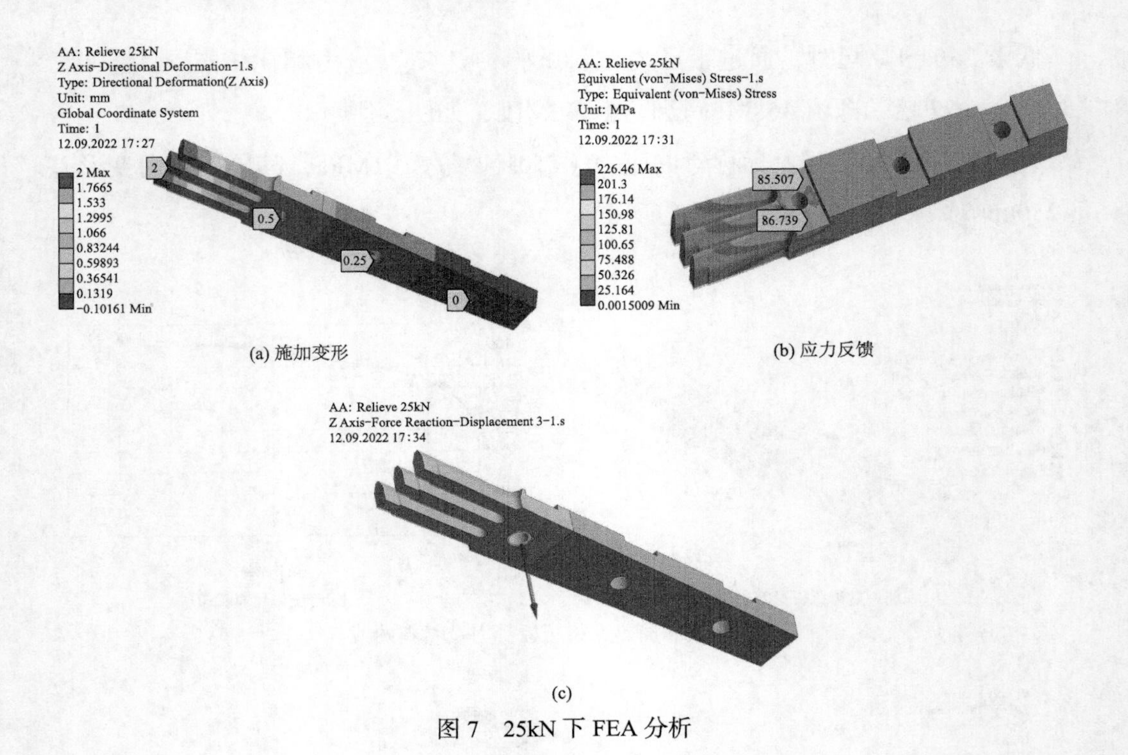

(a) 施加变形

(b) 应力反馈

(c)

图 7　25kN 下 FEA 分析

4　解决措施

由于齿压板齿部变形为弹性变形，考虑在齿部提供 25kN 以上外力的方式，即增加一套转子齿部液压工具，利用转子铁芯齿部的槽口放置拉紧螺栓，上下安装独立的齿部压板，利用串联液压拉伸器进行螺栓拉伸，分 4 次将所有螺栓拉紧（每次 1/2 圈均匀拉紧），如图 8 所示。

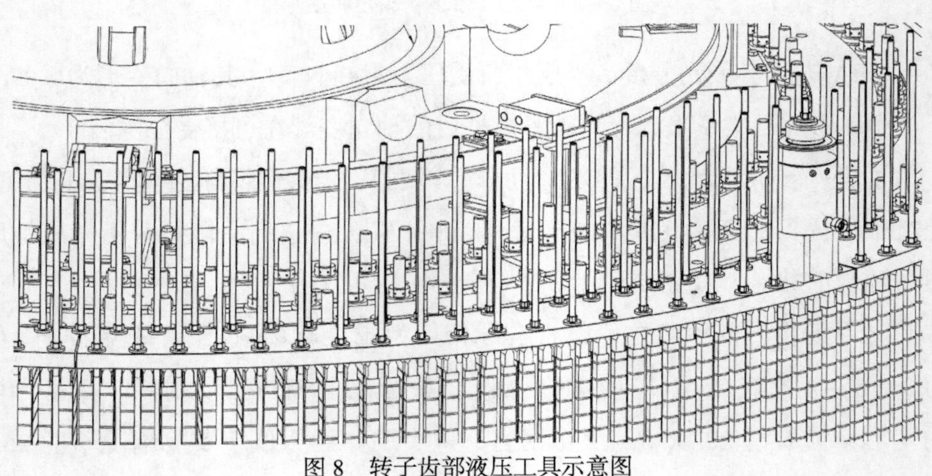

图 8　转子齿部液压工具示意图

同时，在加热过程中，保持齿压板齿部压力，使得转子齿部与铁芯得到相同且均匀分布的压力，使得尺寸同步变化，保证转子铁芯尺寸满足设计要求（见表 2）。

表 2　改进后转子铁芯尺寸测量　mm

点位	指部	槽底	内部
1	3300.5	3299	3299.5
2	3300.5	3299	3299.5
3	3300.5	3299	3299.5
4	3300.5	3299.5	3300
5	3300.5	3299	3299.5
6	3300.5	3299	3299.5
7	3300.5	3299	3299.5

5　建议控制因素

由上文分析可得，影响转子铁芯叠装质量的因素有：① 齿压板水平度；② 试叠片尺寸；③ 叠片过程整形与预压质量控制；④ 转子齿压板的刚度。从设计初期应考虑并控制齿压板刚度是否可以满足铁芯压紧要求。同时，对于组装过程来说，铁芯整形的质量不仅仅对后期整个转子组装工作带来很大麻烦，也决定了转子绕组安装的顺利程度，甚至影响转子端部的支撑、冷却效果及最终外护环安装工作。

6　结束语

转子铁芯叠装的尺寸是决定转子绕组安装是否顺利的关键工艺工序，本文通过对变速机组转子铁芯变形原因的分析，解决了变速机组转子铁芯变形问题，控制了现场转子铁芯叠装质量，同时为变速机组国产化提供了宝贵的现场经验。

参考文献

[1] 卢伟甫，王勇，樊玉林，等. 抽水蓄能变速机组应用技术概述［J］. 水电与抽水蓄能，2019，5（3）：62-66，11.

作者简介

雷华宇（1994—），男，助理工程师，主要从事变速机组发电电动机安装调试工作。E-mail：865482094@qq.com

陈　优（1997—），男，助理工程师，主要从事机组相关设备安装施工工作。E-mail：9794432362@qq.com

杨圣锐（1991—），男，工程师，主要从事变速机组水泵水轮机安装调试工作。E-mail：759992385@qq.com

王英伟（1992—），男，工程师，主要从事变速机组交流励磁系统安装调试工作。E-mail：823673986@qq.com

刘　欣（1990—），男，工程师，主要从事机组水泵水轮机安装调试工作。E-mail：204866317@qq.com

娄艳娟（1993—），女，工程师，主要从事基建单位组织管理等工作。E-mail：1506665453@qq.com

新疆哈密抽水蓄能电站促进新能源消纳能力新研究

李长健

（新疆哈密抽水蓄能有限公司，新疆维吾尔自治区哈密市　839000）

摘要　着眼于哈密新能源消纳，以哈密全面且较新（2022 年 6 月）的能源和电力数据为基础，对哈密新能源消纳特性和制约因素进行再研究，得出调峰能力是哈密新能源消纳的决定性制约因素的初步结论，从技术经济比较中得出抽水蓄能电站是提升哈密新能源消纳的最佳手段的进一步结论。在新的约束条件下对新疆哈密抽水蓄能电站促进新能源消纳的实际能力进行了重新测算，测算结果超出该电站原可行性研究报告中给出的既有结论。

关键词　抽水蓄能；调峰；新能源消纳

0　引言

工业革命以来，巨量的地球固态碳与液态碳氢化合物被人类燃烧、利用，并最终排放到大气中。地球大气温室气体浓度持续提高，地球升温也成为工业革命以来的持续趋势。

2021 年 10 月 25 日，WMO 发布《2020 年 WMO 温室气体公报》，指出全球大气主要温室气体浓度继续突破有仪器观测以来的历史纪录，2020 年大气二氧化碳浓度增幅约 2.5ppm，高于过去十年平均增幅（2.4ppm）。

2022 年的夏天，极端高温天气覆盖江南、华中、川渝等大半个中国，欧洲、北极等域外也都出现极端高温天气。给地球减碳，控制地球升温，再一次成为一个逼在眼前的严峻问题。

中国是全球经济大国也是碳排放大国，已近提出“双碳”目标，而根据全球能源互联网发展合作组织的研究结论，电力行业减碳是中国实现碳中和的决定性因素。电力行业在2050年前实现碳中和方能保证中国碳中和目标的最终实现。

加快新型电力系统建设则是电力行业减碳的根本途径和基本手段。

1 哈密能源禀赋与电力现状

地处新疆东部的哈密地区纵跨天山南北，地域十分广阔，煤炭资源、风能资源和太阳能资源蕴含量都十分丰富，被称为“煤都、风库和光谷”。丰富的能源储备加之靠近内地的区域优势使得能源产业在哈密占据重要地位，新能源开发更是近些年来的投资热点。

1.1 电源开发情况

1.1.1 煤炭及火电

哈密市煤炭预测资源储量5708亿t，占全国预测资源储量的12.5%，占新疆预测资源储量的31.7%，居全疆第一位，哈密煤炭同时具有低灰、低硫、低磷、高热值、高含油率、高挥发分的“三低三高”特点。

新疆的煤炭资源主要分布在西部的伊犁，中部昌吉回族自治区的淮南、淮北、淮东以及东部哈密的大南湖、三塘湖、淖毛湖一带，淮东、大南湖两地都已建起煤电基地。

哈密市主要煤电装机情况见表1。

表1　　哈密市主要煤电装机情况

哈密主力火电厂	装机容量	机组台数	单机容量
国神哈密花园电厂	4×660MW	4	660WM
国投（中煤）哈密发电厂	2×660MW	2	660WM
国电哈密大南湖电厂	2×660MW	2	660WM
兵团红星电厂	2×660MW	2	660WM
国网能源大南湖电厂	2×300MW	2	300MW
	总装机容量：7020MW	机组总台数：12	

表1中前10台机组都为2014年投运的哈密—郑州800kV特高压直流输电工程配套电源。在新能源大发展的大背景下，以上12台大型煤电机组正由主体性电源向提供可靠容量、调峰调频等辅助服务的保障性电源转型。

1.1.2 风能及风电

新疆风能资源总储量 8.72 亿 kW，技术可开发量 1.2 亿 kW，是全国风能资源最丰富的地区之一。哈密占有新疆 9 大风区中的 3 个，是国家千万千瓦级风电基地之一。

风能资源丰富的新疆，早在 1989 年就率先建成装机规模超过 10 万 kW 的并网风电场，到 2005 年底，新疆并网风电装机规模一直保持全国第一。然而 2006 年之后，由于新疆电网长期孤网运行、全网调峰能力不足等原因制约了风电发展，新疆风电产业随之发展速度渐缓。

“十一五”以来，新疆全面加快“疆电外送”步伐。2010 年 11 月实现 750kV 新疆与西北电网联网，“疆电外送”从此打开局面。

新疆地域广阔，人口数量少，本地电能消耗较少。外送通道打通后，新疆能源基地通过建设大功率火电机组，利用火电机组进行调峰，将“风、火、光”打捆利用超高压、特高压通道对外输出，新疆风电、光伏发展的制约因素得到缓解，新疆风电产业再一次迈上“快车道”。

哈密境内风电技术开发量达 7500 万 kW，具备开发平价风电的资源总量约 3000 万 kW[1]。

哈密三大风区分别是天山北部的淖毛湖、三塘湖风区，天山南部的东南部风区（景峡）、十三间房风区（烟墩）等。

2010 年，哈密地区建成装机规模 9.9 万 kW 风电场，并于当年并网发电，实现了风电产业零的突破。制约因素解除后，哈密风电也快速发展，截至 2022 年 6 月，哈密地区风电装机容量达 1176.1 万 kW。

1.1.3 光能及光电

哈密太阳能资源理论蕴藏量 22.6 万亿 kWh，资源可开发量达 49.38 亿 kW，技术可开发量达 32.09 亿 kW。

哈密全年日照时数 3170～3380h，属全国日照时间最长的地区之一。哈密地区的太阳年总辐照度是全疆最大的地方，接近年 6600MJ/cm^2。

自西向东移动的气流到达哈密地区后，受东部祁连山所阻分为两股，一股进河西走廊，另一股经库鲁克塔克格低山区倒灌塔里木盆地。哈密地区因此低层气流减弱，高层气流下沉，空气中水分少，晴天多，总辐射量增大[2]。

此外，哈密地域辽阔，荒漠、戈壁等土地资源多，适合大规模铺设光伏组件，开发光电。

哈密石城子光伏产业园区占地面积35km^2，是新疆最大的光伏园区之一。截至2022年7月，已有22家光伏企业入驻，并网装机容量82万kW。产业园配套建有两座220kV升压汇集站负责光电接入与输出。

哈密市电力装机构成见表2。

表2　哈密市电力装机构成表（截至2022年6月）

火电（万kW）	风电（万kW）	光伏（万kW）	光热及其他（万kW）	总装机容量（万kW）	新能源装机占比（%）
800	1176.1	252.7	61.8	2290.6	62.4

数据来源：哈密日报。

1.2　电力外送情况

新疆地域广大，能源丰富，对外输出能源既是新疆发展的需要也是全国发展的需要。

“疆电外送”必须电网先行。在国家电网公司的大力支援下，2010年后，新疆电网建设加速。

2010年11月，哈密—敦煌750kV输变电工程投运，新疆电网从此结束孤网运行历史，正式并入西北电网。

2013年6月，新疆与全国联网750kV第二通道建成投运；2014年1月，哈密—郑州 ±800kV特高压直流输电工程投运，疆电外送第三条通道建成。至此，哈密地区形成了“一直两交”3条电力外送通道的基本格局。

哈密作为疆电外送的桥头堡，具有电力外送的区位优势，更具有风、光、火电打捆外送的资源组合优势。当前，哈密已建成全国规模最大的风、光、火电打捆外送基地。

疆电外送已从2010年（结束孤网年）的30亿kWh扩大到2021年的1224亿kWh，送电规模增长约40倍。

哈密电量外送情况见表3。

表3　哈密电量外送总览表（2021年）

通过哈密3条电力通道外送电量（亿kWh）	本地外送电量（亿kWh）	本地电量占比（%）	本地外送新能源电量占比（%）
651.72	560.39	86	45

数据来源：哈密日报。

2022 年一季度，哈密外送电量 159.43 亿 kWh，同比增长 14%。

截至 2022 年 4 月 30 日，疆电外送累计已达 5269.23 亿 kWh，其中，清洁能源电量 1446.46 亿 kWh，占比 27.45%。

作为新能源基地，哈密本地新能源外送比例高于全疆。

2 调峰与新能源消纳

为保证电能质量及电网的安全稳定运行，电力系统需实时动态平衡。在电力系统的用电侧，用电需求具有随机性，供需不平衡是电力系统最本质和最普遍的存在。

为适应并保障用电侧随机性的用电需求，对发电侧电源进行调度调节就成了电力调度的主要工作内容。

电力系统在一天之内最大负荷与最小负荷之差即是电力系统的峰谷差。按照优先保障用电侧需求的原则，调峰一般通过启停或增减发电机组机组出力进行。

以中国电力装机现状，参与调峰的机组类型主要有煤电机组、水电机组、燃气轮机组和抽水蓄能机组。

各型机组调峰技术经济特性比较情况见表 4。

表 4　　各型机组调峰技术经济特性比较

机组类型	调峰能力	调峰优点	调峰缺点
火（煤）电机组	具有低负荷调峰、启停调峰和停机调峰三种运行模式	装机容量大，大机组多，调节能力强	1. 发电量、发电经济性下降； 2. 机组损耗及检修成本上升
水电机组	调峰能力强，易于调度	启停快，调峰率可达 100%	水电资源稀少，水电占比低，大机组少
燃气轮机组	调峰能力高于火电厂	启停方便、响应速度快	燃气为高品质燃料，用于发电经济性不佳，不适合大规模装机
抽水蓄能	相比水电，同时具有调峰、填谷双重功能	大机组多，反应迅速，运行灵活，启停方便	在电源装机中占比较小

2006 年以后，国内电网新增火电机组大多是 60 万、100 万 kW 大容量机组，30 万 kW 以上大容量机组一般拥有 50% 左右的调峰能力。

2.1 火电机组调峰的负因素分析

在 3 种调峰方式中，火电机组最主要采用的是低负荷调峰方式，在电网调峰较为困难的情况下，也会采用停机调峰和启停调峰方式。

低负荷调峰是在负荷低谷时段通过降低机组出力以满足系统调峰需要的运行方式。这种方式实现较为容易，机组寿命损耗小（约为启停调峰寿命损耗率的1/8～1/4），安全性、机动性也好。该方式调峰成本主要由低负荷运行下机组效率低于设计工况而引起。当负载率降低时燃煤机组煤耗增加较多，发电成本有较大提高。

启停调峰是机组由于电网调峰需要而停机（热态），并在24h内再度开启的调峰方式。由于火电机组启停过程复杂，频繁启停将导致火电机组安全性下降，事故概率增大。在成本方面，由于启停时工况急剧大幅度变化，产生冷热交变应力，部件易疲劳，机组寿命缩短。同时火电机组启动过程中，会消耗大量的水、蒸汽、燃油和厂用电，也会产生较大费用。

停机调峰是火电机组以停机（冷态）来适应系统长周期（一般为3天以上）低负荷运行的一种运行状态。停机调峰对机组的影响主要为寿命损耗和启停费用两方面，在寿命损耗方面，每次冷态启动的寿命损耗率是热态启停的5倍；在启停费用方面，由于冷态启动时所需时间较长，为热态启动的3～4倍，启动费用也比热态启动时更高。

火电机组由低负荷常规调峰至低负荷深度调峰直至启停调峰乃至停机调峰，成本逐级加大。

30万kW以上大功率机组低负荷常规调峰率一般可达50%，低负荷深度调峰率可达40%甚至更低。

如前文所述，哈密电网是典型的送端电网，当前哈密新能源消纳外送都以哈密火电机组参与调峰实现，即通过下调火电机组出力，为风电上网提供空间。

正值壮年期的国网能源大南湖电厂两台300MW机组2021年全年维持在减半低功率运行。2022年4月，国神哈密花园电厂660MW超临界机组20%深度调峰研究招标结果确定，哈密地区大型机组20%深度调峰进入研究实施阶段。

哈密大型燃煤机组在常规调峰基础上进一步向深度调峰挖潜，也可见，哈密地区为保证新能源消纳外送对调峰容量需求急迫。

2.2　新能源引起的峰谷差

通常意义上的峰谷差由电网系统内用电侧负荷高低变化引起，煤电机组参与调峰是为响应用电侧负荷的变化。在哈密新能源基地，煤电机组降出力调峰运行主要为风电、光伏等新能源优先并网输出。

截至 2022 年 6 月，哈密地区风电装机容量 1176.1 万 kW，光伏 252.7 万 kW，风电是哈密新能源的主体。

哈密地区极少阴雨天，依照 1998～2017 年 20 年的气象资料，哈密地区日照时数最大值为 5 月，日照时数为 356.6h；最小值为 12 月，日照时数为 195.2h，日照时数最低月份每日光照时间也超 6.5h[3]。哈密 20 年（1998～2017 年）月均日照时数见图 1。

数据可见，在哈密地区，光伏是一种变幅较为稳定的电源。为保障新能源消纳，哈密电网调峰的重点是应对具有间歇性、随机性和反调峰特性的风电。

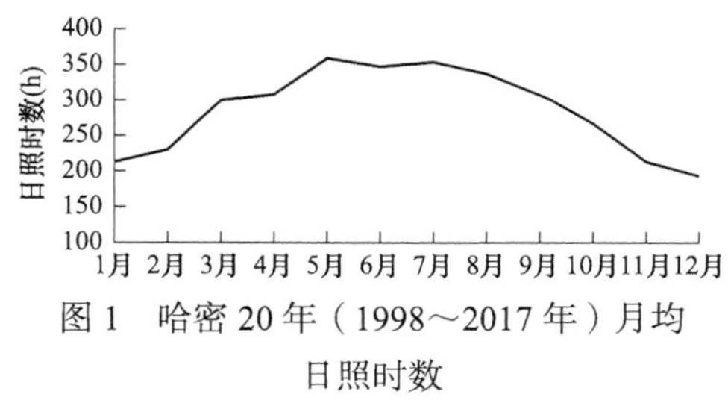

图 1　哈密 20 年（1998～2017 年）月均日照时数

按照 2022 年 6 月数据，哈密电网 800 万 kW 火电装机，当前综合调峰率为 50%。

3　抽水蓄能电站参与哈密电网调峰

2017 年全年新疆电网累计弃风电量 132.5 亿 kWh，弃风比例达到 29.8%；弃光电量 28.2 亿 kWh，弃光比例达到 21.6%。

随着新能源成本越来越低，新能源在电力市场越来越受到欢迎。自 2021 年开始，新疆解除市场化交易电量中新能源占比不超 13% 的限制，新能源市场进一步激活。在这种背景，促进新能源消纳的主要问题也就是加大调峰能力建设问题。

3.1　哈密蓄能电站与调峰

如上分析，在哈密地区，解决新能源消纳问题就是要解决电网调峰问题，解决电网调峰问题首选建设抽水蓄能电站。

2018 年，装机容量 1200MW 的新疆哈密抽水蓄能电站获得项目核准，2020 年 9 月开工建设。

哈密抽水蓄能电站未来将以 220kV 一级电压接入哈密 750kV 变电站 220kV 侧。在运行调度上，哈密抽水蓄能电站主要考虑为哈密地区能源基地风电外送配套，不考虑在新疆网内平衡。

哈密地区能源消费能力较低。满足本地区负荷所需调峰容量较小。按照

2020 年水平，哈密本地最高负荷 3110MW，最小负荷率为 0.839，系统峰谷差仅 500.7MW。

3.2 哈密风电消纳算式方程

当前，哈密地区新能源（风电、光伏）装机中，风电装机占比超 82%（见图 2）。哈密另有 500MW 熔盐塔式光热发电站，可实现 24h 不间断稳定、可调发电，该型电站可视为自身具备调峰能力的新能源电源。

仅考虑风电的哈密电网调峰容量计算关系示意图，见图 2。

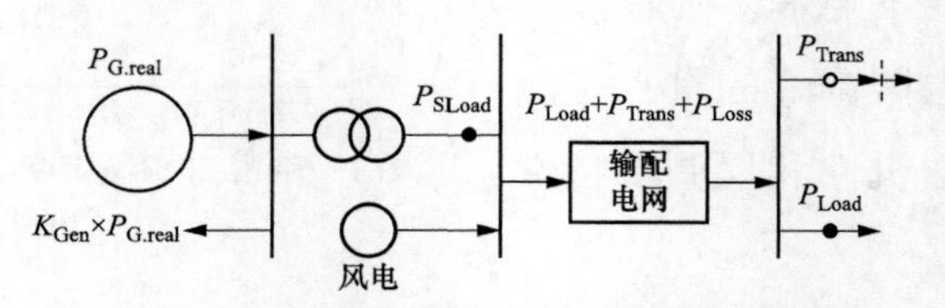

图 2　电力系统调峰容量计算简化示意图

$P_{G.real}$—电网之电源侧即时发电出力；K_{Gen}—电源侧所有电厂的平均厂用电率；
P_{Load}—电网用电负荷（哈密本地）；P_{Trans}—3 条通道外送功率；P_{Loss}—电网网损

以调峰容量为约束的风电消纳算式为

$$
\begin{aligned}
&\boldsymbol{P}_{G.real}=\boldsymbol{P}_{Load}+\boldsymbol{P}_{Trans}+\boldsymbol{P}_{Loss}+\boldsymbol{K}_{Gen}\times\boldsymbol{P}_{G.total}\\
&\boldsymbol{P}_{Reserve}=\boldsymbol{P}_{Spin}+\boldsymbol{P}_{Contingency}\\
&\boldsymbol{P}_{Balance}=\boldsymbol{P}_{G.Real}-\boldsymbol{P}_{G.low}\\
&\boldsymbol{P}_{WBalance}=\boldsymbol{P}_{G.real}-\boldsymbol{P}_{G.low}-\boldsymbol{P}_{Spin}
\end{aligned}
\tag{1}
$$

式中：$\boldsymbol{P}_{Reserve}$——电网总备用容量；

$\boldsymbol{P}_{Spin}$——电网的旋转备用容量；

$\boldsymbol{P}_{Contingency}$——电网事故备用容量；

$\boldsymbol{P}_{Balance}$——电网总的调峰容量；

$\boldsymbol{P}_{G.low}$——电网某个运行方式发电最低出力下限；

$\boldsymbol{P}_{WBalance}$——电网可用于平衡风电波动的调峰容量。

3.3 哈密风电出力特性

哈密三大风区大风天气多且大风气流具有传递相关性。哈密十三间房风区多年平均风速都能达到 8.46m/s（数据来源：中国日报 2022 年 5 月 18 日）。哈密气象部门位于淖毛湖的 9903# 测风塔 70m 高程测得年平均风速为 6.530m/s。

按哈密风场 8m/s 标准日平均风速统计测算。哈密风电基地风速日变化及风电出力日变化图见图 3[4]。

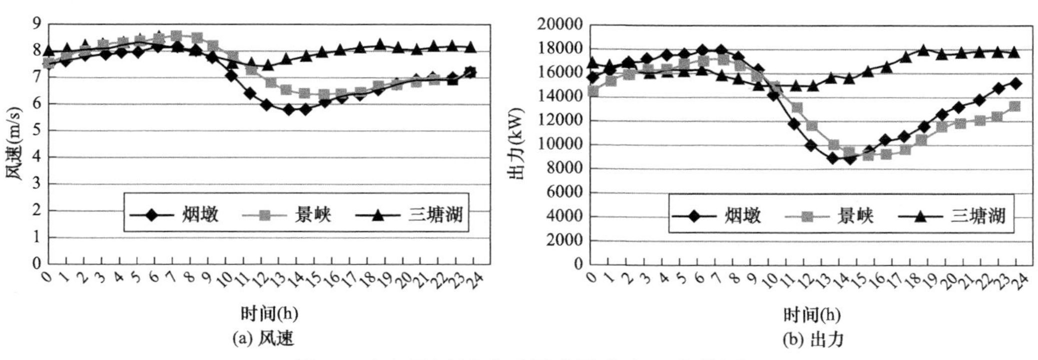

图 3　哈密风场标准日风速及出力日变化图

依上图测算得出，哈密风电在一个标准运行日，最低出力约为最高出力的 50%（出力峰谷差 50%）。因受地理跨距影响，哈密各风电场风速及出力波形并不同步，风电场之间能形成一定的互补，哈密风电实际出力高低差会小于 50%。

3.4　新疆哈密抽水蓄能电站促风电消纳能力新测

计算约束条件：

（1）不弃风，全部消纳。

（2）哈密抽水蓄能电站只为促消新能源服务，不考虑在新疆网内平衡。

则哈密抽水蓄能 $\boldsymbol{P}_{\mathrm{WBalance}}=1200\mathrm{MW}$

$$\boldsymbol{P}_{\mathrm{W}}=\boldsymbol{P}_{\mathrm{WBalance}}/50\%=2400\mathrm{MW}$$

$\boldsymbol{P}_{\mathrm{W}}$ 为可新增风电容量，50% 常量为哈密风电出力峰谷差。

4　结论

（1）哈密电网为送端电网，本地用电侧电能消费形成的峰谷差较小，影响新能源外送的主要因素是新能源出力变化形成的峰谷差对应的调峰需求。

（2）风电是哈密新能源的主体，新能源的峰谷差主要由风电形成。哈密风能质量优良，标准日风电场出力风谷差为 50%。

（3）配合新能源输出的哈密火电机组正在向 20% 负荷率深度调峰（调峰率 80%）挖潜改造，哈密电网调峰需求巨大。

（4）蓄能机组调峰能力最为突出，在哈密新能源基地配套建设抽水蓄能电站综合效益十分显著。

（5）新疆哈密抽水蓄能电站投运后可促进消纳 2400MW 风电（大于原

2000MW 测算值）。

（6）哈密新能源开发潜力巨大，作为最佳拍档的抽水蓄能电站还需加大开发力度。

参考文献

[1] 陈晓萍. 哈密地区风电产业发展及问题分析 [J]. 时代金融，2014（5）：49-79.

[2] 冯刚，李卫华，韩宇，等. 新疆太阳能资源及区划 [J]. 可再生能源，2010，28（3）.

[3] 魏哲花，冯广麟. 哈密市太阳能资源评估 [J]. 气候变化研究快报，2019，（2）：168-174.

[4] 章凯. 哈密风电基地出力特性研究 [J]. 西北水电，2018（5）：84-87.

基于 CFD 弯肘形尾水管十字架隔板数值模拟

章志平，周霖轩，杨　雄，聂　赛，卢俊琦

（江西洪屏抽水蓄能有限公司，江西省宜春市　330603）

摘要　进入尾水管内的水流流动复杂，加上尾水管本身的结构特点，尾水管内容易产生涡带，且涡带的发展、消失会引起压力脉动。采取 CFD 流体计算软件，在尾水管直锥段加设十字架导流隔板，可在减少涡带的基础上找出最佳装设十字隔板位置。结果表明，尾水管直锥段最适合安装十字隔板的位置为直锥段进口截面，在此截面上安装十字隔板确实能减少涡带的产生，且回能系数相对较高。因此，在确保强度要求的前提下在尾水管直锥段进口截面安装十字隔板，对于减少涡带及压力脉动是可行的，在尾水管设计时应加以考虑。

关键词　尾水管；涡带；导流隔板；压力脉动；回能系数

0　引言

尾水管是水轮发电机组的重要部件，其主要作用是：① 将转轮出口的水流平顺地引向下游；② 利用下游水面至转轮出口处的高度差，形成转轮出口处的静态真空；③ 利用转轮出口的水流动能，将其转换为转轮出口的动力真空[1]。目前，常用的尾水管类型有直锥形尾水管、弯肘形尾水管和弯锥形尾水管，见图 1。直锥形尾水管回能系数较高，但会带来巨大的工程开挖量，对于大中型水电站来说十分不经济甚至不可能实现；弯肘形尾水管与上相比，易产生偏心涡带，带来的水力损失大些，但水下开挖量和混凝土浇筑量大大减少。因此，针对现代立式反击型机组多采用弯肘形尾水管；弯锥形尾水管相比弯肘形尾水管，便

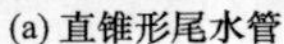

(a) 直锥形尾水管

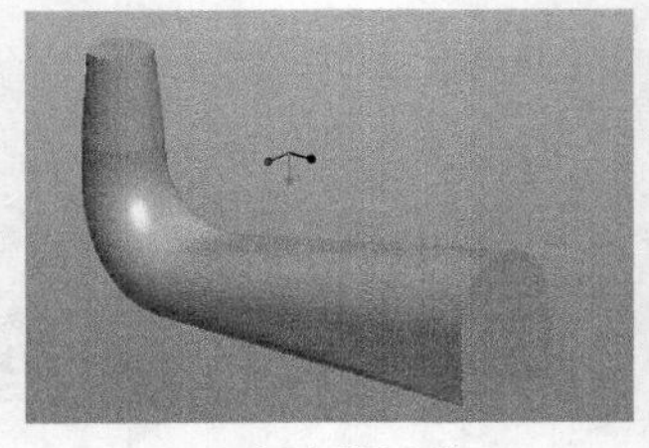

(b) 弯肘形尾水管

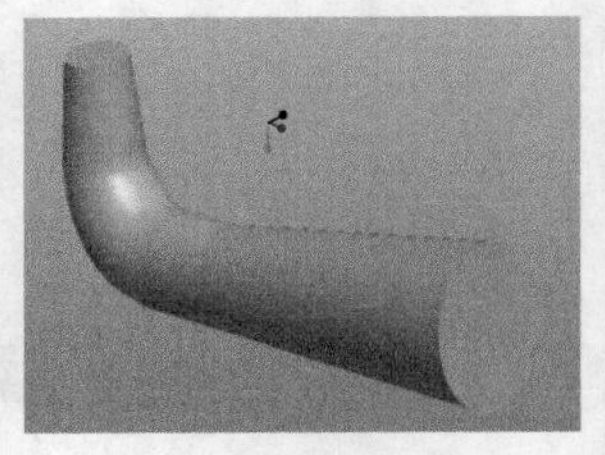

(c) 弯锥形尾水管

图 1　尾水管类型

于制造，但由于弯管为等断面，其中，水流速度较大，故其水力损失较大，常用于小型卧式机组。

对于弯肘形尾水管来说，流经的水流是由纵向转到水平方向，因此会受到离心力作用，在肘管段，压强沿离开曲率中心的方向增大而流速相对减下，亦即靠近管外壁压力增大，流速减小，而管内壁压力减小，流速增大。由于水流的扩散和收缩加上离心力的作用，尾水管内产生两个涡流滞水区。此外，由于尾水管内部流动复杂，直锥段和肘管段在大多数运行工况下还存在一种螺旋形涡带[2]。尾水管内部涡带引起的压力脉动可导致机组振动、转轮叶片裂纹乃至整个厂房的振动，对机组的稳定运行造成强大冲击。因此，减小尾水管内的涡带压力脉动是亟需的。减小尾水管的涡带措施也有很多：① 在尾水管内加设导流隔板，改变水流的运动状况；② 加入同轴扩散管，控制涡带偏心距离；③ 通过补气装置引入适当的阻尼；④ 改进转轮的叶形设计[3-5]。

1　CFD 模拟计算

本文针对在弯肘形尾水管直锥段增设十字架导流隔板来减小尾水管涡带进行研究。通过 CFD 软件模拟计算得出十字架隔板安装的最佳位置。

1.1　Pro/E 建立模型

以尾水管直锥段高度为参照基准拟定十字架隔板安装的 11 个位置，从尾水管进口划分，分别是置于直锥段高度的 0%、10%、20%、30%、40%、50%、60%、70%、80%、90% 和 100% 处。十字架导流隔板的长度以覆盖所安装位置的尾水管直锥段直径为准，厚度为 100mm，以进口处安装的隔板为例，隔板模型如图 2 所示。

尾水管直锥段高度为 6292mm，建立的 11 个方案情况见表 1。

通过 Pro/E 软件建立尾水管模型，如图 3 所示。

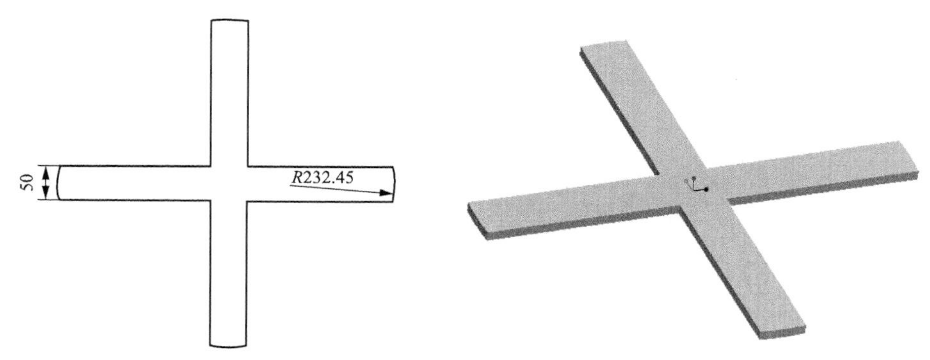

图 2　十字架隔板

表 1　　各方案设定情况

方案	1	2	3	4	5	6	7	8	9	10	11
占直锥段比例（%）	0	10	20	30	40	50	60	70	80	90	100
进口至隔板高度（mm）	0	629	1258	1888	2517	3146	3775	4404	5034	5663	6292

利用 gambit 网格划分软件对其划分网格。

1.2　fluent 数值模拟

在设计工况下，利用 fluent 软件，边界条件均采用无滑移边界条件，其中水轮机模型采用运动边界，旋转速度为 150r/min。计算可得原型尾水管内水流迹线分布图，见图 4。

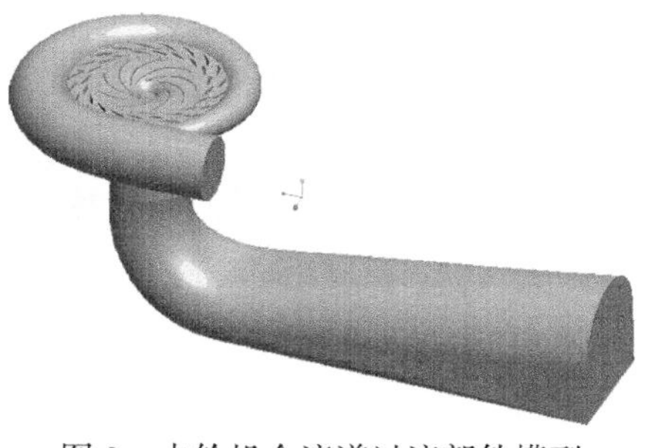

图 3　水轮机全流道过流部件模型

可以看出，水流自肘管段开始变紊乱，水流分布不均匀，直至扩散段该不均匀现象加剧，同时伴有水流涡带现象的产生，进而发展为压力脉动。

根据伯努利方程：

$$Z + \frac{P}{\gamma} + \frac{v^2}{2g} = C \text{（}C\text{为常数）} \quad (1)$$

尾水管内的压力与流速呈负相关，压力大则流速小，反之，压力小则流速大。压力分布情况与尾水管涡带也存在很大的关系。转轮出口处水流不均匀分布，水流流经尾水管时，尾水管横切面积变化引起水流各处压力变化、流速变化。压力小处水流收缩，压力大处水流扩散，形成涡带。尾水管内压力变化云图也能很好的反映尾水管的工作情况，压力分布越均匀表示尾水管内水流越稳定。

通过计算可得原型与各方案的压力分布情况，如图 5 所示。

图 4　原型尾水管水流迹线分布

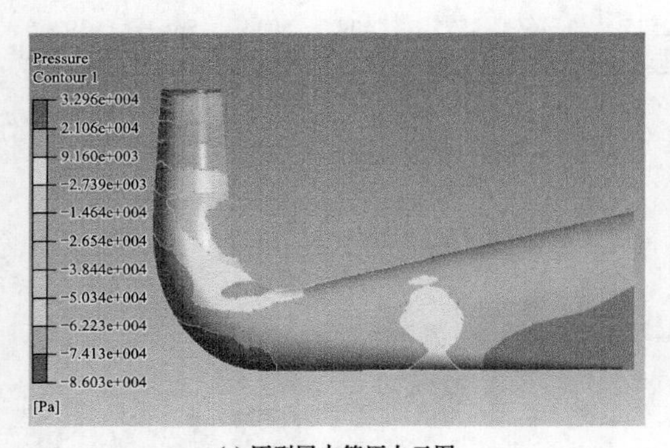

(a) 原型尾水管压力云图

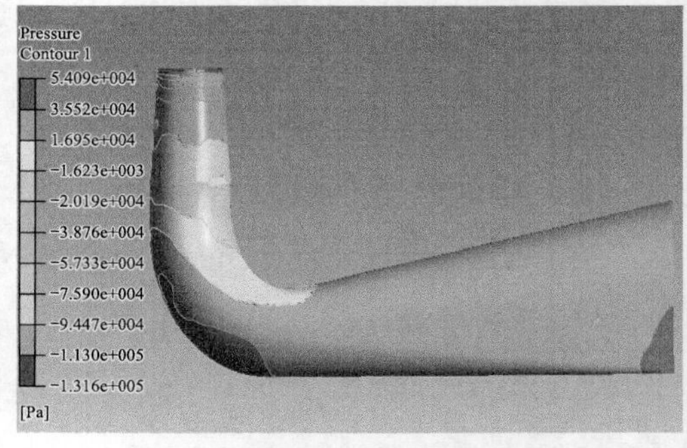

(b) 方案1尾水管压力云图

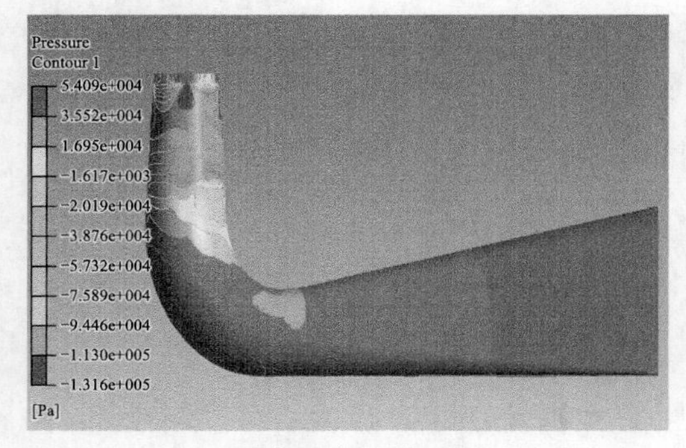

(c) 方案2尾水管压力云图

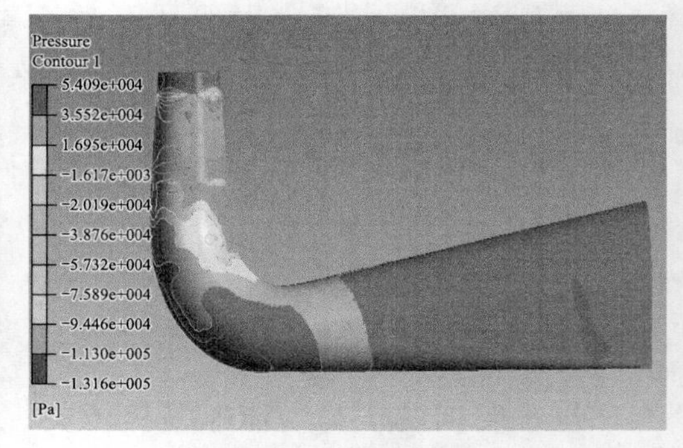

(d) 方案3尾水管压力云图

图 5　各方案尾水管压力分布（一）

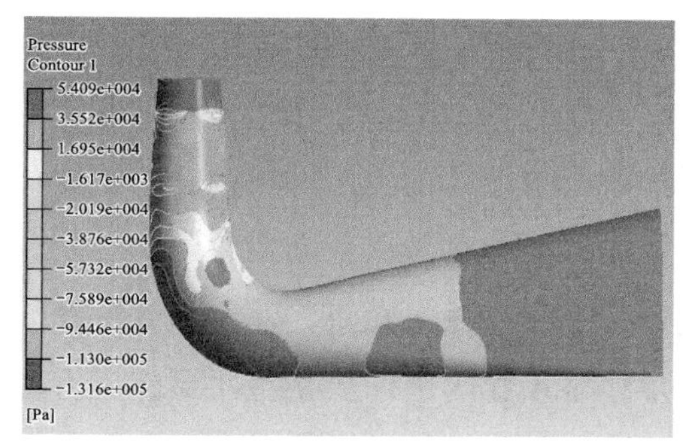

(e) 方案4尾水管压力云图

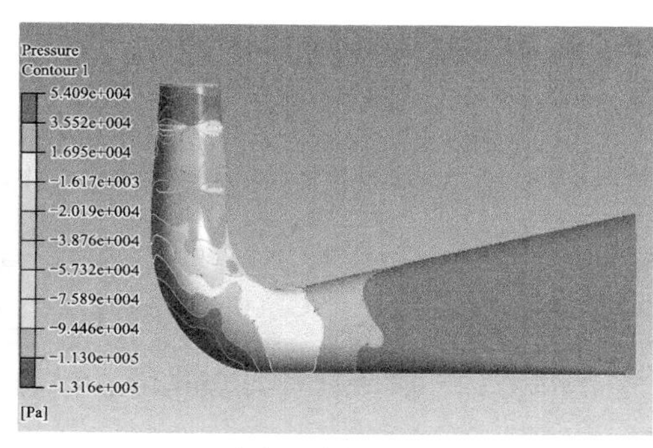

(f) 方案5尾水管压力云图

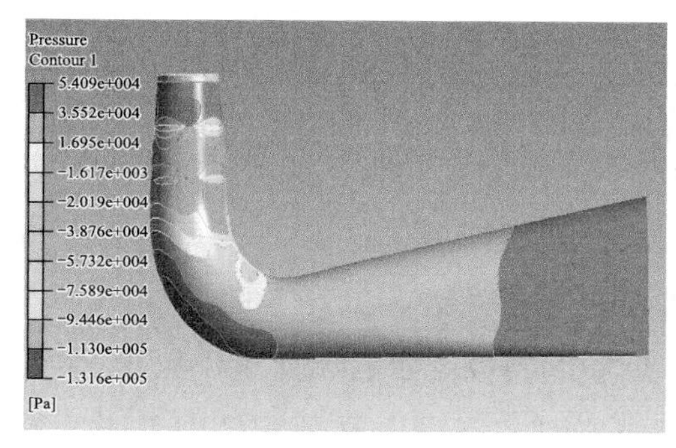

(g) 方案6尾水管压力云图

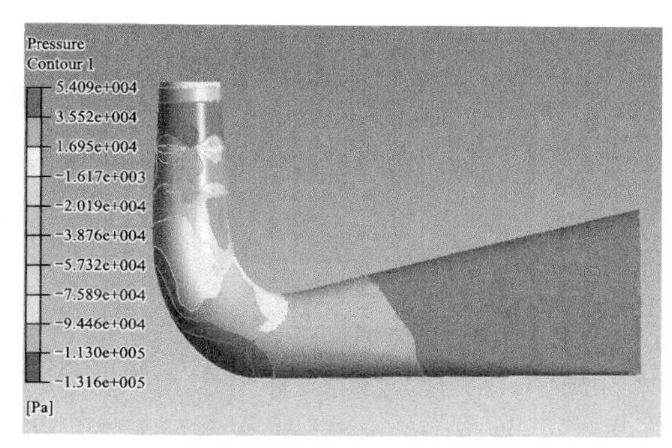

(h) 方案7尾水管压力云图

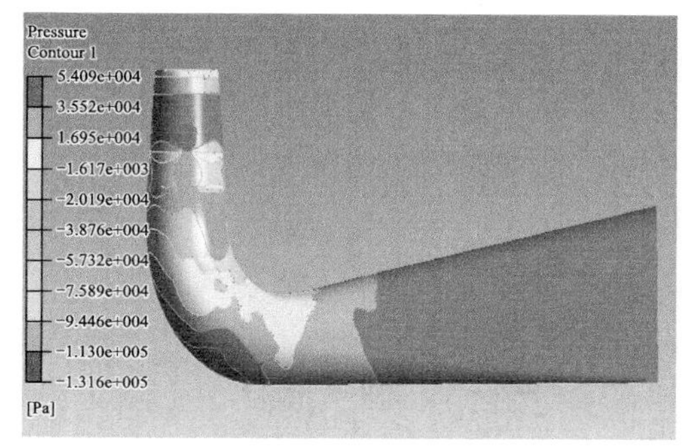

(i) 方案8尾水管压力云图

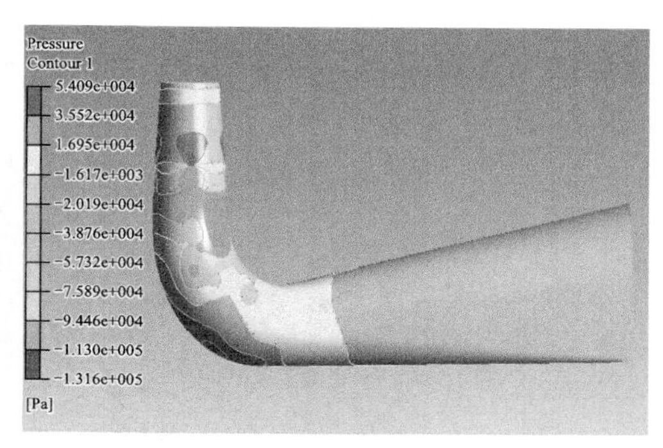

(j) 方案9尾水管压力云图

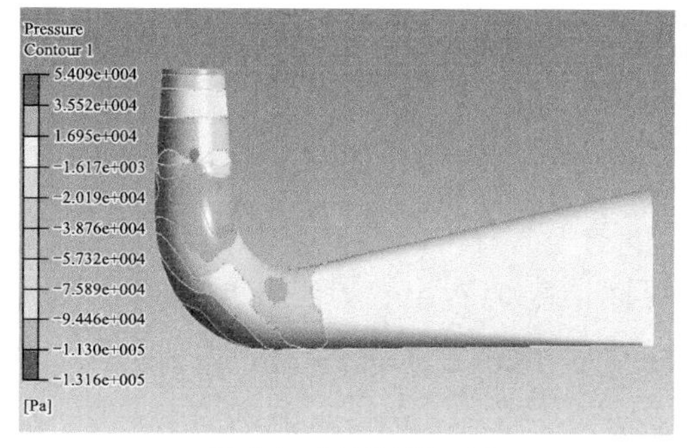

(k) 方案10尾水管压力云图

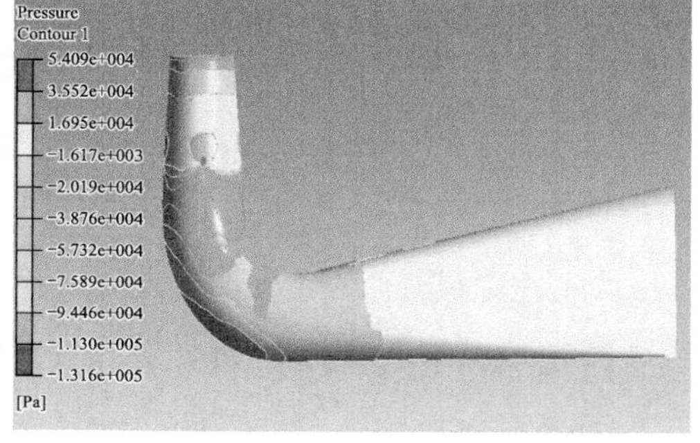

(l) 方案11尾水管压力云图

图 5　各方案尾水管压力分布（二）

2 性能比较

从原型不加十字隔板的尾水管压力云图可以看出，尾水管内水流压力变化较大区域主要集中在直锥段和肘管段，水平扩散段的压力变化相对较小。肘管处存在较大的压力变化且存在负值较大的负向压力，加上水流从直锥到弯肘的弯曲流动带来的离心力作用，肘管处的压力变化会很大程度促生回流，随着水流流动方向发展易在扩散段形成偏心涡带，偏心涡带在尾水管内进一步孕育而形成压力脉动，造成机组振动和出力摆动。

分析 10 组加置十字架导流隔板的尾水管压力云图，发现尾水管压力变化情况和原型基本保持一致，同样是保持着直锥段和肘管段压力变化大，而扩散段压力变化小的特点。但各个方案间因十字架隔板安装位置不同压力分布也不同，可以发现方案 1，即在尾水管进口截面处安装十字隔板，其肘管处压力分布均匀且负向压力绝对值得到抑制变小，压力分布也变得均匀，虽在隔板处产生压力波动，但较其他方案隔板处压力波动小很多且和无隔板尾水管相比也不是很明显。方案 2～方案 11 的尾水管直锥段压力变化十分明显，尤其在隔板安装处更为剧烈。其中，方案 2～方案 7 尾水管肘管段压力变化相比其他方案更大。

图 6 为通过 flunet 计算得出的方案 1 的尾水管水流迹线图。

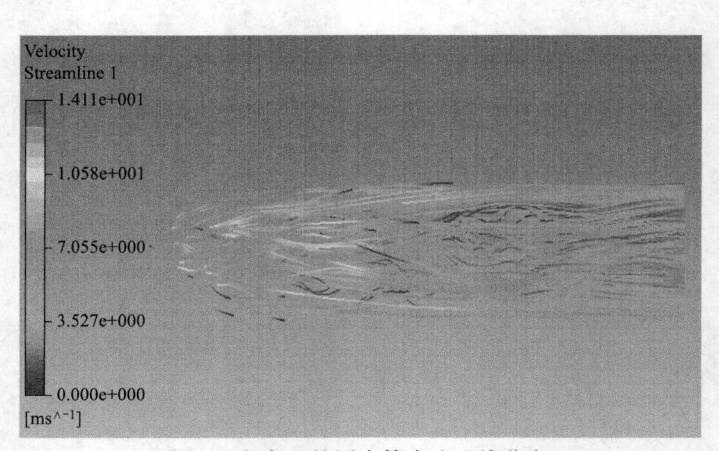

图 6　方案 1 的尾水管水流迹线分布

对比该图与原型尾水管水流迹线图，可以清晰地看出，方案 1 尾水管水流迹线变得更加顺畅，流体更加稳定，且涡带明显减少。

回能系数是表征尾水管回收能量性能的参数，能够很直观地量化尾水管回能能量的特性。对于高比转速的水轮机尾水管回能系数更为重要[6-10]。

尾水管进出口能量方程为：

$$Z_2+\frac{P_2}{\gamma}+\frac{\alpha_2 v_2^2}{2g}=Z_5+\frac{P_5}{\gamma}+\frac{\alpha_5 v_5^2}{2g}+h_\omega \quad (2)$$

式中：Z_2、Z_5 为尾水管进出口相对高度；P_2、P_5 为尾水管进出口相对压强；v_2、v_5 为尾水管进出口速度；α_2、α_5 为尾水管进出口断面动能不均匀系数；h_ω 为尾水管进口到出口的水头损失。

回能系数为：

$$\eta_\omega=\frac{\frac{v_2^2}{2g}-\left(h_\omega+\frac{v_5^2}{2g}\right)}{\frac{v_2^2}{2g}} \quad (3)$$

以上的压强和速度数据均可从fluent报告中得出，将其带入式（1）和式（2）可得出原型的回能系数为73.3%，而方案1（进口处安装十字隔板）的回能系数为72.5%，以及其他各方案的回能系数，见图7。可以看出，安装十字隔板确实会带来能量损失，但并不是很大，与原型差距最大的不到3%，其中方案1的回能系数在各方案中是最高的，与原型的回能系数相比仅低0.7%。而安装隔板减小了尾水管内的脉动，降低了尾水管内的振动，增加了机组稳定运行。

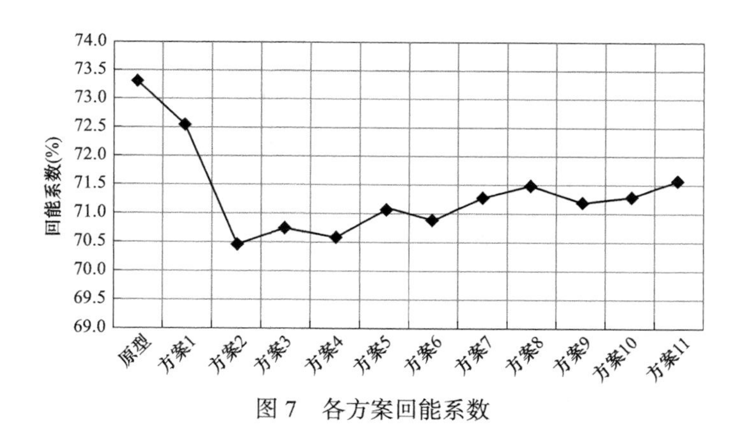

图7　各方案回能系数

3　结论

针对在尾水管内安装十字隔板来减少压力脉动提出一种存在安装十字隔板最佳位置的设想，并构建11个方案对其进行数值模拟，得出以下结论：

（1）综合比较原型尾水管和11个方案，发现方案1在尾水管进口处安装十字隔板是尾水管内部压力分布更加合理，能够有效的减少尾水管内的压力脉动。

（2）通过 fluent 报告得出的模拟结果计算原型和各方案的回能系数，发现安装十字隔板的回能系数低于原型尾水管的回能系数，十字隔板确实会增加尾水管内的水力损失。但方案 1 尾水管的回能系数 72.5% 相比原型尾水管 73.3% 的回能系数，没有想象的那么大。

参考文献

[1] 郑源，陈德新. 水轮机 [M]. 北京：中国水利水电出版社，2011.

[2] 于泳强. 水轮机尾水管涡带与压力脉动的关系 [D]. 西安：西安理工大学，2006.

[3] 龚守志. 导流栅防止水轮机尾水管内涡带压力脉动的试验研究与应用经验 [J]. 水力发电学报，1984（3）：44-52.

[4] 郑源，汪宝罗，屈波. 混流式水轮机尾水管压力脉动研究综述 [J]. 机电与金属结构，2007，33（2）：66-69.

[5] 陶星明，刘光宁. 关于混流式水轮机水力稳定性的几点建议 [J]. 大电机技术，2002（2）：40-49.

[6] 童朝，刘小兵，曾永忠. 基于 CFD 的混流式水轮机尾水管导流隔板分析 [J]. 中国农村水利水电，2014（9）：177-183.

[7] 赵强武，李龙，陈晓强. 基于 CFD 三维流场分析的弯肘形尾水管数值模拟 [J]. 人民黄河，2013，35（9）：128-134.

[8] 敏政，岳巧萍，梁昌平，等. 基于 CFD 的混流式卧式水轮机尾水管改造 [J]. 甘肃科学学报，2015，27（4）：74-77，124.

[9] 林愉，章登成，盛敏. 弯肘型尾水管的改型对回能系数与阻力损失的影响 [J]. 水电能源科学，2011，29（6）：149-150，194.

[10] 梁武科，刘胜柱，罗兴锜，等. 尾水管的改型设计与 CFD 分析 [J]. 中国农村水利水电，2007（9）：14-17.

作者简介

章志平（1992—），男，工程师，主要从事抽水蓄能电站机组设备维护与检修工作。E-mail：710421216@qq.com

周霖轩（1990—），男，工程师，主要从事抽水蓄能电站机组设备维护与检修工作。E-mail：2820973274@qq.com

杨　雄（1987—），男，高级工程师，主要从事抽水蓄能电站机组设备维护与检修工作。E-mail：624757452@qq.com

聂　赛（1989—），男，工程师，主要从事抽水蓄能电站机组设备维护与检修工作。E-mail：896579557@qq.com

卢俊琦（1998—），男，助理工程师，主要从事抽水蓄能电站机组设备维护与检修工作。E-mail：junqi-lu@sgxy.sgcc.com.cn

基于抽水蓄能电站工程智能造价软件开发及应用研究

陈　前[1]，朱　琳[2]，汪　鹏[3]

（1. 重庆蟠龙抽水蓄能电站有限公司，重庆市　401420；2. 国网新源控股有限公司抽水蓄能技术经济研究院，北京市　100761；3. 华北电力大学，河北省保定市　071003）

摘要　“双碳”目标下，新能源大规模替代化石能源，抽水蓄能进入提速开发、批量建设、集中投产、高频运行的新阶段，技术经济管理是抽水蓄能项目管理的重要组成部分。开发一款适用于抽水蓄能电站工程建设的通用造价软件，为广大造价管理人员提供单价参考依据十分有必要。结合多个抽水蓄能工程实际过程，开发工程智能造价软件，以期对提高单价编制及造价管理提供参考。

关键词　抽水蓄能电站；造价软件

1　概述

2021年9月，国家能源局发布《抽水蓄能中长期发展规划（2021～2035年）》，要求加快规划项目的抽水蓄能电站核准建设。到“十四五”末2025年，抽水蓄能投产总规模达到6200万kW以上；到2030年，抽水蓄能投产总规模达到1.2亿kW左右，抽水蓄能大发展迎来利好。

抽水蓄能基建项目较多，无论前期方案投资决策、招投标阶段限价编制和投标报价单价合理性，还是合同实施过程中造价管控，对于广大造价管理人员来讲都是非常重要的，如何开发一款适用于抽水蓄能电站建设以及具有完全知识产权的通用造价软件，为造价管理人员提供单价参考依据，便于工程造价管理，合理控制工程造价，提高投资效益，助力抽水蓄能快速发展，是非常有必要的。

2 软件介绍

“水电智造”水电工程模块化自动计算造价软件，是立足当下抽水蓄能电站大力发展背景，分析在工作中技经管理存在的短板以及当下市面流程造价软件使用中存在的缺陷，着力结合抽水蓄能（水电）工程建设特点所打造的一款智能模块化自动计算造价软件，用户只需按照窗口提示输入需计算工程项目特征（例如锚杆只需输入施工部位、施工机械、直径、长度及入岩深度），即可根据不同项目所在地、不同地区材料价格及取费标准自动计算出参考综合单价，具有自动化程度高、通用性强、实用性广等特点。可运用于项目前期设计概算评审、招标最高限价编审以及建设管理施工过程中工程造价管控等方面，是一款具有新源公司特色、拥有完全知识产权的水电工程造价软件，有助于抽水蓄能发展、强化技经管理、提升核心竞争力和行业引导力。

3 软件优势

随着国家大力发展新能源项目建设，各大造价软件分别开发适用于水电工程造价的计价软件。市面上常用的水电造价软件诸如凯云、青山长远、同望等。传统水电造价软件基本思路为参数化构建，通过搭建定额数据库，方便造价人员根据需要组价项目选取定额，自动计算综合单价，能方便工作人员查询定额、选取定额、省去计算过程，提高造价人员组价的工作效率，但是存在以下诸多不足：

（1）专用软件通用性较差。市面上造价软件公司为知识产权保护，使用时均需购买相应数据库和加密锁，还需在电脑上预装相应造价软件，查询时需在电脑上插上加密锁才能打开；同时，各大软件厂商均有自己的独立参数框架，软件厂商间互换性较差。而出于信息化安全考虑，公司系统内均为内、外网分开办公，无法在内网上安装相应造价软件，如外出办公忘记带加密锁或者办公电脑上未预装相关软件也无法使用，限制了软件使用的通用性。

（2）造价软件专用性较强。市面上造价软件在使用操作时要求使用者对水电工程造价体系有一定的基础，对取费设置、定额合理选取等均有一定要求，若在进行组价时由于各种因素导致定额选取漏项、套用不合理、参数设置错误等，均会对计算结果造成影响。同时，由于公司快速发展，各项目单位均存在部分技经管理人员都是毕业不久的大学生或则非造价专业，对于刚入职造价的“小白”及工程业务部门等相关人员，软件的使用具有一定局限性。

（3）造价软件操作较复杂。由于不同软件具有自己特色，在软件使用操作上均有不同特点，在基本单价设置、定额选取上要求使用者正确操作才能调出相应定额数据，同时，对于部分定额参数需使用者自行计算输入，对于造价经验不丰富的普通员工来说，还是无法做得“得心应手”。

“水电智造”水电工程模块化自动计算造价软件较传统造价软件具有以下优势：

（1）通用性较强。“水电智造”水电工程模块化自动计算造价软件基于Windows Excel 自带 VB 开发程序进行编程开发，运用模块化框架设计思维，根据水电工程施工特点，将水电工程常用施工内容分为土石方开挖、喷锚支护、混凝土工程等 6 大模块，再将不同模块下根据水电定额及水电工程计价规范对不同施工内容进行价格因素影响因子逐一分析，通过 Windows 人机交换界面，将价格影响因子以对话框形式罗列，用户直接在对话框中输入施工参数即可自动计算项目单价。无需任何“加密锁”，只要电脑装有 Excel 就可使用，使用不受限制，通用性较强。

（2）操作简单、自动化程度高。“水电智造”水电工程模块化自动计算造价软件通过集成框架设计思路，根据不同施工项目的相关参数，通过逻辑框架搭设及程序处理，自动从定额库中选取适用定额项目，自动根据参数准确选取适用定额子目编号，提取对应定额耗量，并将定额说明中相关调整参数进行集成设置，实现相关调整参数（包括不限于人工、机械等）的自动调整，如遇需内插计算项目自动判别并进行内插计算。同时，将人工、材料、机械及基本取费费率表就每项单价进行集成，实现根据不同项目自动提取对应取费税率，根据设定的人工、材料单价自动计算得出综合单价，自动集成化较高，做到只需按照窗口提示输入相关参数即可自动计算得出综合单价，省去做单价的繁琐过程，较市面上造价软件具有操作简单明了、上手简单、适用人群较广的特点。

（3）开源设计、适用性强。“水电智造”水电工程模块化自动计算造价软件通过内核开源设计，将所有影响综合单价影响因子均形成关联，使其可根据不同项目特点、不同时期材料价格自动进行更新设置，同时，若国家对当下定额进行更新，只需在内核框架中将对应定额耗量进行更新即可，并可根据不同定额（概算定额、预算定额）计算不同定额下单价水平，做到与时俱进，可运用于各种水电工程建设工程项目，适用性较强。

4 软件框架介绍

根据水电工程特性，主要分为基本单价、土方开挖、石方开挖等部分，在各部分中根据洞内、洞外施工不同，按照不同施工工序进行划分，具体框架结构见图1。

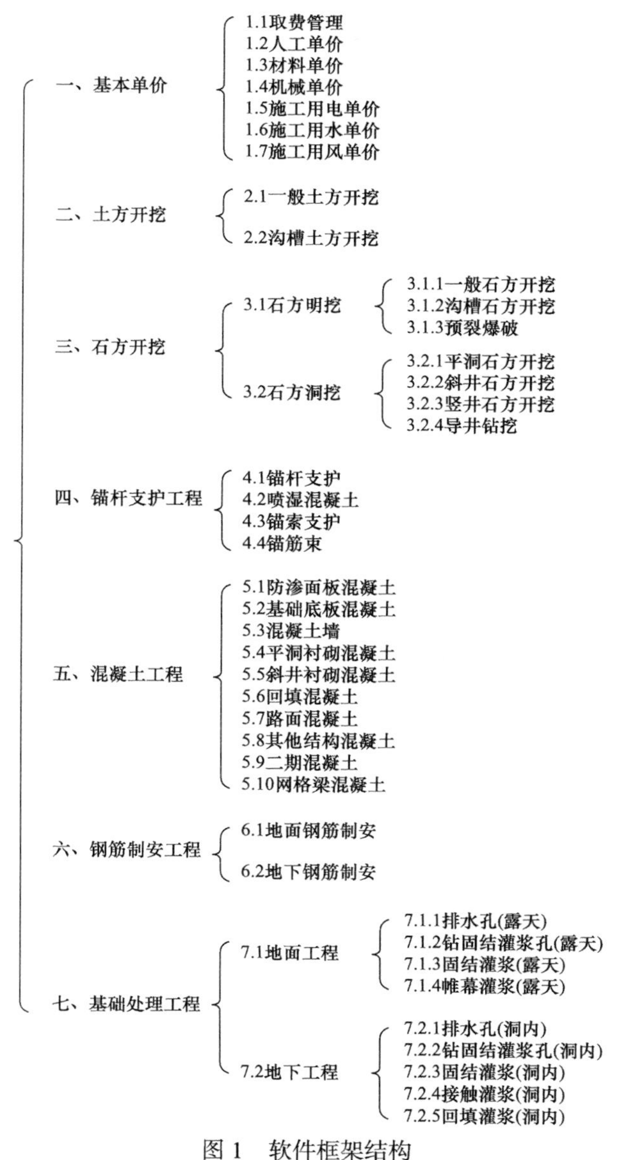

图1 软件框架结构

5 软件主要功能介绍

5.1 基本单价

该模块包含用于水电工程造价计算的基本参数设置，包括人工、材料、机械及取费设置，以及施工风、水、电参数设置。根据水电工程造价计算办法，将烦琐的施工风、水、电计算以程序进行自动计算，通过简明的人机交换界面，实现只需填入参数自动计算结果，大大提高工作效率。具体说明如下：

（1）取费费率设置。

按照水电工程施工类别，根据《水电工程费用构成及概（估）算费用标准》，将水电工程分为土方工程、石方工程等 11 个不同项目，根据不同工程项目设置相应取费标准，设置间接费、利润、税金等，点保存设置即可完成相关取费设置，如图 2 所示。

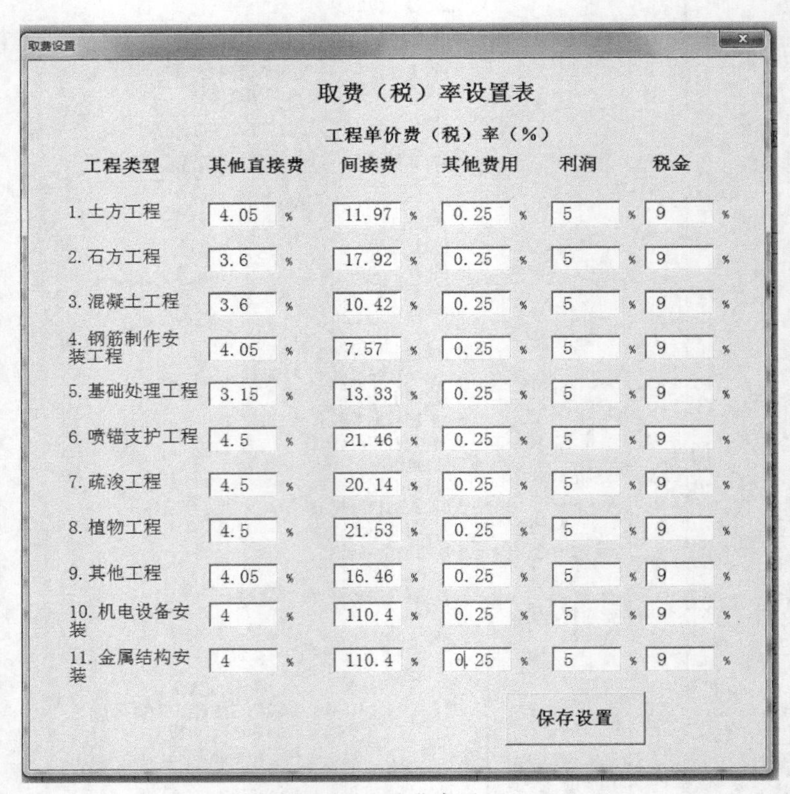
取费设置

取费（税）率设置表

工程单价费（税）率（%）

工程类型	其他直接费	间接费	其他费用	利润	税金
1. 土方工程	4.05 %	11.97 %	0.25 %	5 %	9 %
2. 石方工程	3.6 %	17.92 %	0.25 %	5 %	9 %
3. 混凝土工程	3.6 %	10.42 %	0.25 %	5 %	9 %
4. 钢筋制作安装工程	4.05 %	7.57 %	0.25 %	5 %	9 %
5. 基础处理工程	3.15 %	13.33 %	0.25 %	5 %	9 %
6. 喷锚支护工程	4.5 %	21.46 %	0.25 %	5 %	9 %
7. 疏浚工程	4.5 %	20.14 %	0.25 %	5 %	9 %
8. 植物工程	4.5 %	21.53 %	0.25 %	5 %	9 %
9. 其他工程	4.05 %	16.46 %	0.25 %	5 %	9 %
10. 机电设备安装	4 %	110.4 %	0.25 %	5 %	9 %
11. 金属结构安装	4 %	110.4 %	0.25 %	5 %	9 %

保存设置

图 2 取费费率设置

（2）人工费设置。

根据工程项目所在地不同，按照《水电工程费用构成及概（估）算费用标准》相关要求，将工程地区分为一般地区、一类区等 8 个选项，相关地区人工单价根据地区不同自动按要求进行调整。

（3）材料费设置。

根据对水电工程造价材料费占比影响分析，对占比较大、市场价差波动较大的主要材料进行罗列，可根据工程实际情况进行修改材料费，同时在后台对 600 余种市场价格波动不大的零星材料费进行预先设定，形成一个综合材料库，自动参与后续实体工程综合单价计算，如图 3 所示。

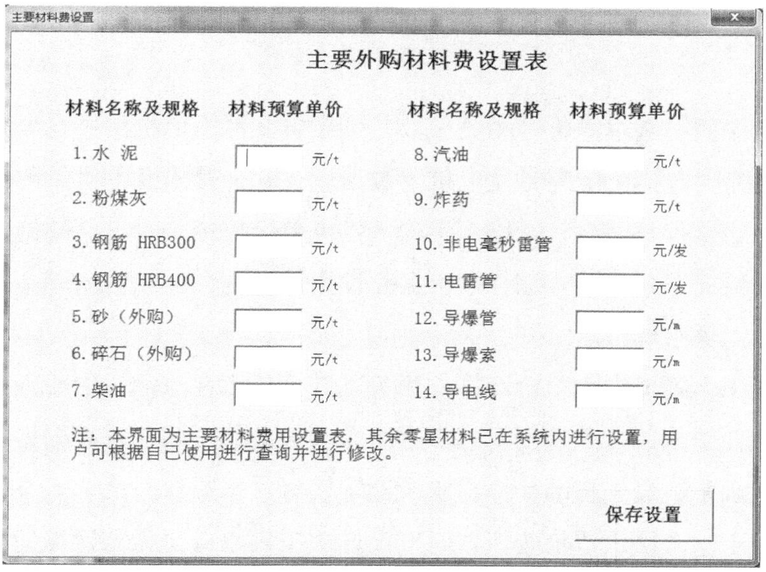

主要材料费设置

主要外购材料费设置表

材料名称及规格	材料预算单价	材料名称及规格	材料预算单价
1. 水 泥	元/t	8. 汽油	元/t
2. 粉煤灰	元/t	9. 炸药	元/t
3. 钢筋 HRB300	元/t	10. 非电毫秒雷管	元/发
4. 钢筋 HRB400	元/t	11. 电雷管	元/发
5. 砂（外购）	元/t	12. 导爆管	元/m
6. 碎石（外购）	元/t	13. 导爆索	元/m
7. 柴油	元/t	14. 导电线	元/m

注：本界面为主要材料费用设置表，其余零星材料已在系统内进行设置，用户可根据自己使用进行查询并进行修改。

保存设置

图 3　材料费设置

（4）机械费查询。

机械台时费以水电水利规划设计总院和中国电力企业联合会水电建设定额站水电规造价〔2004〕0028 号文颁发的《水电工程施工机械台时费定额（2004 年版）》作为依据，根据工程所在地及所设置的材料价自动完成机械台时费、一类费用、机上人工及动力燃油费的计算（包含当前定额所列 2191 项所有机械设备），同时可根据工程施工时间不同，选取相应时段可再生能源定额总站颁布的费用调整文件，对相关费用进行自动调整计算，后续定额进行更新，只需在现有框架设计上将定额进行更新即可，如图 4 所示。

（5）施工供电单价。

以水电工程施工供电单价计算方法为基础，只需在对话框中输入电网供电比

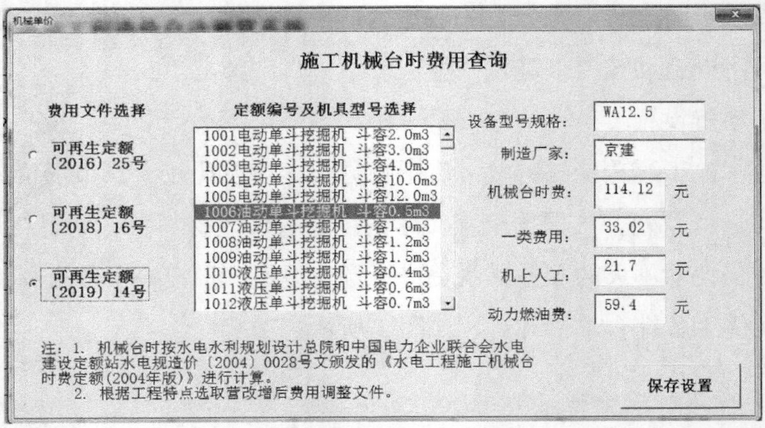

图 4　机械费查询

例、自发电比例、基本电价等相关参数，创新将柴油发电机组进行罗列，只需根据实际施工需要选择对应容量发电机组数量，自动计算出发电机总容量、发电机台时费、综合电价。同时，新增人工输入供电单价按钮，对于已知施工供电单价无需计算的情况，只需填入综合电价保存设置即可。

（6）施工供水单价。

以水电工程施工供水单价计算方法为基础，只需在对话框中输入能量利用系数、供水损耗等相关参数，创新将供水水泵型号进行罗列，只需根据实际施工需要选择对应水泵数量，自动计算出水泵额定容量、水泵台时费、水泵供水价。同时，新增人工输入供水单价按钮，对于已知施工供水单价无需计算的情况，只需填入水泵供水价保存设置即可。

（7）施工供风单价。

以水电工程施工供风单价计算方法为基础，只需在对话框中输入能量利用系数、供风损耗等相关参数，创新将空气压缩机型号进行罗列，只需根据实际施工需要选择对应水泵数量，自动计算出空压机总容量及总台时费、供风价。同时，新增人工输入供风单价按钮，对于已知施工供风单价无需计算的情况，只需填入供风单价保存设置即可。

（8）混凝土配合比设置。

根据混凝土单价组成要素为基础，只需按对话框设置项目输入对应混凝土（砂浆）组成，程序即可根据已设定好的材料价格进行自动计算混凝土（砂浆）单价，并直接参与后续涉及混凝土实体项目综合单价计算。初始设置时，已根据水电工程常用配合比对常见混凝土配合比参数进行设置，在使用过程中根据需要直接修改相应参数即可完成对混凝土单价的修改，如图 5 所示。

图 5　混凝土配合比设置

5.2　土方开挖

首先，对土方开挖主要工序和影响土方开挖单价因子进行分析，土方开挖主要由挖装、运输两个工序组成，土的级别、开挖运输方式及运距均对土方开挖单价造成影响。然后，结合现场常用施工方法，分别选取 1.6m³、1m³、0.6m³ 三种不同型号液压反铲作为挖土机械，同时根据不同型号自卸汽车搭配，根据现场施工方案不同自由选取挖装组合类别，输入土的级别、运输距离，后台程序自动从定额库中选取合适定额子目，根据已设定的基本单价参数自动计算出综合单价，如图 6 所示。

5.3　石方开挖

石方开挖根据其施工部位不同分为明挖和洞挖两种，根据开挖角度不同又细分为平洞石方开挖、斜洞石方开挖、斜井石方开挖、竖井石方开挖、导井扩挖等。石方开挖主要由开挖方式、运输两个工序组成，岩石级别、开挖（爆破）方式、运输方式及运距均对石方开挖单价造成影响，对于洞内石方，除上述影响因

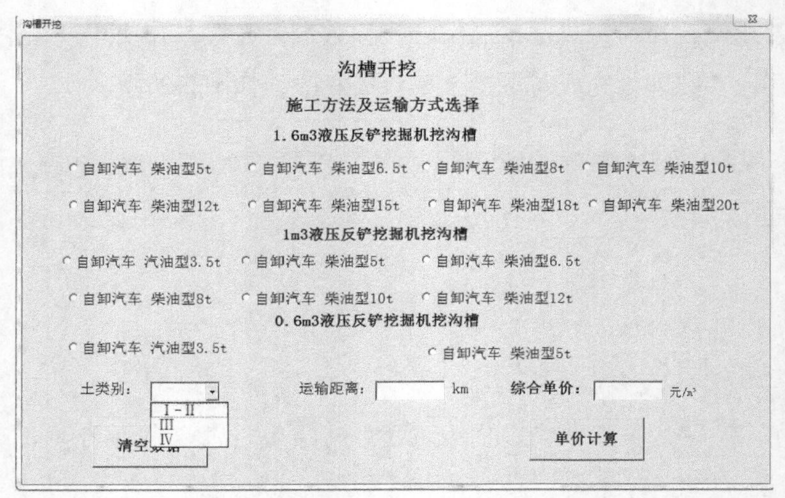

图 6 土方开挖

子外，开挖断面、隧洞开挖断面等也对单价造成影响。由于石方开挖种类较多，按照石方开挖类型不同根据其单价影响因数设置不同计算界面，具体介绍如下：

（1）一般石方开挖。

一般石方开挖计算界面主要由岩石级别及开挖方式选择、除渣和运输方式选择两部分组成，根据现场施工条件不同选择岩石级别、钻孔类别（以常用风钻和潜孔钻 100 型作为示例）以及除渣、运输机械，根据运输距离自动从定额库中选择合适定额子目，根据已设置基本参数自动进行计算得出开挖综合单价。

（2）沟槽石方开挖。

沟槽石方开挖计算界面主要由岩石级别及沟槽参数选择、除渣和运输方式选择两部分组成，根据现场施工条件不同选择岩石级别、沟槽底宽以及除渣、运输机械，根据运输距离自动从定额库中选择合适定额子目，根据已设置基本参数自动进行计算得出沟槽石方开挖综合单价。

（3）预裂爆破。

预裂爆破计算界面主要由岩石级别及钻孔机械选择、孔深及孔距设置两部分组成，根据现场施工条件不同选择岩石级别、钻孔机械、钻孔深度以及间距，自动从定额库中选择合适定额子目，根据已设置基本参数自动进行计算得出预裂爆破综合单价。

（4）平洞石方开挖。

平洞石方开挖（洞轴线与水平夹角小于或等于 6°）计算界面主要由岩石级

别及开挖方式选择、除渣和运输方式及是否有扒渣机三大部分组成，根据现场施工条件不同选择岩石级别、开挖断面、开挖机械（包括风钻、二臂凿岩台车、三臂凿岩台车、四臂凿岩台车钻孔等）、除渣、运输机械以及洞内、洞外运距（对于断面较小洞身开挖，选取扒渣车相关参数），自动从定额库中选择合适定额子目，根据已设置基本参数自动进行计算得出平洞石方综合单价。

（5）斜洞石方开挖。

斜洞石方开挖（洞轴线与水平夹角 6°～10°）计算界面主要由岩石级别及开挖方式选择、除渣和运输方式两大部分组成，根据现场施工条件不同选择岩石级别、开挖断面、开挖机械（包括风钻、三臂凿岩台车等）、除渣、运输机械以及洞内、洞外运距，自动从定额库中选择合适定额子目，根据已设置基本参数自动进行计算得出斜洞石方综合单价。

（6）斜井石方扩挖。

斜井石方扩挖（洞轴线与水平夹角 25°～75°）计算界面主要由岩石级别及开挖方式选择、除渣和运输方式两大部分组成，根据现场施工条件不同选择岩石级别、开挖断面、井斜角度、除渣、运输机械以及洞内、洞外运距，自动从定额库中选择合适定额子目，并根据已设置基本参数自动调整相关系数计算得出斜井石方扩挖综合单价。

（7）竖井石方扩挖。

竖井石方扩挖（洞轴线与水平夹角大于 75°）计算界面主要由岩石级别及开挖方式选择、除渣和运输方式两大部分组成，根据现场施工条件不同选择岩石级别、开挖断面、竖井角度、除渣、运输机械以及洞内、洞外运距，自动从定额库中选择合适定额子目，并根据已设置基本参数自动调整相关系数计算得出竖井石方扩挖综合单价。

（8）反井钻机钻导井。

反井钻机钻导井计算界面主要由岩石级别及导井参数选择、除渣和运输方式两大部分组成，根据现场施工条件不同选择岩石级别、导井直径（0.9m、1.2m、1.4m、2m）、导井角度、除渣、运输机械以及洞内、洞外运距，自动从定额库中选择合适定额子目，并根据已设置基本参数自动调整相关系数计算得出反井钻机钻导井综合单价。

5.4 喷锚支护工程

锚喷支护作为水电工程施工中主要施工内容之一，根据施工不同主要分为锚杆支护、喷湿混凝土、锚索制安、锚筋束等四大类，其中，锚杆、锚筋束、锚索制安主要由钻孔、制安工序组成，钻孔机械及锚杆（锚筋束）直径、长度、入岩深度、施工部位（洞内、洞外）等均对综合单价造成影响；锚索制安单价影响因子主要由施工部位（洞内、洞外）、锚索长度、钻孔直径以及锚索形式和压力等级等组成；喷湿混凝土单价影响因素主要由喷混方法（人工、机械）及部位（洞外、平洞、斜井）、混凝土标号、厚度是否挂网等组成。按照不同类型根据其单价影响因数设置不同计算界面，具体介绍如下：

（1）锚杆支护。

锚杆支护计算界面主要由岩石级别、锚杆直径、长度（锚杆长度及入岩长度）、施工部位（洞内、洞外）、施工机具（手风钻、潜孔钻等）等组成，根据施工参数自动从定额库中选择合适定额子目，并根据已设置基本参数自动调整相关系数计算得出锚杆支护综合单价。

（2）喷湿混凝土。

喷湿混凝土计算界面主要由混凝土型号、喷混厚度、是否挂网以及喷混施工方法及部位等组成，喷混施工方法处根据常见施工条件设置人工喷混（地面、平洞）、斜井支护等 6 种不同施工形式，只需按照用户界面进行选择，即可根据施工参数自动从定额库中选择合适定额子目，并根据已设置基本参数自动调整相关系数计算得出喷混综合单价。

（3）锚索制安。

锚索制安计算界面主要由施工部位、锚索长度、钻孔直径以及锚索类型及预应力强度选择等组成，根据锚索形式不同设置无黏结式锚索、黏结式端头锚、黏结式对穿锚三种形式，不同形式下设置不同预应力强度等级，不同施工形式，只需按照用户界面进行选择，即可根据施工参数自动从定额库中选择合适定额子目，并根据已设置基本参数自动调整相关系数计算得出岩石预应力锚索综合单价。

（4）锚筋束。

锚筋束计算界面主要由岩石级别、锚杆直径与根数、长度（锚杆长度及入岩长度）、施工部位（洞内、洞外）、施工机具（潜孔钻等）等组成，根据施工参数自动从定额库中选择合适定额子目，并根据已设置基本参数自动调整相关系数计算得出锚筋束综合单价。

6 结论

“水电智造”水电工程智能造价软件立足当下工程技经管理现状，旨在解决当前工程管理中出现的问题，让烦琐、复杂、专业性较强的水电工程造价体系变得“简单化”“模块化”，便于工程管理人员在工作中根据实际需求测算综合单价；同时，开源化的设计理念，让工程管理人员可根据不同项目实际情况，对数据库参数进行补充、调整，更好地匹配不同用户的需求，提高软件生命周期和使用成效。后续，研发团队计划聚集抽水蓄能及水电行业技经力量，努力打造出具有特色的、实用性更强的水电造价软件，助力工程建设管理，提升行业影响力及竞争力，更好地服务碳达峰、碳中和目标任务。

作者简介

陈　前（1992—），男，经济师、一级造价师，主要从事水利水电工程造价、概预算管理。E-mail：646324375@qq.com

朱　琳（1989—），女，经济师，主要从事水利水电工程造价、概预算管理。E-mail：272111279@qq.com

汪　鹏（1989—），男，高级工程师、一级造价师，主要从事会计、工商管理、工程造价。E-mail：zhiningzhu@qq.com

基于全流程的抽水蓄能电站招标采购管理优化与实践

崔智雄，赵　文

（国网新源物资有限公司，北京市　100053）

摘要　抽水蓄能电站建设涉及众多复杂程序，其中，招标采购管理是抽水蓄能电站建设的重要环节，对于电站建设的顺利进行具有关键作用。针对抽水蓄能电站招标采购标准化程度低、招标文件审查质量不高、信息化水平落后等制约招标采购质效的问题，通过建立抽水蓄能电站标准采购体系、建立招标文件审查清单及在线审查系统、开发评标辅助工具等优化措施，提升招标采购管理质效，充分发挥招标采购对抽水蓄能电站建设的保障作用。

关键词　抽水蓄能电站；招标采购管理；优化措施

0　引言

随着碳达峰、碳中和目标的提出，能源转型成为实现这一目标的关键手段之一。抽水蓄能电站作为一种清洁、可再生的能源，具有调峰填谷、调频、事故备用、储能等多重功能，对于提高电力系统的稳定性、安全性和经济性具有重要意义，在能源转型中扮演着重要的角色。然而，抽水蓄能电站的建设涉及众多复杂环节，其中，招标采购管理是项目管理的重要组成部分，对于项目建设的顺利进行具有关键作用。在抽水蓄能建设快速发展的背景下，提升抽水蓄能电站招标采购管理质效，对保障电站顺利建设具有重要意义。

1　抽水蓄能电站招标采购现状及问题分析

随着抽水蓄能电站建设的快速发展，招标采购在抽水蓄能电站建设中扮演着重要的角色。招标采购的实施结果直接关系到抽水蓄能电站建设的质量、进度和成本。笔者总结了目前抽水蓄能电站招标采购存在的一些问题，包括招标采购标准化程度较低、招标文件审查质量不高、评标信息化水平落后等。

1.1 采购标准化程度较低

抽水蓄能电站建设存在站址分布广、建设周期长、采购项目多、物料种类杂的特点，且各电站厂址条件差异，电站通用设备较少，管理方式与要求不尽相同，难以形成标准化的采购体系，严重招标采购效率效益，制约安全生产及工程建设。主要存在以下几方面问题。

1.1.1 标包划分原则不统一

需求单位在上报采购计划时，由于没有标准的采购范围，导致标包拆分、随意合并的现象日益突出、即使相同的采购名称不同电站采购范围也不尽相同，缺乏多方面因素的综合考虑，如合同规模、技术要求、潜在供应商状况以及合同履行期限等。没有标准的标包划分原则，也存在将项目化整为零、肢解拆分以降低采购限额标准，规避招标或者公开招标的风险，降低采购集约化管理效率。

1.1.2 采购文件编制不规范

采购文件是招标采购项目的工作大纲，是建设单位实施项目的工作依据，是向投标单位提供参加投标所需要的一切情况。因此，采购文件的编制质量和深度，关系着整个招标工作的成败。由于缺乏统一的采购文件范本，且采购文件编制人员对项目的理解和编制水平不同，导致采购文件内容前后不一致、采购需求设定与采购项目实际不对应、采购文件设定的商务、技术条款与采购项目具体特点和实际需要不相适应等情况时有发生，导致产生大量的澄清、异议，甚至导致项目流标，严重影响招标采购效率与电站建设的工期进度，也无法达到采购结果“选好选优”要求。

1.2 招标文件审查质量不高

招标文件是招投标过程的重要法律文件，招标文件审查是保证招标文件质量的重要环节，通过招标文件审查可以发现并纠正可能存在的风险点，例如不合理的资质要求、不清晰的技术规格、不合理的合同条款等，这有助于预防在招投标过程中可能出现的风险，保证项目的顺利进行。在招标文件审查过程中因审查要点不明确、审查流程不规范等原因，导致审查效率低下，审查质量不高，可能产生大量的招标文件澄清补遗，评标阶段导致项目暂停或流标，合同谈判阶段造成合同谈判失败、无法签约等问题。

1.2.1 审查要点不明确

招标文件包括技术文件、合同文件和报价文件，不同类型的文件审查内容和审查要点侧重不同。由于各类文件没有统一的审查标准和审查要点，导致错审、漏审、审查尺度不一致的问题时有发生，审查质量不高。

1.2.2 审查流程不规范

招标文件审查涉及审查专家（商务、技术和法律专家）、招标代理机构、项目需求单位等多方人员参会，角色复杂、环节较多（见图1），且各种类型的文件之间存在重叠交叉内容，审查流程不通畅，存在沟通量大、信息不对称、审查意见反馈不及时、文件版本混乱等问题，在时间有限的情况下，严重制约了审查效率。

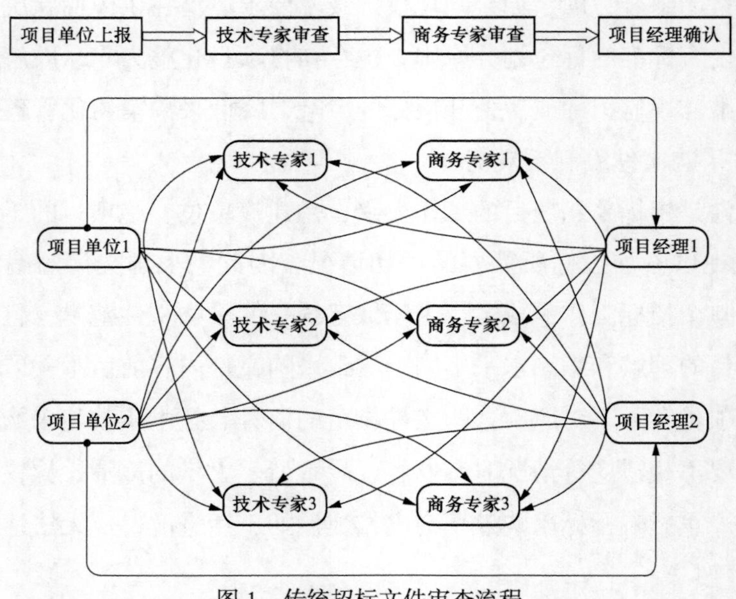

图1 传统招标文件审查流程

1.3 评标信息化水平落后

评标工作是招标采购工作中极为重要的一项内容，是落实采购工作“好中选优”的“落地”环节。抽水蓄能电站批次采购项目数量多，且评标专家数量和评标场所资源有限。传统的评标方法往往依赖人工操作，需要大量时间和人力，无法快速、准确地处理大量的信息和数据，效率低下，如没有一款信息化工具辅助开展评标，传统的评标方法难以适应抽水蓄能快速发展及项目数量急剧增长的趋势。笔者总结了目前影响评标质效的关键问题，主要是评标专家事务性工作多、评标过程资料整理难，占用专家较多时间，未能实现专业上的评审。

1.3.1 评标专家事务性工作多

评标工作分为初步评审和详细评审两个环节。其中，初步评审主要为符合性检查，包括资质业绩评审、价格评审、不良行为筛查等内容；详细评审主要是对通过符合性检查的供应商进行详评打分，包括财务状况、业绩情况、投标文件响应情况、技术方案等方面的评分。评标专家在初评阶段复核投标报价、筛查不良供应商、撰写初评汇报材料，在详评阶段撰写评标小结等事务性评审工作占据大部分时间，在有限的时间下，评标质量难以保证，且专家专业能力难以充分发挥。

1.3.2 评标过程资料整理难

电子化招投标依托电子招标投标系统开展，单个项目评标过程资料涉及开标一览表、初评汇报表、详评打分表、否决审批单等电子表格 10 余种，每个批次需要按照项目进行调整、拆分、合并和制作的表格多达 2000 余份，种类繁多且数据量庞大。传统评标工作依靠人工去调整表格、汇总统计数据，耗时费力且出错率高，工作效率低下，严重影响评标结果的准确性。

2 提升抽水蓄能电站招标采购质效的措施

2.1 建立抽水蓄能电站标准采购体系

为加快抽水蓄能电站开发建设，发挥招标采购管理物力支撑保障作用，建立以供应链高效智能采购为目标、以电站采购范围为源头，包含标准分标名称、标准分标范围、标准采购节点（周期）、标准采购策略、标准采购范本为一体的抽水蓄能电站采购标准体系并予以实践（见图 2）。全面提升采购设备质量、供应商服务及业务规范水平，健全和完善招标采购管理体系。

2.1.1 编制标准分标目录

通过梳理多个完建抽水蓄能电站从建设前期至生产运营整个建设周期所有采购项目数据，根据项目实际采购情况、标包接续情况以及行业市场主体情况三个方面综合考虑，以科学、清晰、公平、专业、高效、实用、好用为原则进行标包划分，确保标包划分符合工程建设管理模式、满足现场管理及进度要求，确保界面清晰明确、适应市场专业分工、潜在供应商形成充分竞争，各电站好用实用，

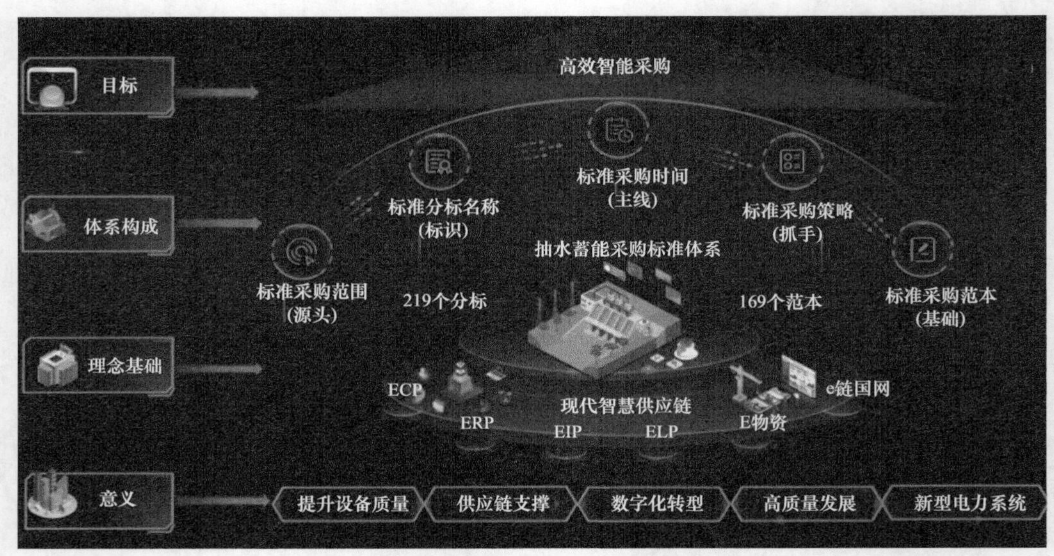

图 2　抽水蓄能电站标准采购体系

同时将同类型项目应合尽合，形成规模效益，并为每条分标匹配对应的采购策略及评审细则，最终形成涵盖抽水蓄能电站前期、基建期和生产期共计 219 条标准分标目录（见图 3）。

序号	采购阶段	主管部门	分标名称	专用资格要求	权重	商务评分表	技术评分表
1	基建期	基建部	××抽水蓄能电站水土保持一期工程	水土保持工程	技术50%价格40%商务10%	SW01（施工、服务）	SG02简明施工
2	基建期	基建部	××抽水蓄能电站水土保持二期工程	水土保持工程	技术50%价格40%商务10%	SW01（施工、服务）	SG02简明施工
3	基建期	基建部	××抽水蓄能电站水土保持三期工程	水土保持工程	技术50%价格40%商务10%	SW01（施工、服务）	SG02简明施工
4	基建期	基建部	××抽水蓄能电站枢纽工程及生产生活建筑物整治工程	枢纽工程及生产生活建筑物整治工程	技术50%价格40%商务10%	SW01（施工、服务）	SG02简明施工
5	基建期/生产期	基建期：基建部 生产期：生技部	××抽水蓄能电站（国网新源控股/水电××公司）后方基地装修工程	后方基地装修工程	技术50%价格40%商务10%	SW01（施工、服务）	SG02简明施工
6	生产期	生技部	国网新源控股/水电××公司××电缆治理工程	电缆治理工程	技术50%价格40%商务10%	SW01（施工、服务）	SG03电缆治理
7	生产期	生技部	国网新源控股/水电××公司主变压器/开关站设备/出线场设备检修/改造工程	主变压器/开关站/出线场设备检修/改造工程	技术50%价格40%商务10%	SW01（施工、服务）	SG04施工带重要设备

图 3　抽水蓄能电站标准分标目录

2.1.2　修订标准采购范本

基于标准分标目录，编制对应的标准采购范本，包含合同文件、技术文件、报价文件。按照范本编制力求“标准化、结构化”的原则，提炼出可修改字段后，将其余条款全部固化，各电站在编制招标文件时，仅需针对自身情况对其中可修改的字段进行填写即可，确保各单位同类项目采购要求的一致性。合同文件以历史采购同类型项目的合同文件作为参考，固化招标采购阶段需要明确的实质性条款作为合同专用条款，如：支付比例、支付方式、履约保证金、质保金、质保期、争议解决方式等，减少各单位就同类项目的差异性要求。技术文件参考历年同类型采购项目的技术文件，按最新技术参数和管理要求进行编制，明确了各项目详细或主要的工程量清单、服务内容、货物清单等计价内容，针对各单位之间技术要求差异性部分，允许根据实际情况细化、补充和删减。报价文件首先统一各类项目报价文件格式，以技术范本作为参考，建立了报价文件与技术规范书的有效关联，在报价文件中给定了与技术规范对应的工程量清单、服务清单和货物清单，各单位可根据项目实际对内容细化、补充和删减。通过推行标准技术范本、标准报价范本、标准合同范本，实施采购活动标准化作业，不仅大大节省了各电站文件编制时间和专业部门审查时间，而且全面系统地提升了招标文件的整体质量。

2.2 开发招标文件审查系统

为解决招标文件审查标准不统一、审查质量不高的问题，通过梳理明确审查要点、固化审查清单，统一审查标准；为解决文件审查链条长、审查人员复杂、沟通困难、审查效率低的问题，通过梳理形成单线条审查流程图，并基于审查流程开发招标文件在线审查系统，可在线上传文件、反馈审查意见、修改、审批等，无需在多个人员手中反复传递，规避了文件版本众多、沟通难的问题，大幅提升审查质效。

2.2.1 编制招标文件审查清单

基于以往招标采购文件审查存在的问题，梳理文件审查注意事项，整理分类形成《文件审查清单》(见图4)，审查内容分为文件整体性、批次计划内容、合同条款、技术规范、报价文件五个板块。专家在进行审查时可对照清单内容逐条确认，表单涵盖了文件审查中需注意的审查要点，内容全面详尽，能够保质保量完成审查工作。

2.2.2 固化招标文件审查流程

基于传统审查会议中的各项工作任务，对招标采购文件审查流程进行了系统梳理，并按照审查流程开发招标文件审查模块，模块涵盖项目单位审查参会人员上报、项目单位审查参会人员查询、审查分工导入、项目单位采购文件修改、技

专家需重点对文件技术部分进行审查，为保障招标/采购文件质量，需同时注意文件格式及内容方面，审查期间需参考此清单。	
文件整体检查	
1	每个项目的文件单独一个文件夹，文件夹名称应为项目全称，文件名中、文件内容中出现的项目名称应与ERP（批次计划汇总表）中该项目名称保持一致。
2	是否存在文件放错文件夹的情况。
3	是否有缺少文件、文件内容不完整等情况。
4	每个项目的文件夹中需包含《第四章 合同》、《第五章 技术规范》（含前附表）、《第六章 报价文件》、图纸及其他附件（如有）、框架采购协议（框架采购项目需附，单独一个word文档），其余文件不需上传至ECP2.0平台，需及时删除（如：四级审核表、最高限价报告等）。
5	需使用无修订格式的文档，并删除合同中的使用说明和脚注，保留页眉。
6	文件中尽量不使用文字底色标注重点，可使用不同字体颜色标注重点。
7	文件中不应出现联系人及联系方式。
8	文件中尽量只出现一处交货期/服务期/工期/框架采购有效期，若出现多处，需保持统一，并且与ERP系统数据保持一致。 关于交货期/服务期的统一表述要求： 物资类项目：XX年XX月XX日前交付首批物资，XX年XX月XX日前完成全部物资交付；或XX年XX月XX日前完成全部物资交付。

图 4　招标文件审查清单

术专家审核、商务专家审核、法律专家审核、审查意见反馈及查询功能等（见图 5），转变传统“多对多”沟通模式，提高审查沟通效率，将传统审查会议中的沟通“网”变为了沟通“链”（见图 6）。

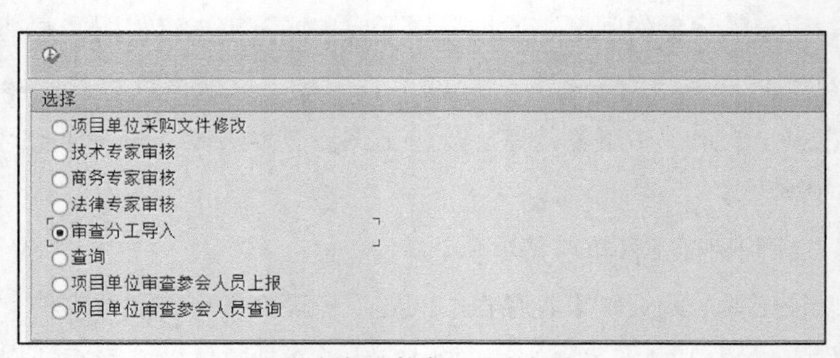

图 5　招标文件审查系统主界面

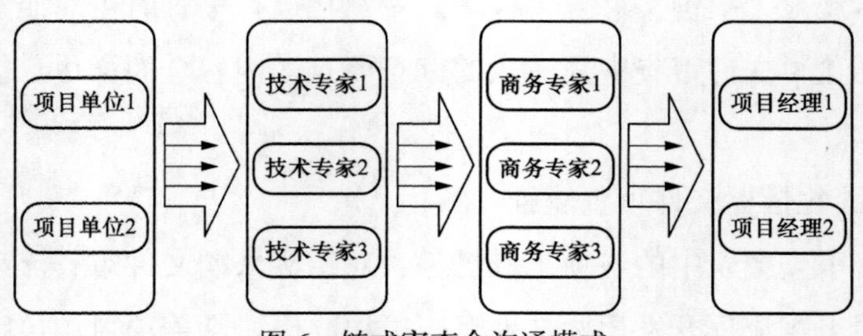

图 6　链式审查会沟通模式

2.3 开发精益智能评标软件

2.3.1 开发初评辅助工具

初评辅助工具是将传统专家手动填写初评描述的模式转变为由程序自动生成，同时，可对最高限价、不良行为等客观因素的自动评审，提升评审工作智能化水平。主要内容包括修订阅标事项清单、制作初评描述库、编制初评辅助工具。阅标事项清单是对照招标文件规定的评审办法，将初评期间评标专家需要评审的事项清单重新进行梳理，并给出每一评审项对应的评审要点和评判标准，专家能够对所要评审的事项一目了然，减少翻阅招标文件查找评审内容的时间，且能够有效避免专家出现错看、漏看的情形；制作初评描述库，基于招标文件规定的初评否决条款，对每一项否决条款所有可能出现的否决情形详尽的罗列出来，并按照规定编写了统一标准的否决描述，能够将招标文件规定和否决偏差建立一对一的对应关系，形成标准初评描述库，避免出现专家填写的否决描述不清晰、不规范或否决偏差与招标文件规定不对应的情形；编制初评辅助工具，将阅标事项清单和初评否决描述库通过否决条款唯一编号进行关联，并编写基于阅标事项清单评价结果自动生成初评汇报表的程序和功能按钮。专家在初评时，只需在阅标事项清单中下拉选择“合格、不合格、澄清”评价结果，点击生成初评汇报按钮（见图 7），即可自动生成相应的初评汇报材料，减少专家大量手动粘贴复制的工作量，且生成的材料内容标准格式规范（见图 8）。

招标编号：XX　项目名称：XX　生成初评汇报

序号	否决情形	否决事项	否决情形编号	评阅内容	阅标事项			
3	其他	未提供电子版投标文件；提供的电子版投标文件不能打开或文件损坏的。	49	投标文件、补充文件	1. 投标人是否提供电子版投标文件。 2. 投标人提供的……否损坏。 选择“合格”或……	合格	合格	合格
4	格式内容	投标文件内容不全或者关键字迹模糊无法辨认的。	2	投标文件、补充文件	1. 投标文件是否……内容。 2. 投标文件关键…… 选择“不涉及”……	合格	合格	澄清
5	澄清修改	提交投标文件截止时间后主动撤销投标文件或对投标文件提出实质性修改的。	6	澄清文件	（关注是否有投……的澄清或者书面通知。） 选择“不涉及”或“不合格”	合格	不合格	合格
6	资格不符	根据《国家电网有限公司供应商不良行为处理管理细则》的规定，投标人存在导致其被暂停中标资格或取消中标资格的不良行为，且在处理有效期内的。	31	不良行为	对照统计表查询投标人是否存在不良行为。 选择“不涉及”或“不合格” 《国网新源控股有限公司供应商不良行为处理情况统计》见专家参考资料。	不合格		合格
					1. 若本项目不接受联合体投标，或接受联合体			

WPS表格　完成！　确定

使用说明　阅标记录-物资（商务）　初评汇报表　否决描述模板-物资

图 7　阅标事项清单中选择评审结果

2.3.2 开发详评辅助工具

详评辅助工具将专家手动撰写评标小结的工作通过工具自动生成，且可以对

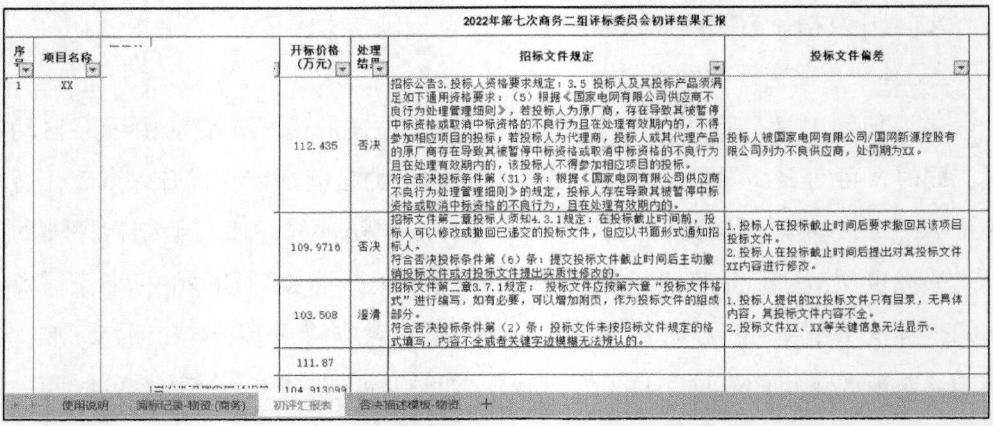

2022年第七次商务二组评标委员会初评结果汇报					
序号	项目名称	开标价格（万元）	处理结果	招标文件规定	投标文件偏差
1	XX	112.435	否决	招标公告3.投标人资格要求规定：3.5 投标人及其投标产品须满足如下通用资格要求：（5）根据《国家电网有限公司供应商不良行为处理管理细则》，若投标人为原厂商，存在导致其被暂停中标资格或取消中标资格的不良行为且在处理有效期内的，不得参加相应项目的投标；若投标人为代理商，投标人或其代理产品的原厂商存在导致其被暂停中标资格或取消中标资格的不良行为且在处理有效期内的，该投标人不得参加相应项目的投标。 符合否决投标条件第（31）条：根据《国家电网有限公司供应商不良行为处理管理细则》的规定，投标人存在导致其被暂停中标资格或取消中标资格的不良行为，且在处理有效期内的。	投标人被国家电网有限公司/国网新源控股有限公司列为不良供应商，处罚期为XX。
		109.9716	否决	招标文件第二章投标人须知4.3.1规定：在投标截止时间前，投标人可以修改或撤回已递交的投标文件，但应以书面形式通知招标人。 符合否决投标条件第（6）条：提交投标文件截止时间后主动撤销投标文件或对投标文件提出实质性修改的。	1.投标人在投标截止时间后要求撤回其该项目投标文件。 2.投标人在投标截止时间后提出对其投标文件XX内容进行修改。
		103.508	澄清	招标文件第二章3.7.1规定： 投标文件应按第六章“投标文件格式”进行编写，如有必要，可以增加附页，作为投标文件的组成部分。 符合否决投标条件第（2）条：投标文件未按招标文件规定的格式填写，内容不全或者关键字迹模糊无法辨认的。	1.投标人提供的XX投标文件只有目录，无具体内容，其投标文件内容不全。 2.投标文件XX、XX等关键信息无法显示。
		111.87			
		104.913099			

使用说明　闻标记录-物资(商务)　初评汇报表　否决描述模板-物资　+

图 8　自动生成的初评汇报材料

绩效评价结果等客观因素自动赋分。主要包括建立评标小结标准描述库、制作详评响应情况表、编制详评辅助工具。建立小结标准描述库是对照详评打分细则，按照“优”“良”“一般”的评判标准，编制对应的详评描述，形成详评标准描述库；制作与评分表联动的详评响应情况表是将评标小结标准描述按照下拉选项的形式制作详评响应情况表，并与评分表进行联动，评标专家在选择详评标准后，评分表会自动生成相应的分值，对于客观量化评审细则，如供应商绩效评价，系统会识别供应商评价结果，自动赋给投标人相应的分值，无需专家去查找评判，详评辅助表见图 9；编制详评辅助工具是通过编写程序，评标专家在详评辅助表中选择投标人相应的评判标准后可通过程序一键生成 Word 版评标小结，系统生成评标小结界面见图 10。

详评模块的应用，可根据投标文件响应情况，选择评判标准后自动赋分，有效避免传统得分情况与评判标准不一致的问题；通过建立的标准描述库，一键生

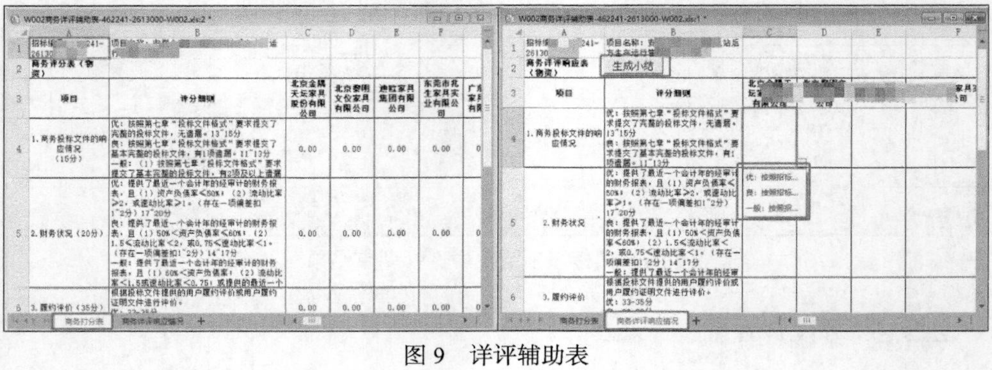

图 9　详评辅助表

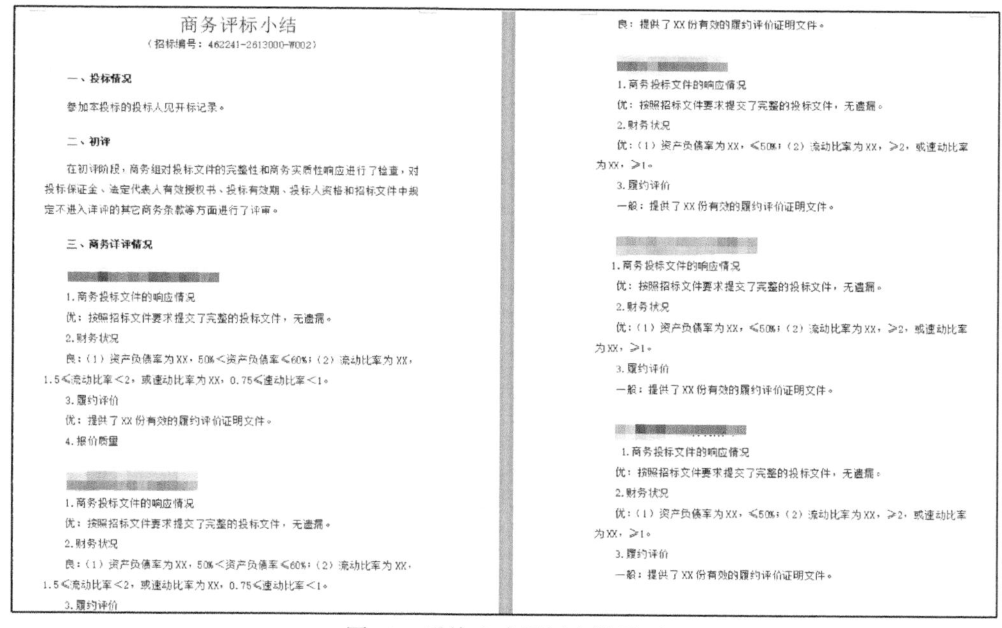

图 10　系统生成评标小结界面

成评标小结，减轻评标专家组织语言、撰写小结的工作量，大幅压减详评时间，且生成的小结内容标准规范，质量较高，有效提升详评质效。

2.3.3　开发文档调整工具

将评标过程资料报表进行梳理、明确调整要求，将制作报表的操作步骤转换为编程语言，开发出文档调整工具（见图 11），含 20 余个不同类型报表的批量调整和制作功能模块，该工具通过选择原始表格一键批量完成调整，将数小时的工作时间压缩至几分钟左右，且调整后的报表规范统一，极大提升工作质效；在定标阶段，该工具通过导入原始数据，可按照给定评标报告格式，自动获取和计算所需数据，批量生成评标报告（见图 12），生成 100 份评标报告仅需 2min，大幅提升定标材料编制的高效性和准确性。

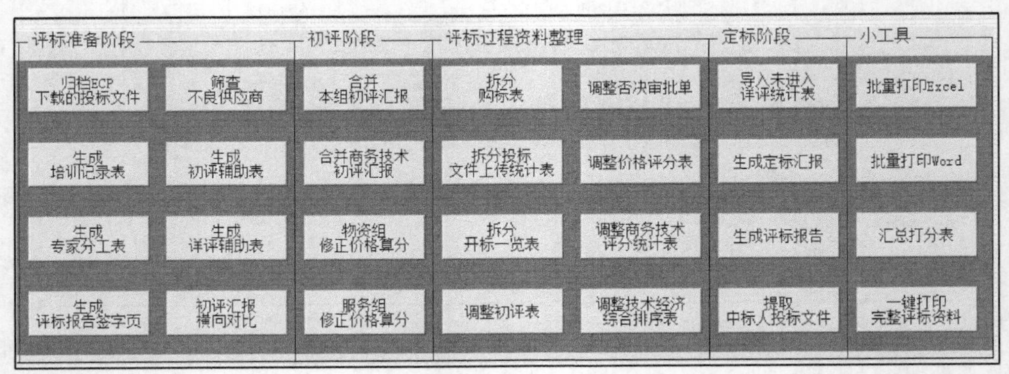

图 11　文档调整工具界面

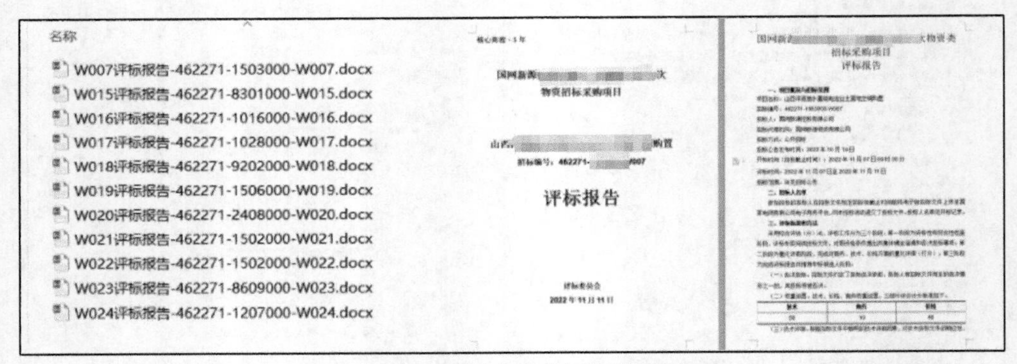

图 12　工具生成的评标报告

3　结束语

本文通过梳理分析影响抽水蓄能电站招标采购管理质效的问题，从标准化、规范化和信息化三个方面出发，建立了抽水蓄能电站标准采购体系，统一各电站采购标包划分原则和采购策略，规范招标文件编制，提升各电站上报采购计划、编制招标文件的便捷性和规范性，提升集约化管理质效；编制招标文件审查清单、开发在线审查系统，统一了文件审查要点、理清审查流程，实现文件在线传统、在线审批、在线反馈等单链条审查模式，提升文件审查的规范性，在有限时间内保证了文件审查质效；基于评标业务实际，开发评标辅助工具，将专家撰写初评材料、评标小结、调整报表和编制评标报告、客观量化评审等事务性的工作由工具批量自动完成，将专家从繁忙的事务性工作中解放出来，将更多的精力用于专业性的评审上，充分发挥专家业务水平，提升评审质效，落实采购结果“好中选优”，保证采购产品和工程建设品质，降低质量风险，为抽水蓄能电站建设安全、健康、高速发展提供坚实的物力保障。

作者简介

崔智雄（1987—），男，工程师，主要从事抽水蓄能电站招标采购管理工作。E-mail：1120124579@qq.com

赵　文（1990—），男，经济师，主要从事抽水蓄能电站招标采购管理工作。E-mail：2205588791@qq.com

江苏句容抽水蓄能电站地面建筑物电源引接及敷设方式探讨

殷焯炜，王　宇，常　乐

（江苏句容抽水蓄能有限公司，江苏省句容市　212400）

摘要　简述了江苏句容抽水蓄能电站厂用电结构优化方案，通过从优选择电缆敷设路径，达到提高重要负荷的供电可靠性、消除供电安全隐患、降低施工难度及施工成本的效果。

关键词　抽水蓄能电站；厂用电；结构优化

0　引言

句容抽水蓄能电站 10kV 厂用电系统分为地面配电中心与地下配电中心两部分。地面配电中心为三段母线布置，其中，地面Ⅰ段与地面Ⅲ段电源取自地下Ⅰ段以及地下Ⅲ段，负荷主要为中控楼配电屏、500kV 开关站配电屏等，地面Ⅱ段为保安段，电源取自 35kV 施工变电站 10kV Ⅰ段母线。其中，中控楼两回 10kV 电缆均为地面配电中心沿下水库公路送至中控楼，可靠性较低，上下库连接电缆由开关站北侧山坡电缆沟敷设至调压井再接入上库配电屏，施工难度较大。为此，句容抽水蓄能电站对厂用电结构进行优化。

1　中控楼供电路径优化

1.1　优化的必要性

在现有高压厂用电结构图中，中控楼的供电电源为两回由地面配电中心经下库环库公路接至中控楼。中控楼两回供电电缆共用一条电缆沟可靠性较低，当电缆沟发生外力破坏或自然灾害时，存在两回电缆同时失电的可能，不利于电站的安全稳定运行。

1.2 优化方案

对于中控楼供电电源路径单一的问题，现已有一回电缆取自地面配电中心，另一回应当取自地下配电中心，而地下配电中心到中控楼最近的路径为经进场交通洞至中控楼，交通洞至中控楼本就有电缆沟，故仅需在电缆沟中增加一回10kV 电缆即可，且该段距离短于地面配电中心至中控楼距离，施工难度低、经济性好，故以此方案为最佳，不考虑其他路径。

2 上水库供电路径优化

2.1 优化的必要性

上水库供电电缆为两回由地面配电中心经 500kV 开关站北侧山坡至调压井处电缆沟再接至上库。该电缆包括上水库闸门井的供电电缆和通信电缆，供电电源丢失或上水库闸门全开等信号丢失均会成为电站安全生产的隐患，且上下库连接电缆沟位置位于电站北侧山坡，人迹罕至，日常巡检难易兼顾巡视电缆沟。上下库连接电缆沟要过林间冲沟，雨季时电缆沟内容易积水不利于电缆运行，该电缆沟所处山坡距离较长、坡度较大、硬岩较多、施工难度较大。因此，需将开山破路挖电缆沟的长度缩短，沿现有道路敷设电缆，选取坡度较缓的山坡作为备选路径，且全部路径的选择必须在征地红线范围之内。

2.2 优化方案的选择

对于上下库连接电缆沟开挖难度大的问题，句容公司讨论后得出两种方案：方案一是采用原有路径，涉及山间冲沟的路段采用架空线的方式，坡度陡难以敷设电缆沟的路段采用埋管的方式；方案二是另外寻找一条合适的路径，考虑沿上下库连接公路一侧采用电缆沟的形式敷设，在连接公路选择合适的位置以埋管的形式爬坡至上水库，并接至上水库环库电缆沟中。

形成如表 1 所示上下库连接电缆优化方案确定矩阵表。考虑到在山坡上采用架空线的形式有雷击风险，不利于上水库供电可靠性的保障，开挖难度大、坡度较陡的路段采用埋管的形式也没有解决原有路径远离人员活动区域不利于日常巡检的问题，且原路径必定要砍伐大片树木，不利于电站生态环境建设，重新选取路径可以解决上述问题，因此，上水库供电优化采用方案二。

表 1　　上下库连接电缆优化方案确定矩阵表

影响因素 \ 方案	方案一	方案二
供电可靠性	○	○
施工难度	△	○
树木砍伐	△	○
后期维护	△	○
经济性	X	○

注　效果好：○；效果一般：△；效果差：X。

2.3　优化方案的确定

为设计方案二所需的新路径，句容公司进行了大量的文献资料查阅和现场踏勘工作。距离上水库最近的电源为 35kV 施工变电站，但由于 35kV 施工变电站为地区临时电源，不满足给上水库供电的要求。故考虑借用地下厂用电至 35kV 施工变电站的电缆沟，结合 35kV 施工变电站改造，引地下配电中心Ⅱ段至 35kV 施工变电站Ⅱ段母线，再引地下配电中心Ⅲ段至 35kV 施工变电站，但不接入变电站母线，直接结合新路径电缆沟路径将电送至上水库。

现场勘察采用了无人机航拍的形式，图 1 为 35kV 施工变电站至上水库道路航拍实景图以及该部分征地红线图。

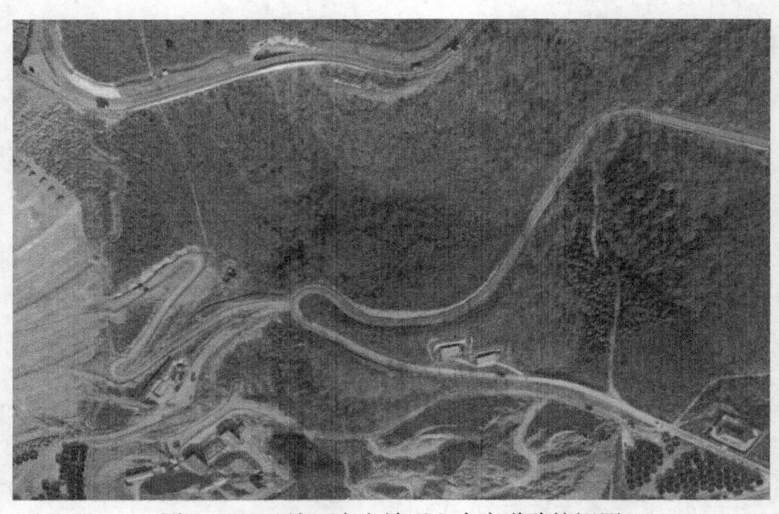

图 1　35kV 施工变电站至上水库道路俯视图

图中右下角为 35kV 施工变电站，左上角为上水库。从图中可以看出，上下库连接公路与主坝在征地红线范围内，而连接公路中间的林区不属于征地范围，不可以在林区敷设电缆沟或埋管。因此，从35kV施工变电站至上水库最短的距离为：35kV施工变电站沿连接公路至U形弯处过路，再经一段山坡至上水库。

图中U形弯处至上水库的山坡路段涉及征地红线的边缘，现场考察发现，上水库2号水池施工供水管经过该山坡，且处于征地红线范围内，可以考虑电缆沿施工供水管左侧敷设，这样电缆路径在征地红线范围内，施工时也减少了树木砍伐。图2为山坡路段征地红线示意图。

35kV变电站至上水库电缆路径如图3所示。

图2　山坡路段征地红线示意图

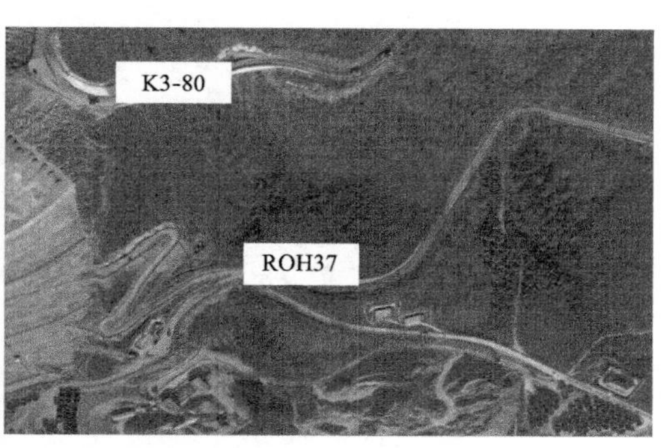

图3　35kV变电站至上水库电缆路径图

确定电缆路径后，还需确定上水库供电电缆敷设方式。由于上水库供电电缆路径较长，需要经过中控楼、营地生活区、35kV施工变电站、上水库施工供水加压泵站等建筑，且部分路段需结合道路专业在一侧增加电缆沟或埋管，故小组讨论决定将上水库供电电缆路径分为以下四段：① 地下厂房至35kV施工变电站；② 35kV施工变电站至加压泵站；③ 加压泵站至上下库连接公路U形弯处；④ U形弯处至上水库爬坡段。

（1）地下厂房至35kV施工变电站。

地下厂房至35kV施工变电站段的前期施工工作较为完善，地下厂房至交通洞口设计有电缆沟，交通洞口至中控楼、营地生活区为4×4的电缆排管，营地生活区至35kV施工变电站为电缆排管。排管以及电缆沟敷设均满足增设电缆要求。

（2）35kV施工变电站至加压泵站。

35kV施工变电站至加压泵站段尚未敷设电缆沟或排管。该路段山坡侧地基较高与道路基础高差较小，适合开挖电缆沟，路段另一侧路基高差大不适合开挖电缆沟或排管。故该段电缆敷设方式为道路右侧进行电缆沟敷设。

（3）加压泵站至上下库连接公路U形弯处。

加压泵站至上下库连接公路U形弯处道路右侧设计有排水沟，加压泵站处有多根施工供水管为上水库供水，如图4所示，图中供水管对电缆沟的施工影响较大。另外，该加压泵站为临时加压泵站，其拆除时间约为上水库土建部分完工后拆除，而上水库厂用电系统应在上水库土建完工前形成，故不能等加压泵站拆除后再开挖电缆沟。因此，该段电缆敷设方式为电缆排管。

图4　加压泵站俯视图

（4）U形弯处至上水库爬坡段。

该段电缆的敷设涉及爬坡，且地形较为复杂，不易敷设电缆沟，故电缆排管方式较为合适。其中，涉及U形弯处以及上水库道路的两次电缆过路，过路形式也为电缆排管，如图5所示。

图5　上下库连接公路U形弯处以及上水库道路处俯视图

3　厂用电结构优化总结

对厂用电结构进行优化之后整体电缆长度得到了缩短、电缆沟长度也得到了相应减少，减少了混凝土用量，提高了厂用电系统的经济性，预计可节省工程成本490万元；施工困难路段采用电缆排管方式，降低了作业难度，提高了施工的效率，对缩短施工工期也有着积极的作用；同时，优化后方案不涉及树木砍伐，对于工程的环境友好性也有着积极的推动作用。

句容抽水蓄能电站厂用电结构优化，极大地提高了厂用电系统的供电可靠性、经济性、环保性，为其他单位厂用电结构优化提供了很好的借鉴。如表2所示为厂用电新方案经济性对比。

表2　　厂用电新方案经济性对比

项目	目标	电缆节约长度	电缆沟节约长度	排管长度	树木砍伐面积减少
句容抽水蓄能电站厂用电结构优化	优化后方案	2400m	700m	500m	3600m^2

参考文献

[1] 李哲，吴云龙，王树生. 垣曲抽水蓄能电站厂用电设计[J]. 东北水利水电，2019.

[2] 詹云龙. 仙居抽水蓄能电站厂用电系统设计浅析[J]. 抽水蓄能电站工程建设文集，2016.

[3] 蒋春钢，何万成. 蒲石河抽水蓄能电站厂用电系统接线方式的优化调整[J]. 水力发电，2012.

作者简介

殷焯炜（1994—）男，工程师，主要研究方向电气工程及其自动化，抽水蓄能电站建设及管理。E-mail：772424115@qq.com

王　宇（1997—）男，助理工程师，主要研究方向电气工程及其自动化，抽水蓄能电站建设及管理。E-mail：731870568@qq.com

常　乐（1995—）男，助理工程师，主要研究方向电气工程及其自动化，抽水蓄能电站建设及管理。E-mail：867438484@qq.com

抽水蓄能机组励磁系统 PT 断线判断分析

闻　毅

（国网新源新疆阜康抽水蓄能有限公司，新疆乌鲁木齐市　830000）

摘要　主要研究了抽水蓄能机组励磁系统中 PT 断线的判断分析方法。对抽水蓄能机组的励磁系统 PT 断线的现象进行了详细地描述，包括其表现形式、可能的原因以及影响，并通过实验和数据分析，提出了一种基于电压电流特征的 PT 断线判断方法。该方法能够有效地检测到 PT 断线，并准确地判断出断线的位置和原因，对于提高抽水蓄能机组的运行安全性和稳定性具有重要的理论和实践意义。同时，研究方法和结果也为其他电力系统的故障诊断提供了一种新的思路和方法。

关键词　抽水蓄能机组；励磁系统；PT 短线

0　引言

抽水蓄能机组中励磁系统的主要作用是励磁调节器利用装设于发电电动机定子的电压互感器（PT）和电流互感器（CT）实时采集同步电机机端电压、机端电流、等主要机组电气量，根据机端电压、机组无功以及励磁电流等电气量的变化和机端电压指令、无功功率指令等调节励磁功率整流回路的相控触发角，调整励磁功率单元输出的电压，从而调整机组励磁电流，适应机组工况的需求。其中，机端电压闭环是最基本的控制方式，也是励磁运行的主要运行方式，又称自动运行。机端电压闭环调节方式以同步电机机端电压作为调节变量，调节目的是维持机端电压与电压参考值一致。

励磁系统调节装置对 PT、CT 等互感器及其回路的可靠性要求较高，一旦机端电压控制反馈用的 PT 出现一次异常或二次回路断线，若缺乏准确且快速识别 PT 断线的方法，则会导致控制系统出现误调和失调（比如误强励和误强减），由此导致过流过压以及无功大幅波动甚至保护动作跳机，对同步机组自身和系统安全运行均产生严重危害。

1 宝泉公司励磁系统改造前“PT 断线”判据

宝泉公司改造前励磁系统由 ALSTOM 公司提供，其励磁系统中配置两组调节器（主用调节器和备用调节器），每组调节器下采集一组机端 PT 电压。在改造前励磁系统对“PT 断线”的判定逻辑为主用调节器定子平均电压百分数与备用调节器定子平均电压百分数求和，输出值与调节器内部参数进行比较，如果调节器间的输出值大于 10%，且备用调节器正常，则开出调节器切换命令。

宝泉公司原有励磁系统存在运行人员在恢复隔离操作时由于误操作导致电压保护拒动的可能性，若运行人员漏合 PT 二次空气开关，则会造成“PT 断线”保护拒绝动。同时，在极端情况下，双 PT 断线时亦会出现“PT 断线”保护拒绝动的情况。

2 宝泉公司励磁系统改造后“PT 断线”的主要判据

2.1 双 PT 比较法

励磁系统中共有两个调节器，每个励磁调节器下同时采集两组定子 PT 二次电压，其中一组称为调节 PT（又叫主用 PT），另一组称为测量 PT（又叫辅助 PT）。调节 PT 线电压测量值为 U_{AB}、U_{BC}、U_{CA}，辅助 PT 线电压测量值为 U_{ab}、U_{bc}、U_{CA}。正常情况下调节 PT 和辅助 PT 的二次测量值基本一致，因此，直接比较调节 PT 测量值与辅助 PT 测量值，若满足式（1）条件，则判断调节 PT 满足断线或异常：

$$\begin{cases}(U_{AB}+U_{th1}<U_{ab})\text{or}(U_{BC}+U_{th1}<U_{bc})\text{or}(U_{CA}+U_{th1}<U_{ca})\\(U_{ab}>K\times U_{N})\text{and}(U_{bc}>K\times U_{N})\text{and}(U_{ca}>K\times U_{N})\end{cases} \tag{1}$$

式中：U_N——同步电机定子额定电压；

K——预设系数设定值为 50%；

$K\times U_N$——同步电机在全范围内正常调节时定子电压的最低值；

U_{th1}——调节 PT 和辅助 PT 均未断线时同步电机在所有运行工况下二者的最大不相等电压幅值，并留有一定裕度，宝泉公司改造后定值为 4%。

该方法简单可靠，在励磁调节器每个通道同时采集两组定子值的情况下能够直接快速判断调节 PT 是否发生断线异常。反之，在调节 PT 二次值正常并满足式（2）时，也可判断辅助 PT 发生断线异常。

$$\begin{cases}(U_{ab}+U_{th1}<U_{AB})\text{or}(U_{bc}+U_{th1}<U_{BC})\text{or}(U_{ca}+U_{th1}<U_{CA})\\(U_{AB}>K\times U_{N})\text{and}(U_{BC}>K\times U_{N})\text{and}(U_{CA}>K\times U_{N})\end{cases}\tag{2}$$

在双 PT 比较法中进行判定时，调节器同时判断机组在正常运行状态，实时测量定子三相电流是否平衡，排除机组故障而导致电压三相不平衡。

2.2 负序判断法

上述双 PT 比较法在单个 PT 发生断线情况下能够快速判断，但若出现双 PT 同时发生断线，就需采用其他方法。正常情况下同步电机三相电压、电流均对称，负序分量基本为零。因此，励磁调节器采样系统实时计算同步电机定子三相电压测量值和负序电压 U_2，定子三相电流的有效值 I_A、I_B、I_C 以及负序电流 I_2。当实时采集的定子负序电流 I_2 小于同步电机正常运行情况下 CT 可能出现的最大负序电流值 I_{th2} 时表示机组未发生定子接地故障，并且此时实时采集的负序电压 U_2 大于调节 PT 未断线且同步电机正常运行情况下 PT 可能出现的最大负序电压值 U_{th2} 满足式（3）条件的同时判断机组并网，此时可快速判断所用调节 PT 出现断线或异常：

$$\begin{cases}(U_2>U_{th2})\text{or}[\max(U_{AB},U_{BC},U_{CA})-\min(U_{AB},U_{BC},U_{CA})>U_{th2}]\\(I_2<I_{th2})\text{and}[\max(I_A,I_B,I_C)-\min(I_A,I_B,I_C)<I_{th2}]\end{cases}\tag{3}$$

式中：U_{th2}——在调节 PT 未断线且同步电机正常运行情况下 PT 可能出现的最大负序电压值，在励磁调节器内设定为 20%；

I_{th2}——定子 CT 正常且同步电机正常运行情况下 CT 可能出现的最大负序电流值，设定值为 10%。

此方法能有效检测负序分量和不平衡分量，能够有效检测出 PT 慢熔异常。

2.3 冗余判断法

上述方法 1 和 2 对单 PT 断线和双 PT 同时断线能快速判断，但是对于某些异常情况仍然不能判断出异常，比如机组起励建压时 PT 小车未投，或 PT 二次断路器未合。此时励磁系统输出电流建立发电机电压，由于定子电压反馈值等于零，很容易导致励磁误强励、机组定子过压和保护跳机。因此，对于单 PT 断线或双 PT 断线，还需根据其他电气量与定子电压的依存关系，得出准确有效的判断方法。

当机组开机时转速处于额定值附近，励磁系统输出电流后机组定子电压应当逐步上升。在机组并网运行时调节励磁电流，相应的机端电压和无功功率也出现变化，当励磁电流很小时机组进入深度进相运行。根据上述关系，当励磁电流、定子电压和定子电流满足如式（4）关系时，判断调节 PT 出现断线或异常：

$$\begin{cases}U_1 < U_{th3} \\ I_1 < I_{th1} \\ I_f > I_{fth1}\end{cases} \tag{4}$$

式中：I_{fth1}——励磁电流阀值，设定为 30% 额定励磁电流；

U_{th3}——调节 PT 在机组励磁电流等于 I_{fth1} 时的电压值，设定为 20% 额定机端电压；

I_{th1}——定子电流辅助判断阀值，设定值为 150%；

满足上述条件即可快速判断定子 PT 断线或异常情况，避免励磁误强励。图 1 为宝泉公司“PT 断线”判定逻辑。

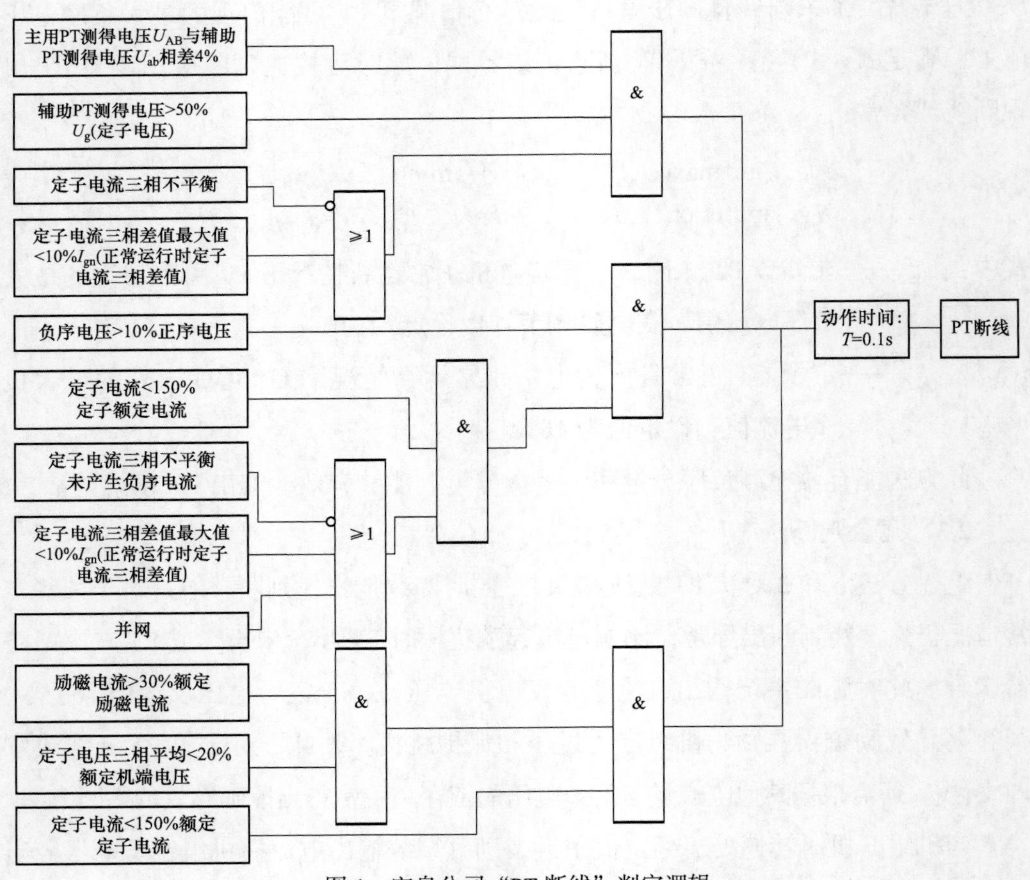

图 1　宝泉公司“PT 断线”判定逻辑

如图以上三种判据方法在励磁系统全过程运行中投入，宝泉改造后的励磁调节器判定为 PT 断线后会无扰动地将主用调节器切换至备用调节器。若判定为双 PT 断线后，励磁调节器将立即切换控制方式，由自动电压方式，切换至手动电流方式，并保持切换前的触发脉冲角度。

3　阜康公司与宝泉公司励磁系统“PT 断线”保护对比

3.1　相同之处

阜康公司励磁系统在设备配置和“PT 断线”判据方法以及动作后果上都大致相同，励磁调节器同时采取两组机端 PT 电压。判断方法是同样采取“双 PT 比较法”“负序电压法”“冗余判断法”。阜康公司“PT 断线”判定逻辑如图 2 所示。

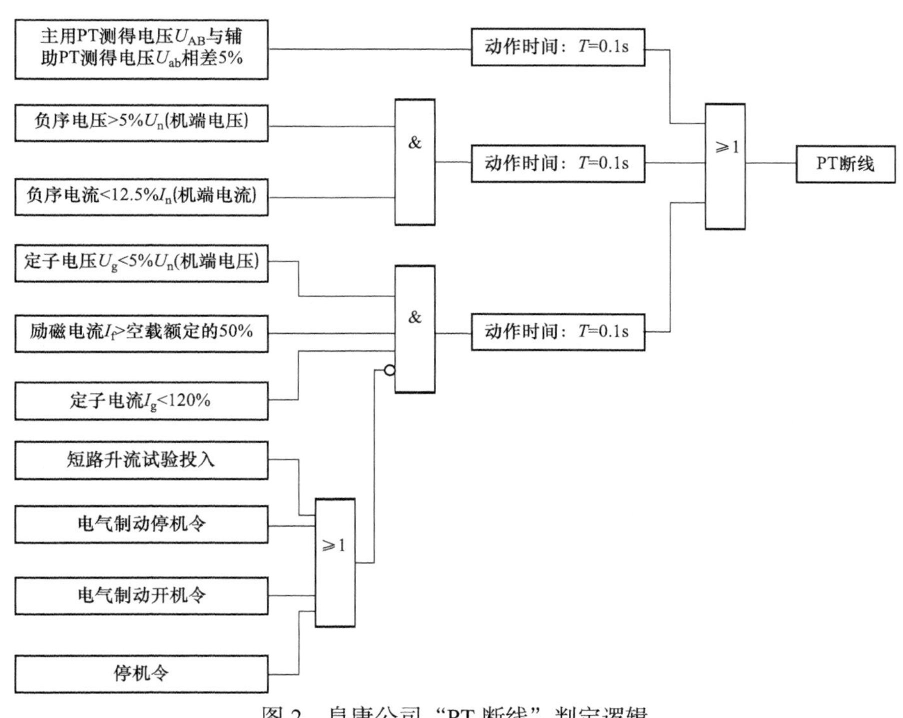

图 2　阜康公司“PT 断线”判定逻辑

3.2　不同之处

励磁用发电机出口 PT 经常会发生高压侧熔丝松动和慢熔式熔断器阻值变大等异常情况，当定子 PT 高压侧熔丝出现慢速熔断情况时，最明显的是出现电压二次值的缓慢下降。当机组运行在自动电压控制（电压闭环）方式下时 AVR 装置会立即实时相应的增加励磁输出，以图把机端电压稳定在给定值水平。从而，导致发电机机端电压大幅抬高，并同时伴有机端电压、有功和无功的大幅波动。

根据洪屏公司1号机组“PT断线”报警分析其慢熔过程甚至可持续数天时间，最后才彻底熔断。在慢熔发展过程中，PT二次电压在熔断相的幅值会出现不同过程的下降，同时由于熔丝熔断过程中的容性效应也使得三相电压相位不再严格对称，出现负序电压和不平衡电压。

阜康公司在负序判断法的基础上进行优化，采用负序反时限设计。当励磁调节器主套测得负序电压时，根据负序电压大小查表得出动作时间，当时间大于动作时间时，即发出PT断线故障信号切为从套。运用查表法，可灵活配置不同负序电压下PT断线的动作时间，以防负序电压未达到原有负序判断法中5%的阈值条件，PT断线不动作，主套一直增加励磁的情况。可大大降低因发电机PT高压熔断器慢熔导致发电机误强励和过电压事故率。表1为负序反时限定值。

表1　负序反时限定值

负序电压（≥，%）	动作时间（s）	负序电压（≥，%）	动作时间（s）
5	0.06	2	10
4	0.4	1	20
3	5		

4　案例分析

案例：某公司1号发电机组开机过程中，励磁调节器报A套PT断线动作。

洪屏电站励磁型号为南瑞NES6100，与阜康公司采用同一型号的励磁产品。

故障现象：

监控系统故障报文：2021/1/4

08：47：43　　1号机组灭磁断路器合位动作；

08：47：47　　1号机组励磁已投入动作；

08：47：50　　1号机组机端电压电压大于10%额定电压动作；

08：47：51　　1号机组励磁PT断线动作；

08：47：52　　1号机组A套励磁调节器故障动作；

08：47：55　　1号机组励磁PT断线复归；

08：48：02　　1号机组机端电压大于90%额定电压动作；

08：48：02　　　1 号机组空载态动作。

励磁系统：励磁调节器 A 套 PT 断线动作、综合故障动作后，A 套切从套，B 套切为主用，4s 后报警信号复归，励磁建压成功。

查询励磁调节器报文及录波数据，确定 PT 断线类型。查询调节器 A 套报警信息：PT 断线类型为 PTP 判据一。励磁 PT1、PT2 测机端电压曲线如图 3～图 4 所示。

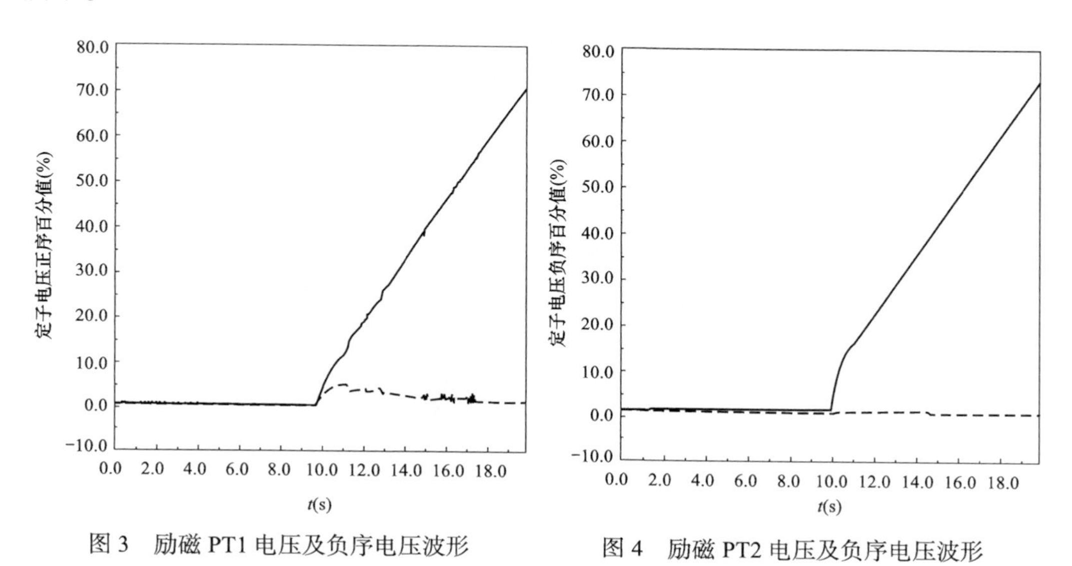

图 3　励磁 PT1 电压及负序电压波形　　　　图 4　励磁 PT2 电压及负序电压波形

（1）由图 3 PT1 采样电压有较大的负序电压，机组电压波形上升较慢且存在毛刺，PT1 采样电压存在三相不平衡。

（2）机组故障录波机端电压信号与励磁 PT1 为机端 PT1 共同的用户。查询故障录波器，励磁投入后机组初始建压阶段 1 号机组机端电压 A 相缺失，如图 5 所示；初始建压至机组空载 A 相电压逐步上升，如图 5 所示；机组发电运行过程中 A 相电压明示低于其他两相，如图 6 所示。

低压阶段机端 A 相缺失且上升速度低于 B、C 相，发电稳态时 A 相电压为 55.6V，低于 B、C 相 59V，机组电压存在三相不平衡。

经现地检查 PT1 A 相熔断器外观无破损；用万用表测量熔断器阻值，测量阻值为 0.8MΩ，取出熔断器后再次测量，阻值变为无穷大。该熔断器已完全开路，拆开熔断器查看内部结构，熔丝表层发黑，有明显灼烧痕迹，存在发热慢熔现象，确认 PT 熔断器慢熔导致故障（见图 7、图 8）。

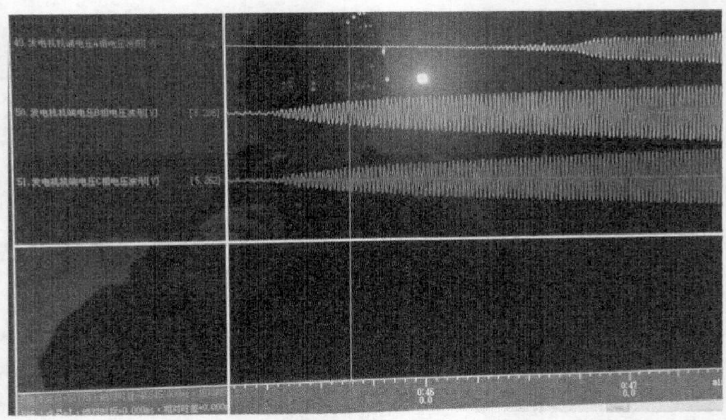

图 5　机端电压互感器三相电压故障录波器波形（初始升压阶段）

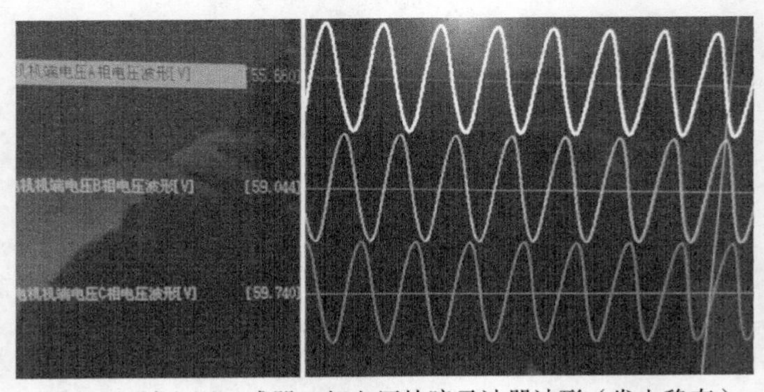

图 6　机端电压互感器三相电压故障录波器波形（发电稳态）

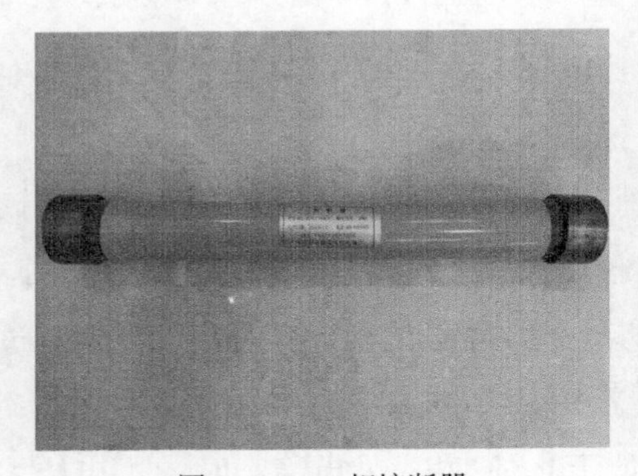

图 7　PT1 A 相熔断器

图 8　PT1 A 相熔断器熔丝熔断

5　结束语

目前抽水蓄能机组的励磁系统在自动电压调节运行方式下，机端 PT 作为同步电机励磁系统的重要反馈输入，直接影响励磁系统对同步电机机端电压控制的准确性。励磁系统对所用 PT 互感器的断线 / 异常监测十分重要，快速准确地识别 PT 异常能有效避免励磁误调节，保证机组和系统安全可靠运行。本文介绍了抽水蓄能机组励磁系统的PT断线异常识别方法，以洪屏公司机组发生的实际定子PT慢熔故障为例说明了该方法的有效性。以上的三组判据方法以及优化方案已在多台机组得到应用，效果良好，实用可靠。

参考文献

[1] 张力文. 某电厂主变压器保护PT断线报警分析[J]. 电工技术，2021，(13)：196-198.

[2] 郭超，祝家平，胡婉倩. 某大型水电站PT慢熔现象分析及防范措施[J]. 水电与新能源，2021，35(6)：75-78.

[3] 周精明，程俊才，郝慧贤，等. 大藤峡水力发电厂发电机出口PT断线动作信号分析[J]. 水电站机电技术，2021，44(4)：28-30.

[4] 眭上春，曾玲丽，周勇，等. 某抽水蓄能电站发电电动机保护装置新增PT断线闭锁功能研究[A]. 中国水力发电工程学会电网调峰与抽水蓄能专业委员会. 抽水蓄能电站工程建设文集2020[C]. 中国水力发电工程学会电网调峰与抽水蓄能专业委员会：中国水力发电工程学会电网调峰与抽水蓄能专业委员会，2020：3.

[5] 张元栋，刘光权，柳呈祥，等. 南瑞NES6100励磁调节器在某巨型水电站的应用[J]. 水电与新能源，2020，34(9)：58-61.

[6] 宋明亮，仲鸣. 溧阳抽水蓄能电站发电机出口PT断线故障分析[J]. 水力发电，2018，44(10)：65-67.

[7] 方书博，娄彦芳，刘鹏龙，等. 抽水蓄能电站主变低压侧零序电压保护误动处理与分析[J]. 水电与新能源，2018，32(6)：44-47，77.

作者简介

闻　毅（1996—），男，汉族，助理工程师。

励磁变压器励磁涌流导致励磁变压器过流保护动作原因分析及改进建议

方书博，娄彦芳

（河南国网宝泉抽水蓄能有限公司，河南省新乡市　453636）

摘要　介绍了一起抽水蓄能电站500kV变压器复送电时，因励磁变励磁涌流，导致励磁变过流保护动作，500kV变压器未成功送电。对事故过程进行分析，并提出改进建议。该研究可有效提高主变压器复送电成功概率，具有重要的指导意义。

关键字　励磁变压器；励磁涌流；过流保护；跳闸

0　引言

因抽水蓄能电站普遍采用自并励励磁方式，励磁变压器容量不大，根据《继电保护和安全自动装置技术规程》（GB/T 14285—2006）4.2.23的要求：自并励发电机的励磁变压器宜采用电流速断保护作为主保护，过电流保护作为后备保护。同时，因励磁变压器高压侧未配置断路器，励磁变压器本体故障时，只能通过跳开500kV断路器切除故障。因此，励磁变压器电流速断保护及过流保护应能区分励磁变压器本体故障还是机组励磁系统本体故障，减少500kV断路器跳闸次数，减少对电网的冲击，确保电网安全稳定运行。

1　故障经过

1.1　故障经过

某电站电气主接线如图1所示，2020年5月，该电站3、4主变压器修后复送电，在执行至合500kV断路器5013时，断路器5013合闸后立即跳闸，监控报警如下：

63GEV_901XD_DI_DET，MTR PROT UNIT TRIPPING ORD 3 号主变压器保护跳闸。

1.2 保护动作情况

5013 断路器合闸失败后，对全厂保护动作情况进行检查：

（1）开关站 500kV 设备保护动作情况。

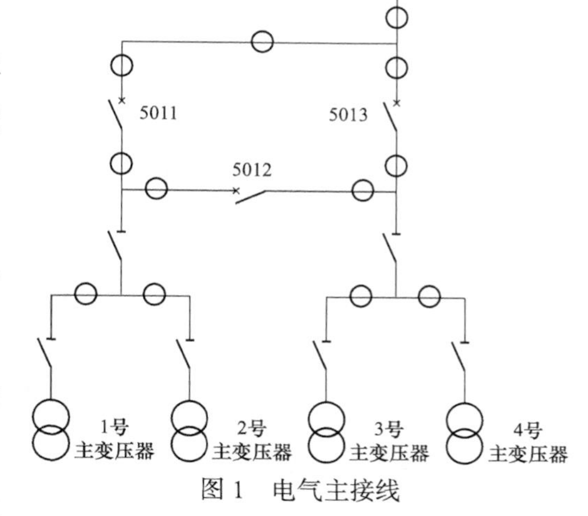

图 1 电气主接线

500kV 线路保护、5011/5012/5013 断路器保护均未动作，5013 断路器分相操作箱跳 5013 断路器三相指示灯亮，5013 断路器三相均在分位。

（2）地下厂房 3、4 号主变压器保护动作情况。

现地检查 3 号主变压器保护、4 号主变压器保护，发现 3 号主变压器 A、B 组保护装置均有跳闸信息，且跳闸信息一致，具体报文如下：

14:47:33 I>2 START

14:47:33 I>2 TRIP

分析 3 号主变压器保护跳闸原因为励磁变过流保护动作跳闸，励磁变压器过流保护配置如下：

I>1 Status	Enabled
I>1 Direction	Non-Directional
I>1 Current Set	1.730 A
I>1 Time Delay	0ms
I>2 Status	Enabled
I>2 Direction	Non-Directional
I>2 Current Set	430.0mA
I>2 Time Delay	200.0ms
I>3 Function	Disabled
I>4 Function	Disabled

其中，I>1、I>2 均动作出口跳 500kV 断路器及本机组断路器。

（3）录波文件分析。

查阅故障录波，如图 2 所示，5013 断路器合闸瞬间 3 号机组励磁变压器产生较大冲击电流，该冲击电流值大于 0.43A 阶段持续 230ms，大于励磁变压器过流保护Ⅱ段延时（200ms），励磁变压器过流保护Ⅱ段正确动作跳闸。

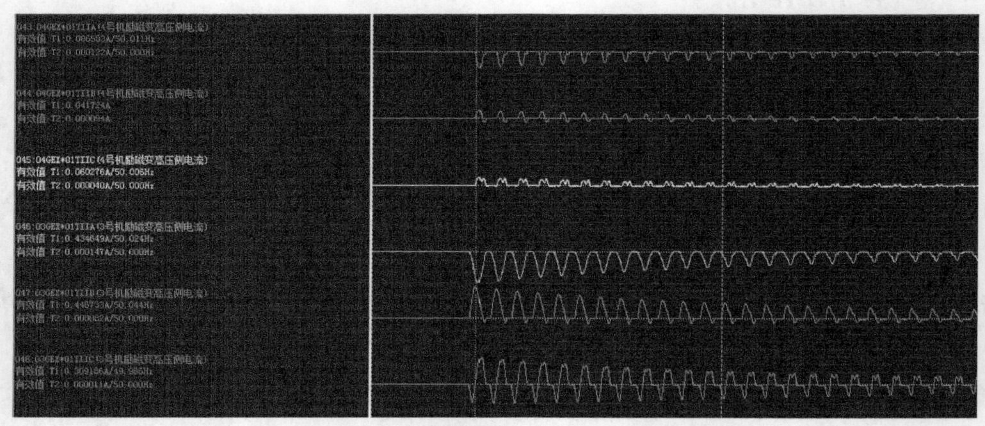

图 2　3 号机组励磁变压器高压侧电流录波图

2　故障原因分析

2.1　故障直接原因分析

（1）故障时励磁变高压侧电流分析。

分析图 2 中的故障电流，分析发现该冲击电流明显偏于时间轴一次，存在间断角，同时含有较大的直流分量，其中，基波分量为 0.876，直流分量为 0.952，直流分量为基波分量的 1.09 倍，具体如图 3 所示。该冲击电流合闸瞬间最大并逐渐减小，在 900ms 左右降为 0A。以上特征均与励磁涌流特征一致，初步判断该冲击电流为励磁涌流。

（2）励磁变压器励磁涌流产生原因。

与 3 号机组励磁变压器设备主人联系，得知 3 号机组励磁变压器本次检修过程中，直阻测试时所加直流电流时间较长，约为 1h 且未消磁，以往所加直流电流一般未超过 5min，初步确认 3 号励磁变压器剩磁较以往大幅增大，合闸瞬间可能产生较大励磁涌流。

5013 断路器合闸失败后对 3 号机组励磁变压器进行全面检查未发现异常，对 3 号机组励磁变压器进行预防性试验，试验数据与检修过程中预试数据一致，满足规程要求，励磁变压器未发现故障。

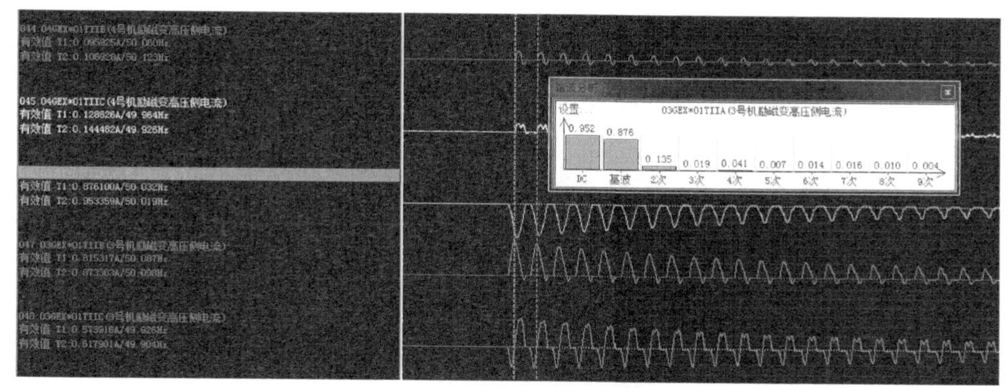

图 3　保护动作时故障录波谐波分析图

通过以上分析可知，因检修过程中 3 号机组励磁变压器直阻测试时间较长，试验后未进行消磁，导致合闸瞬间 3 号励磁变压器产生较大励磁涌流，且持续时间大于励磁变压器过流保护Ⅱ段定值，励磁变压器过流保护Ⅱ段正确动作，导致送电失败。

2.2　故障间接原因分析

故障间接原因是励磁变压器过流保护配置不合理。

（1）励磁变过流保护电流定值配置不合理。

该电站励磁变压器共配置两段过流保护，过流保护Ⅰ段、过流保护Ⅱ段作为励磁变压器的主保护，未能区分励磁变压器故障电流和励磁涌流，在励磁变压器本体无故障的情况下，因励磁涌流导致 500kV 主变压器跳闸。

（2）励磁变压器过流保护跳闸出口设置不合理。

根据反事故措施要求：对于励磁变压器电源取自主变压器低压侧，且两台及以上主变压器共用一个断路器的接线方式，励磁变压器过电流保护配置宜为两段，Ⅰ段短延时动作于停机同时断开励磁变压器低压侧断路器，Ⅱ段长延时动作于断开励磁变压器各侧断路器。该电站过流保护Ⅰ段、过流保护Ⅱ段均直接动作与跳 500kV 断路器，不满足反措要求。

本次故障发生时，故障电流未达到电流速断保护电流定值，只达到过流保护电流定值，因过流保护胃分为两段，设置长短两个延时，导致过流保护直接动作与跳 500kV 断路器导致事故扩大，若该电站按照反事故措施要求，将励磁变压器过流保护整定为长短两个延时，励磁涌流可能只导致本机组跳闸，不会直接跳 500kV 断路器，不会造成事故扩大。

根据以上分析可知，励磁变压器过流保护整定不合理，是导致本次事故扩大的间接原因。

3 暴露问题

（1）励磁变压器预防性试验时，未严格按照规程进行预防性试验[1]，所加试验电流时间较长，导致励磁变压器剩磁较大，合闸瞬间产生较大励磁涌流。

（2）励磁变压器过流保护整定不合理，导致事故扩大。

4 故障处理

（1）对 3 号机组励磁变压器进行消磁，将 3 号机组励磁变压器剩磁降最低后进行试送电，励磁涌流明显降低，送电成功。

（2）修改励磁变过流保护定值。

1）校核励磁变电流速断保护电流定值是否能躲过最大励磁电流。励磁变压器电流速断保护按照两个原则整定：① 按躲过变压器低压侧最大三相短路电流来整定；② 按躲过变压器空载投入时的最大励磁涌流来整定。按照此两个原则，校核励磁变压器电流速断保护定值。

2）修改励磁变压器过流保护跳闸出口。

启用 I>3 定值，将 I>2 出口修改为跳本机组，I>3 出口修改为跳本机组及 500kV 断路器。

3）校核励磁变压器过流保护定值。

按照 DL/T 684《大型发电机变压器继电保护整定计算导则》校核励磁变压器过流保护，为防止励磁变压器励磁涌流导致励磁变压器过流保护误动作，将 I>2 延时定值修改为 300ms，I>3 延时定值整定为 500ms，通过时间延时，防止了励磁涌流导致励磁变过流保护误动作。最终励磁变电流保护定值整定如下：

I>1 Status　　Enabled

I>1 Direction　　Non-Directional

I>1 Current Set　　3.910 A

I>1 Time Delay　　0ms

I>2 Function　　DT

I>2 Direction　　Non-Directional

I>2 Current Set　　430.0mA

I＞2 Time Delay　　300.0ms

I＞2 tRESET　　0 s

I＞3 Status　　Enabled

I＞3 Direction　　Non-Directional

I＞3 Current Set　　430.0mA

I＞3 Time Delay　　500.0ms

I＞4 Status　　Disabled

5　防范措施

目前，励磁涌流是主变压器充电时各侧断路器误跳的主要原因，虽然主变压器差动保护使用二次谐波、波形不对称等判别方法对保护进行制动，但励磁变压器过流保护无制动措施，导致励磁变压器过流保护容易误动作。为防止励磁涌流导致主变压器合闸失败，提出了以下预防措施：

（1）变压器预防性试验时，限制测试电流及测试时间，以防止因剩磁较大造成变压器合闸涌流及直流分量过大，影响变压器的安全运行。

（2）励磁涌流大小主要取决于断路器合闸时刻（电压相位）与变压器剩磁情况。建议合闸前检查剩磁情况，若剩磁过大，则需对变压器进行消磁处理，以最大程度地减小励磁涌流。

（3）严格按照反事故措施及《大型发电机变压器继电保护整定计算导则》进行励磁变压器保护定值整定并定期开展校核工作，防止因继电保护定值整定不合理导致继电保护拒动误动，导致事故扩大，影响电网安全稳定运行。

6　结束语

励磁变压器一般采用干式变压器，本体故障概率较小，但因励磁变压器高压侧未配置断路器，励磁变压器电流速断保护及过流保护长延时动作后直接动作跳500kV断路器，对电站日常运行影响较大，因此应加强励磁变压器及励磁变压器继电保护日常维护，励磁变压器预防性试验时应严格按照规程开展工作并进行消磁，剩磁较小时才可合闸送电。同时，合理整定励磁变压器继电保护定值，防止因继电保护定值整定不合理导致继电保护拒动误动，防止事故扩大，确保机组、电网安全稳定运行。

参考文献

[1] Q/GDW 11150—2013，水电站电气设备预防性试验规程[S].

零序电压两种计算方式的论证分析

于楚翘，李　伟

（国网新源控股有限公司抽水蓄能技术经济研究院，北京市　100053）

摘要　零序电压既可以通过电压互感器（TV）开口三角形绕组直接取得，也可通过对 TV 的 Y 绕组输出电压做计算而自产。分析了两种方式获取的零序电压二次值大小的关系，并提出了计算零序电压二次值的两种方式。

关键词　零序电压；开口三角；电压互感器

0　引言

基于零序电压分量的继电保护目前在电力系统中得到了广泛运用。获取零序电压的方式有两种，分别是通过电压互感器（TV）开口三角形绕组直接获得，以及将 TV 二次侧相绕组电压相加获得，后一种方式即为“自产零序”。在某些发电机继电保护装置中，采用基波零序电压原理的定子接地保护需要利用主变压器高压侧的零序电压做闭锁。发电机保护装置获取主变压器高压侧的零序电压，可以直接采集主变压器高压侧 TV 的开口三角形绕组输出，若该 TV 没有开口三角形绕组，那么就只能采集该 TV 的相绕组电压后用自产零序的方式。这两种方式产生的零序电压二次值大小是否相等，它们有何关系，这关系到 TV 变比选择以及继电保护整定计算，因此，有必要进行深入分析[1]。

1　TV 开口三角形绕组的接线方式

TV 开口三角形绕组是指电压互感器三相的三个二次绕组的接法，二次侧三相绕组按三角形接线连接，但最后有一点不连上，即构成开口三角的两个端子 d 和 n，如图 1 所示。该图中还设置了一次系统 A 相接地[2]。

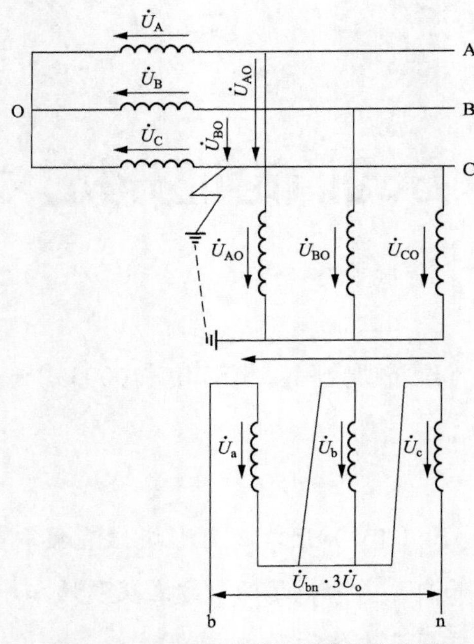

图 1　TV 开口三角形绕组接法示意图

系统正常运行时，开口三角形绕组没有电压输出。当 TV 所在的一次系统发生单相接地时，电压互感器一次绕组就会有不对称电压，开口三角形绕组上也相应地输出电压。因此，通过检测开口三角形绕组上的电压，即可判断一次系统是否有接地故障。

2　TV 开口三角形绕组的工作原理

开口三角形绕组额定电压的含义是，当系统正常运行时，施加到 TV 一次侧每相绕组的电压大小为 U_{HN}，在开口三角形侧每相绕组感应出电压大小为 U，该电压 U 即为开口三角绕组的额定电压[3]。

TV 二次侧相绕组额定电压只有 $100V/\sqrt{3}$ 一种情况，但开口三角形绕组额定电压有 $100V/\sqrt{3}$ 和 100V 两种，这与该 TV 所在系统的中性点是否接地有关。

当系统无故障时，加到 TV 一次绕组的电压：$\dot{U}_A = U_{HN}\angle 0°$，$\dot{U}_B = U_{HN}\angle 120°$，$\dot{U}_C = U_{HN}\angle -120°$，开口三角每相绕组的电压：$\dot{U}_a = U\angle 0°$，$\dot{U}_b = U\angle 120°$，$\dot{U}_c = U\angle -120°$，开口三角形端子电压见式（1），开口三角形绕组无输出。

$$\dot{U}_{dn} = \dot{U}_a + \dot{U}_b + \dot{U}_c = 0 \tag{1}$$

式中：　$\dot{U}_{dn}$——开口三角形端子电压；

$\dot{U}_a$、$\dot{U}_b$、$\dot{U}_c$——开口三角形每相绕组的电压。

在中性点接地系统或者不接地系统中，TV 开口三角形绕组工作原理不同，但无论系统中性点接地与否，当系统发生单相接地时，都要求开口三角形绕组输出电压为 100V，由此导致开口三角形额定电压大小 U 有两种取值。

为便于正确计算开口三角形绕组的输出电压，有必要根据一次系统中性点接地与否来分别分析开口三角形绕组的工作原理。

2.1　中性点接地系统中的 TV 开口三角形绕组的电压分析

在中性点接地系统中，当发生 A 相接地时，一次侧电压：$\dot{U}_{A'} = 0$，

$\dot{U}_{B'}=U_{HN}\angle 120°$，$\dot{U}_{C'}=U_{HN}\angle -120°$。开口三角每相绕组的电压：$\dot{U}_{a'}=0$，$\dot{U}_{b'}=U\angle 120°$，$\dot{U}_{c'}=U\angle -120°$，开口三角 dn 端子的电压：$\dot{U}_{dn'}=\dot{U}_{a'}+\dot{U}_{b'}+\dot{U}_{c'}=U\angle 180°=3U_0$，电压相量图如图 2 所示。

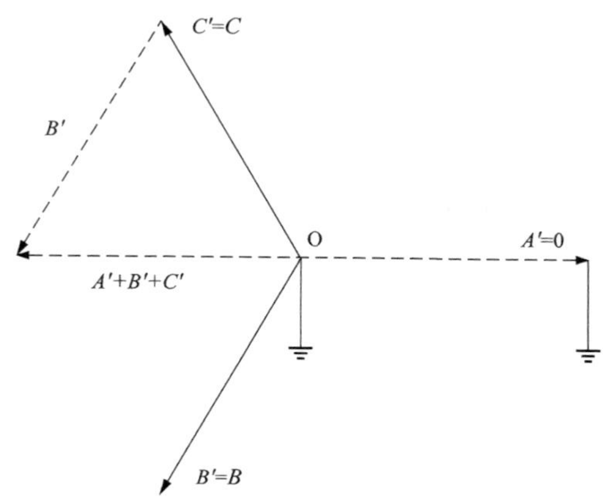

图 2　中性点接地系统单相接地时的三相电压向量图

U_A、U_B、U_C—正常运行时的相电压；$U_{A'}$、$U_{B'}$、$U_{C'}$—A 相接地时的相电压

要求单相接地时 $\dot{U}_{dn'}$ 的大小为 100V，则应该使 U=100V，即 TV 开口三角形绕组的额定电压为 100V。

计算出 TV 安装处的 $3U_0$ 后，则开口三角端子输出电压 U_{dn} 为：

$$\frac{3U_0}{U_{dn}}=\frac{U_{HN}/\sqrt{3}}{100V}\Rightarrow U_{dn}=\frac{100V}{U_{HN}/\sqrt{3}}\times 3U_0 \tag{2}$$

式中：U_{dn}——开口三角形端子电压；

U_{HN}——绕组电压。

2.2　中性点不接地系统中的 TV 开口三角形绕组的电压分析

在中性点不接地系统中，当 A 相接地时的接线图如图 1 所示。

TV 原方中性点 N 接地。当一次侧 A 相接地时，电压相量图 3 所示。

此时 A 点电位为 $\dot{U}_{A'}=0$，中性点 O 的电位变为 $\dot{U}_{O'}=-\dot{U}_A=-U_{HN}\angle 0°=U_{HN}\angle 180°$。

TV 一次侧各绕组对接地点 N 的电压是[4]：

$$\dot{U}_{A'}=0 \tag{3}$$

$$\dot{U}_{B'}=\dot{U}_{O'}+\dot{U}_B=U_{HN}\angle 180°+U_{HN}\angle -120°=\sqrt{3}U_{HN}\angle -150° \tag{4}$$

$$\dot{U}_{C'} = \dot{U}_{O'} + \dot{U}_{C} = U_{HN}\angle 180° + U_{HN}\angle 120° = \sqrt{3}U_{HN}\angle 150° \tag{5}$$

相应地，TV 开口三角侧各绕组电压为：

$$\dot{U}_{a'} = 0 \tag{6}$$

$$\dot{U}_{b'} = \sqrt{3}U\angle -150° \tag{7}$$

$$\dot{U}_{c'} = \sqrt{3}U\angle 150° \tag{8}$$

因此，开口三角形端子电压：

$$\dot{U}_{dn'} = \dot{U}_{a'} + \dot{U}_{b'} + \dot{U}_{c'} = \sqrt{3}\times\sqrt{3}U\angle 180° = 3U\angle 180° \tag{9}$$

要求此时开口三角形端子输出电压大小为 100V，则 $3U$= 100V，因此 U= 100V/3。也就是说，当工作在中性点不接地系统中时，开口三角形绕组的额定电压应该为 100V/3。

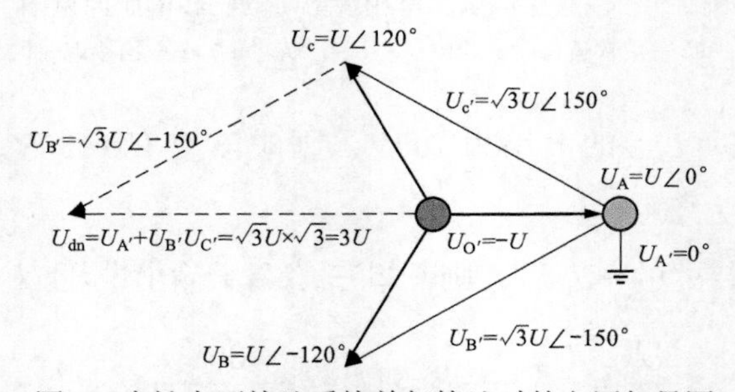

图 3　中性点不接地系统单相接地时的电压相量图

3　自产零序电压与开口三角形绕组零序电压的对比分析

在某个抽水蓄能电站中，发电机保护装置可能需要获取主变压器高压侧的零序电压。主变压器高压侧是 500kV 的中性点接地系统，则该 TV 变比应该为：$\frac{500}{\sqrt{3}}/\frac{0.1}{\sqrt{3}}/0.1\text{kV}$。现在分析通过开口三角形绕组和自产零序的方式获取零序电压的区别。

若通过开口三角形绕组获取零序电压，无论 TV 一次侧电压是否对称，设 TV 一次侧三相电压为 $\dot{U}_A$、$\dot{U}_B$、$\dot{U}_C$，则一次侧零序电压为：$3\dot{U}_0 = \dot{U}_A + \dot{U}_B + \dot{U}_C$，零序电压大小为 $3U_0$。因此开口三角形端子输出电压 U_{dn} 为：

$$\frac{3U_0}{U_{dn}} = \frac{500/\sqrt{3}}{0.1} \tag{10}$$

则：

$$U_{dn}=\frac{0.1}{500/\sqrt{3}}\times 3U_0=\frac{0.1}{500/\sqrt{3}}\times(\dot{U}_A+\dot{U}_B+\dot{U}_C) \tag{11}$$

若通过自产零序的方式获取零序电压，为避免混淆，记自产零序电压为 U_u。TV 的相绕组电压比 $K=\frac{500}{\sqrt{3}}/\frac{0.1}{\sqrt{3}}=5000$，则二次侧各相绕组电压为：

$$\dot{U}_a=\dot{U}_A/K,\quad \dot{U}_b=\dot{U}_B/K,\quad \dot{U}_c=\dot{U}_C/K \tag{12}$$

所以，自产零序电压为：

$$U_u=\dot{U}_a+\dot{U}_b+\dot{U}_c=\dot{U}_A/K+\dot{U}_B/K+\dot{U}_C/K=(\dot{U}_A+\dot{U}_B+\dot{U}_C)/K \tag{13}$$

因此，两种方式获取的零序电压之比为：

$$\frac{U_{dn}}{U_u}=\frac{\frac{0.1}{500/\sqrt{3}}\times(\dot{U}_A+\dot{U}_B+\dot{U}_C)}{(\dot{U}_A+\dot{U}_B+\dot{U}_C)/K} \tag{14}$$

$$\frac{U_{dn}}{U_u}=\frac{0.1}{500/\sqrt{3}}\times K=\frac{0.1}{500/\sqrt{3}}\times 5000=\sqrt{3} \tag{15}$$

因此，开口三角形绕组输出的零序电压大小是自产零序电压大小的 $\sqrt{3}$ 倍。

4 两种零序电压获取方式的计算

上述抽水蓄能电站主变压器高压侧 TV 二次侧实际上只有相绕组，没有装设开口三角形绕组，那么发电机保护装置获取主变压器高压侧零序电压就只能采用自产零序的方式。

对一次系统进行短路计算，得到主变压器高压侧单相接地时的最大零序电压 $3U_0$ 为 260kV，则自产零序大小为：

$$U_u=3U_0/K=260\text{kV}/5000=52\text{V} \tag{16}$$

也可以设想一个虚拟的开口三角形绕组，则该绕组的输出电压必定是 0.1kV，因此，该虚拟绕组的变比是 $\frac{500}{\sqrt{3}}/0.1\text{kV}$，则该虚拟绕组产生的开口三角形端子电压为：

$$U_{dn}=\frac{0.1}{500/\sqrt{3}}\times 3U_0=\frac{0.1}{500/\sqrt{3}}\times 260\text{kV}=52\sqrt{3}\text{V} \tag{17}$$

通过本文上述分析，可知自产零序电压为：

$$U_{\mathrm{u}} = \frac{U_{\mathrm{dn}}}{\sqrt{3}} = \frac{52\sqrt{3}\mathrm{V}}{\sqrt{3}} = 52\mathrm{V} \tag{18}$$

通过上述原理分析也可知道，在整定计算中要计算自产零序电压时，没必要设想这个虚拟的开口三角形绕组，可以直接用一次系统的零序电压值除以 TV 相绕组变比。

参考文献

[1] 水利电力部供应司．发电厂和变电站电气设备［M］．北京：水利电力出版社，1960.

[2] 张保全，尹项根．电力系统继电保护．第二版［M］．北京：中国电力出版社，2010.

[3] 凌子恕．高压互感器技术手册［M］．北京：中国电力出版社，2005.

[4] 刘万顺，黄少锋，徐玉琴．电力系统故障分析．第三版［M］．北京：中国电力出版社，2010.

抽水蓄能电站额定水头选择

闵　丽

（国网新源控股有限公司抽水蓄能技术经济研究院，北京市　100161）

摘要　额定水头是抽水蓄能电站的重要参数之一，对电站安全稳定运行意义重大。然而，目前国内外对抽水蓄能电站额定水头的选择尚没有统一的规定。从相关技术文件、选择标准出发，以某抽水蓄能电站为例，结合具体工程的机组制造、稳定运行、动能利用、工程投资等方面进行说明，最终得出电站的额定水头推荐方案，可为类似抽水蓄能电站提供一定的参考。

关键词　抽水蓄能电站；额定水头；扬程

0　引言

目前国内外对抽水蓄能电站额定水头的选择尚没有统一的规定[1-3]。我国水利水电工程动能设计规范对于额定水头的选取规定是：抽水蓄能机组的额定水头、额定扬程选择应根据上、下水库水位变幅、水头损失及电站运行方式分析确定。

根据《抽水蓄能电站设计规范》（NB/T 10072—2018）7.1.3 的要求：额定水头选择应考虑水头 / 扬程变幅、机组运行稳定性和效率等因素。对于水头变幅较大的抽水蓄能电站，额定水头不宜小于算数平均水头；对于水头变幅较小的电站，额定水头可略低于加权平均水头或算数平均水头[7]。

本文以某抽水蓄能电站为例，对额定水头选择的原则、考虑因素、方法、结果等开展分析。

1　某抽水蓄能电站工程概况

某抽水蓄能电站位于我国华北地区，根据预可研阶段的资料：电站上水库正常蓄水位 625m，死水位 594m，下水库正常蓄水位 289m，死水位 266m。电站最大毛水头 359m，最小毛水头 305m，平均毛水头 332m，参照国内已建和在建的抽水蓄能电站额定水头与最大、最小水头之间的关系，预可阶段初拟额定水头为 323m。

在预可阶段所拟定的额定水头的基础上，结合其他工程的设计经验，同时为保证电站的稳定运行，拟定 323m、326m 和 329m 三个额定水头方案进行动能经济指标的计算比较分析，并结合电站运行方式，选择更加合理的额定水头。

2 额定水头选择原则

合理地选择水轮机工况的额定水头是一项涉及多方面的综合性的工作，要考虑电站运行方式、机组稳定性、参数匹配等问题。

额定水头选择主要考虑以下几点：

（1）电站在目标电网中的运行位置，应满足电力系统对机组运行性能的要求。

（2）在电站正常运行范围内，水泵水轮机要有较高的综合效率。

（3）水轮机工况在低水头和部分负荷条件下应能稳定运行并能稳定地并入电网。

（4）水泵工况在高扬程区能稳定运行，不会产生二次回流现象，同时空蚀余量满足电站吸出高度的要求。

（5）水泵水轮机水力设计合理，水轮机工况和水泵工况参数能合理匹配。

（6）尽可能减少机组受阻容量，技术经济指标好。

3 额定水头方案拟定的考虑因素

3.1 机组制造和稳定运行

3.1.1 相关工程经验

早期投运的广蓄一期、十三陵抽水蓄能电站的额定水头在算术平均水头以下；天荒坪抽水蓄能电站的额定水头接近最小水头，出现了低水头并不上网等情况。根据广蓄一期设备选型和实际运行经验，在上、下水库水位相同的情况下，广蓄二期的额定水头比广蓄一期提高了 16m，接近算术平均水头。

根据《抽水蓄能电站工程通用设计 水力机械》相关条文说明：从水力机械角度考虑，对于水头变幅较大的抽水蓄能电站，额定水头不宜小于算术平均水头；对于水头变幅较小的抽水蓄能电站，额定水头可略低于加权平均水头或算术平均水头，最终应通过技术经济比较确定。从国内已建和在建抽水蓄能电站设计以及近年来各主机厂家的技术交流中得知，水轮机工况额定水头选择有提高的趋势，一般最大水头与额定水头比值不大于 1.1。

经计算，该抽水蓄能电站各方案的加权平均水头分别为 325.81m、325.78m、326.08m。综合考虑，该电站的额定水头接近加权平均水头，比较符合规范的推荐值和主机制造厂、行业专家的建议值。

3.1.2 机组稳定性分析

根据初拟的 323m、326m、329m 三个额定水头方案，进行机组运行稳定性综合分析。各额定水头方案的机组特征参数比较结果见表 1。

表 1　　额定水头方案机组特征参数比较表

项目		单位	方案 1	方案 2	方案 3
额定水头 H_r		m	323	326	329
额定转速		r/min	333.3	333.3	333.3
转轮进口直径 D_1		m	4.81	4.81	4.81
水轮机工况	最大水头	m	357.76	357.76	357.76
	最大水头流量	m^3/s	94.8	94.8	94.8
	额定水头流量	m^3/s	106.8	105.8	104.8
	最小水头	m	300.14	300.41	300.6
	最小水头流量	m^3/s	103.01	101.45	100.28
	最小水头出力	MW	269.94	266.09	263.19
	额定比转速	m-kW	135	133	132
	额定比速系数		2421	2403	2387
水泵工况	最大扬程	m	366.69	366.69	366.69
	最大扬程流量	m^3/s	75.05	75.05	75.05
	最小扬程	m	312.92	312.92	312.92
	最小扬程流量	m^3/s	93.1	93.1	93.1
H_{pmax}/H_{tmin}			1.222	1.221	1.220
H_{tmax}/H_r			1.108	1.097	1.087
H_r/H_{taver}			0.99	1.00	1.01
蜗壳进口直径		m	2.8	2.8	2.8
尾水管出口直径		m	6.2	6.2	6.2

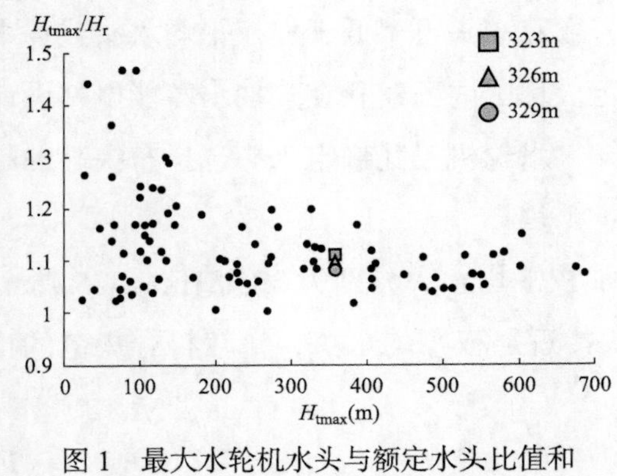

图 1　最大水轮机水头与额定水头比值和最大水头关系曲线

图 1 为国内、外部分已建抽水蓄能电站最大水轮机水头与额定水头比值和最大水头关系曲线（H_{tmax}/H_r-H_{tmax}）。从图中可以看出，最大水头 358m 左右水头段抽水蓄能电站中，最大水头与额定水头的比值 H_{tmax}/H_r 在 1.1 附近，本电站各方案 H_{tmax}/H_r 比值分别为 1.108、1.097 和 1.087 都位于 1.1 附近。除了注意水轮机与水泵工况参数匹配外，还需要对水泵高扬程时可能出现的不稳定问题充分重视。

国内某知名机组制造厂家认为，抽水蓄能电站设计中在注意控制水头变幅的同时，额定水头多选择靠近平均水头（一般上限在高于平均水头的 4%，下限在低于平均水头的 1%，即 $H_r/H_{taver}=0.99\sim1.04$），对机组水力设计是有利的。

本电站三个方案 H_r/H_{taver} 分别为 0.99、1.00、1.01，三个方案均符合常规推荐范围。

额定水头的选择与电站的水头变幅有关。如果电站的水头变幅很大，而额定水头又选得低，转轮的运行工况偏离最优工况太远，容易出现不稳定现象[4]。从水泵水轮机水力设计考虑，过低的额定水头会加大机组过流量，并偏离最优工况区较远，这样低水头运行时水轮机工况空载稳定性差，小负荷时效率低，水泵工况高扬程运行稳定性差。采用较高的水轮机额定水头，运行稳定性会有所改善。有制造厂家根据投运电站的情况，统计了机组的稳定运行的区域。本电站各额定水头方案的 H_{pmax}/H_t 与 Q_t/Q_{pmax} 的关系曲线见图 2。由图可见，三个方案机组工作点均处于稳定区内，随着额定水头提高，机组运行点离不稳定界限越远，水泵水轮机的运行稳定性将向好的方向发展。

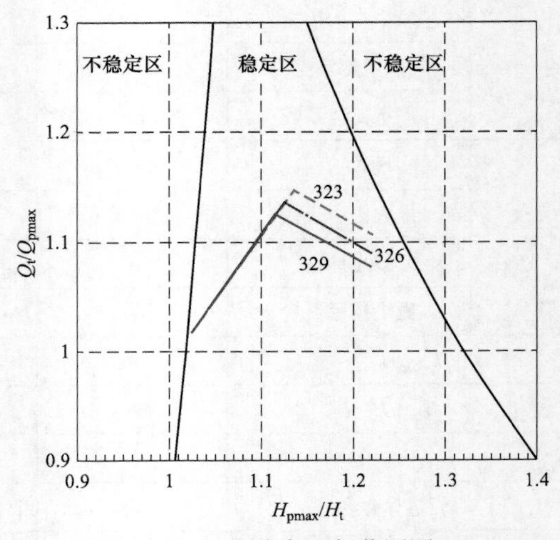

图 2　机组稳定运行范围图

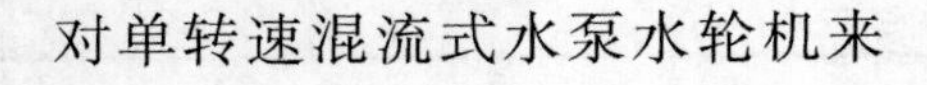
对单转速混流式水泵水轮机来

说，要同时满足水轮机和水泵两种工况的运行要求。与常规水轮机相比，在相同的水头及转速下转轮直径偏大。反映在水轮机工况转轮特性曲线上，机组的运行区域处在偏大于最优单位转速的区域，随着额定水头的提高，机组运行区域向最优工况方向偏移，转轮的效率提高。同时，转轮叶片进口水流冲撞、转轮叶片出口环流减小，从而降低叶道涡及尾水管涡带，有利于机组运行的稳定性。水泵水轮机转轮的设计通常要优先满足水泵工况扬程、抽水流量、空蚀性能等的要求，再尽量使水轮机工况运转在较好的区域。水泵水轮机转轮的形状及尺寸更倾向于水泵，与同水头的常规水轮机相比，转轮直径更大，叶片更长，流道更窄，水轮机工况单位流量 Q_{11} 更小。如果水轮机额定水头选得太低，要求转轮有更大的过流能力，即更大的单位流量 Q_{11}，会增加转轮的设计难度，同时使水泵工况与水轮机工况的参数不易匹配，并且泵工况过大的流量也不利于机组的稳定。

综上所述，本抽水蓄能电站接入的省级电网容量大，但考虑到三个额定水头比选方案的电站受阻容量占电网总容量的比例均较低，对电网调度的影响较小；同时，考虑到本电站额定水头的提高可改善水轮机工况效率，扩大稳定运行范围，有利于机组长期稳定、安全运行。综合电站工程投资、水头变幅、及电站长期安全、可靠、稳定运行要求等因素，本阶段推荐选择额定水头 326m 的方案，相应 $H_r/H_{aver}=1.00$，在厂家推荐范围内。

3.2 动能指标

3.2.1 动能指标

各额定水头方案主要动能指标见表 2。

表 2　　各额定水头方案动能指标比较表

方案项目	方案一	方案二	方案三
装机容量（MW）	1200	1200	1200
最大水头（m）	357.76	357.76	357.76
最小水头（m）	300.14	300.41	300.6
算术平均水头（m）	328.95	329.09	329.18
加权平均水头（m）	325.81	325.78	326.08
发电水头损失计算系数（$\times Q^2$）	8.3496E−04	8.3496E−04	8.3496E−04
抽水水头损失计算系数（$\times Q^2$）	8.3327E−04	8.3327E−04	8.3327E−04
额定水头（m）	323	326	329
额定流量（m^3/s）	106.8	105.8	104.8

续表

方案项目	方案一	方案二	方案三
额定转速（r/min）	333.3	333.3	333.3
比转速（m·m^3/s）	43	43	43
水轮机转轮进口直径（m）	4.81	4.81	4.81
日发电量（万 kWh）	623.69	625.94	627.7
日抽水用电量（万 kWh）	812.22	812.22	812.22
综合效率系数	76.79%	77.07%	77.28%
最大水头与额定水头的比值	1.11	1.10	1.09
水头比值 K	0.40	0.45	0.50
最大受阻容量（MW）	83	97	106
可满发时段（h）	3.1	2.7	2.2

注 1. 日发电量及抽水用电量为方案比较阶段成果。
2. 水头比值（K）=（额定水头 − 最小水头）/（最大水头 − 最小水头）。
3. 效率系数指到水轮机出口的能量转换系数。
4. 下水库的最高水位采用有抽水蓄能电站后长系列径流调节计算的平均水位。

针对于本抽水蓄能电站，随着额定水头的抬高，发电量基本无差别。由于本电站的经济效益主要体现在容量效益等方面，电量效益相差很小。

3.2.2 受阻分析

根据各额定水头方案实际运行情况，对各方案受阻情况进行统计分析。经估算，本抽水蓄能电站各额定水头方案最大受阻容量分别为 83MW、97MW、106MW，三个方案占省级电网总容量比例均较小。因此，从保障电网安全稳定运行、发挥电网事故备用等方面分析，三个方案基本相当。

3.2.3 K 值分析

额定水头比选需考虑方案对电站运行尤其是受阻情况的影响，主要考察指标之一即电站水头特征系数（K）。

收集近年来新建（开工）抽水蓄能电站有关参数，汇总机组额定水头与电站水头特征系数，国内已建抽水蓄能电站大多 K 值在 0.2～0.5 之间，说明其额定水头大多在其平均水头以下；国外已建抽水蓄能电站大多集中在 0.5～0.7 之间，额定水头选择一般都较高，特别是日本的一些电站比较明显。

从我国额定水头的发展来看，我国已投产的十三陵、广蓄一期、广蓄二期和天荒坪抽水蓄能电站该比值在 0～0.33 之间。通过这些抽水蓄能电站投入运行后的经验，额定水头偏低，虽然发电时的受阻容量和受阻时间减少了，但给机组的稳定运行带来很多问题。随 K 值增大，即额定水头的提高，机组在额定水头及以下水头的运行工况向稳定区中心偏移，额定水头越高越有利于改善低水头或小负荷时机组运行的稳定性。因此，目前设计和施工的抽水蓄能电站，额定水头均有提高的趋势。

从动能指标表可知，各额定水头比选方案 K 值分别为 0.40、0.45、0.50，各额定水头方案水头特征系数均较为合适。

3.3 工程投资与经济比较

工程静态投资由枢纽工程投资、建设征地和移民安置补偿投资、独立费用和基本预备费构成。各额定水头方案间距仅为 3m，各方案水轮机尺寸相同，厂房尺寸相同，输水系统尺寸也无变化，因此，各方案工程静态投资均为 638738 万元。

随着额定水头的抬高，发电量和抽水电量基本相当，经济效益基本相当。

4 结论

4.1 从机组制造和稳定运行方面考虑

对于水泵水轮机，额定水头的抬高，会使水轮机工况的运行范围更越靠近最优效率区，将有利于机组参数的优化和稳定性的提高。从机组运行稳定来看，各方案额定水头接近或略低于加权平均水头，比较符合规范的推荐值和主机制造厂、行业专家的建议值。综合权衡电站长期运行的安全、可靠、稳定的角度，推荐额定水头 326m 方案。

4.2 从水头比值（K）角度来看

各比选方案 K 值在 0.40～0.50 之间，位于国内已建抽水蓄能电站大多 K 值所在范围。因此，从这个角度来看，各额定水头方案水头特征系数均较为合适。

4.3 从受阻情况分析

各额定水头方案最大受阻容量分别为 83MW、97MW、106MW。随着额定水头的提高，电站满发运行小时数不断减少、受阻运行时间越来越长，受阻时间占运行时间的比重逐渐加大。这样，一定程度上减弱了电站的调峰能力，也影响电站的效益。因此，从这方面考虑，额定水头不宜太高。但从受阻容量与电网装机容量的比例来看，三个方案基本在同一水平。

4.4 从工程投资和经济指标来看

工程静态投资由枢纽工程投资、建设征地和移民安置补偿投资、独立费用和基本预备费构成。各额定水头方案间距仅为3m，各方案水轮机尺寸相同，厂房尺寸相同，输水系统尺寸也无变化，因此，各方案工程静态投资均为638738万元。随着额定水头的抬高，发电量和抽水电量基本相当，经济效益基本相当。

综合考虑电站的发电指标、经济指标、电网调峰需求、机组设计制造以及稳定运行要求等多重因素，并借鉴国内其他抽水蓄能电站额定水头确定经验，既要满足电站调峰需求，又要有利于机组的稳定运行，因此，确定此抽水蓄能电站额定水头取326m。

参考文献

[1] 宋敏，刘霞. 洛宁抽水蓄能电站额定水头比选研究［J］. 水电与抽水蓄能，2019，5（5）：88-92.

[2] 谷振富，尤莉莎，吴妍，等. 张河湾抽水蓄能电站额定水头的讨论［J］. 水电站机电技术，2018，41（12）：8-9.

[3] 张文科，张健，俞晓东，等. 可变速抽蓄机组运行转速对甩负荷过渡过程的影响［J］. 排灌机械工程学报，2022，40（6）：570-575.

[4] 刘德民，段昌德，赵永智，等. 抽水蓄能电站水泵水轮机组选型思考［J］. 水电站机电技术，2019，42（7）：13-17，76.

某抽水蓄能电站发电电动机支路不平衡电流分析

杜诗悦[1]，夏斌强[2]，尚　欣[1]，于楚翘[1]

（1. 国网新源抽水蓄能技术经济研究院，北京市　100053；
2. 国网新源抽水蓄能有限公司，北京市　100053）

摘要　某抽水蓄能电站发电电动机 4 支路绕组的设计属国内首例真机应用，为了研究特殊 4 支路绕组设计对发电电动机支路不平衡电流及机组运行的影响，对各工况下的支路电流进行测量、计算，进行仿真及现场试验，经过结果分析与对比，发现 4 支路绕组发电电动机三相电流、电势三相对称，虽然存在三相不平衡电流，但不会影响电压波形质量、线棒温升、保护配置等，满足机组长期安全可靠运行的要求。

关键词　发电电动机；4 支路绕组；不平衡电流

0　引言

在抽水蓄能项目中，300MW 等级、428.6r/min 发电电动机应用得最多，且相应转速的水轮机性能优越。若采用常规 7 支路对称绕组，存在槽电流偏低、电气参数不合理、抽水蓄能电站高压设备选择困难、技术经济指标不佳等问题。若采用 4 支路绕组，可以解决容量、转速、电压和槽电流匹配的问题，在保证水轮机性能优越的前提下，简化保护配置、提高电气性能、减少安装难度、降低造价、方便运行维护，并扩大抽水蓄能电机的转速适应范围，使电机经济、技术指标大幅度提升[1]。

国外已经具备较为成熟的 4 支路绕组设计、应用、运行的技术的和能力，但在国内水电领域尚未有先例，某抽水蓄能电站发电电动机属首例真机应用[2]。为了研究 4 支路绕组真机运行时支路电流情况，本文对各支路电流的不平衡量进行测量计算，详细分析某发电电动机三相不平衡电流，并与其他电站进行对比分析，确保 4 支路绕组发电电动机可以长期、安全、可靠运行。

1 支路电流测量

1.1 试验接线及测量设备

支路电流是指三相电流中每个支路上所流过的电流，为了测量支路电流，本文在此电站 1 号发电电动机每一相的每个支路上均安装了电流互感器，使用同一套电量测试仪，在不同运行工况下对 4 条支路电流同时进行测试，试验接线如图 1 所示。

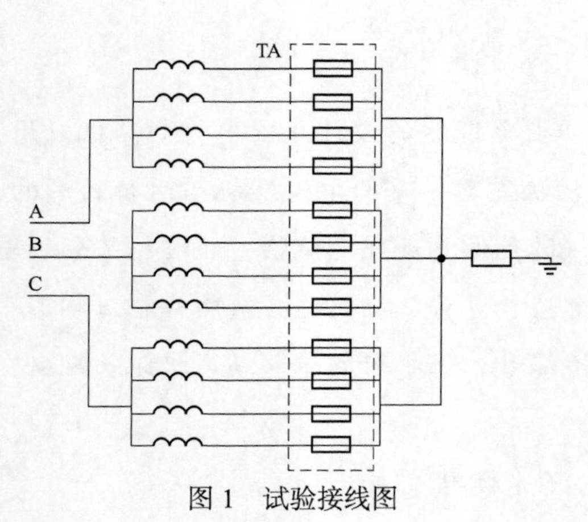

图 1 试验接线图

电流的测量选择低压开口式电流互感器，如图 2 所示，互感器变比为 3000A/5A，精度为 0.2 级。

该电站发电机每相有 4 个支路，三相共 12 个支路，因此，需要 12 个电流互感器，安装位置在发电机中性点引线处，如图 3 和图 4 所示。

电量测试仪选择 TK2016 电量测试仪，并配有 FLUKE6004，可同时测 4 路电流，精度为 0.1 级。

图 2 开口式电流互感器

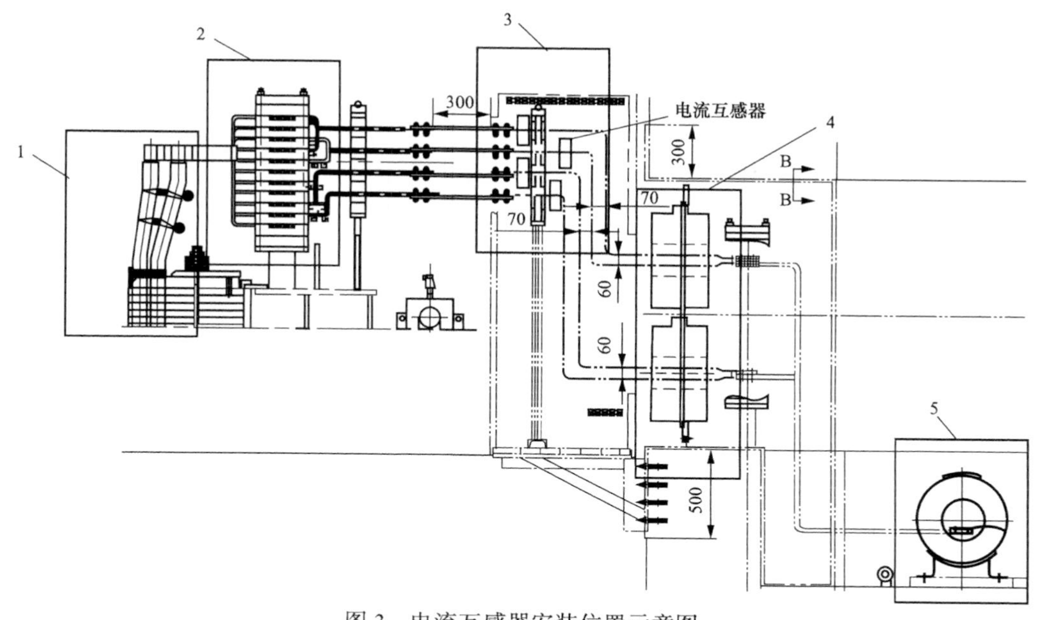

图 3　电流互感器安装位置示意图

1—本体部分（绕组和铁芯）；2—铜环引线（中性点和机端）；

3—本试验测量用电流互感器；4—主保护分支电流互感器；5—主保护零序电流互感器

图 4　C 相电流互感器实际安装图

1.2　试验工况

分别在短路工况、负载工况、空载工况、电动工况下进行测试，其中，短路工况下的试验电流分别为 $0.4I_N$、$0.6I_N$、$0.8I_N$、$1.0I_N$；负载工况下的试验负载分别为 $0.25P_N$、$0.5P_N$、$0.75P_N$、$1.0P_N$。

1.3　试验结果

各工况下每条支路电流大小统计如表 1～表 3 所示。

表 1　　　A 相支路电流汇总表

工况	A 相电流（A）	A 相第一支路电流（A）	A 相第二支路电流（A）	A 相第三支路电流（A）	A 相第四支路电流（A）
短路 40%	4305	1065	1066	1085	1089
短路 60%	6357	1576	1578	1605	1598
短路 80%	8550	2121	2122	2158	2149
短路 100%	10608	2635	2636	2668	2669
电动工况	9199	2301	2265	2348	2285
空载	0	10.21	10.59	14.72	14.75
负载 25%	2343	574.7	588.1	604.3	575.4
负载 50%	4672	1152.6	1167	1193.1	1160.4
负载 75%	7185	1773	1784	1824	1787
负载 100%	9441	2337	2351	2398	2355

表 2　　　B 相支路电流汇总表

工况	B 相电流（A）	B 相第一支路电流（A）	B 相第二支路电流（A）	B 相第三支路电流（A）	B 相第四支路电流（A）
短路 40%	4321	1110	1116	1042	1053
短路 60%	6340	1622	1646	1521	1551
短路 80%	8578	2201	2224	2060	2093
短路 100%	10697	2747	2773	2568	2609
电动工况	9234	2363	2370	2220	2281
空载	0	9.11	7.15	8.75	8.71
负载 25%	2413	622.6	620.9	581	590.2
负载 50%	4695	1207	1213	1125	1150
负载 75%	7229	1847	1862	1720	1761
负载 100%	9433	2422	2446	2254	2311

表 3　　　C 相支路电流汇总表

工况	C 相电流（A）	C 相第一支路电流（A）	C 相第二支路电流（A）	C 相第三支路电流（A）	C 相第四支路电流（A）
短路 40%	4300	1068	1128	1010	1094
短路 60%	6338	1574	1663	1488	1613
短路 80%	8558	2126	2246	2008	2178
短路 100%	10668	2650	2800	2503	2715
电动工况	9268	2275	2470	2084	2439
空载	0	9.53	9.79	12.85	14.01

续表

工况	C 相电流（A）	C 相第一支路电流（A）	C 相第二支路电流（A）	C 相第三支路电流（A）	C 相第四支路电流（A）
负载 25%	2315	564.6	619.3	545.8	587.2
负载 50%	4645	1138	1236	1075	1196
负载 75%	7195	1754	1900	1640	1856
负载 100%	9418	2313	2500	2151	2454

2　测量结果分析

2.1　三相电流对称性

根据式（1）计算不同工况下三相电流的相对偏差，计算结果如表 4 所示。由表可知，除了负载 25% 工况下 B 相、C 相电流相对偏差大于 1%，其他工况下相电流的相对偏差均小于 1%，说明三相电流基本相等，三相电流对称性较高。

$$S=[(I-I')/I']\times 100\% \tag{1}$$

式中：S——电流相对偏差；

I——相电流，A；

I'——三相电流平均值，A。

表 4　三相电流相对偏差计算表

工况	A 相电流（A）	B 相电流（A）	C 相电流（A）	相对偏差		
				A 相	B 相	C 相
电动工况	9199	9234	9268	−0.38%	0.00%	0.37%
空载	0	0	0	0.00%	0.00%	0.00%
负载 25%	2343	2413	2315	−0.59%	2.38%	−1.78%
负载 50%	4672	4695	4645	0.03%	0.52%	−0.55%
负载 75%	7185	7229	7195	−0.25%	0.36%	−0.11%
负载 100%	9441	9433	9418	0.11%	0.02%	−0.13%

2.2　支路环流

根据此 4 支路绕组配置方案模拟各相各支路电势合成电势，如图 5 所示，各相各支路的合成电势的幅值相角完全一致，因此，理论上 4 支路绕组发电电动机在运行时不会产生环流。

在空载工况下取一相支路电流波形，如图6所示，可以看出，理论计算结果的环流很小，不到0.1A，而实测的环流最大瞬时值为30A，有效值为14A，其电流包络线周期为140ms，恰好为电机旋转一周所需时间。由此可以判断，此电流是由于转子偏心、气隙不均、端部引线长短不一致等电机加工制造、安装等原因导致。由于此电流很小，可以判断每相的4个支路电势大小相等，符合支路电势相等的设计指标，为对称支路绕组。

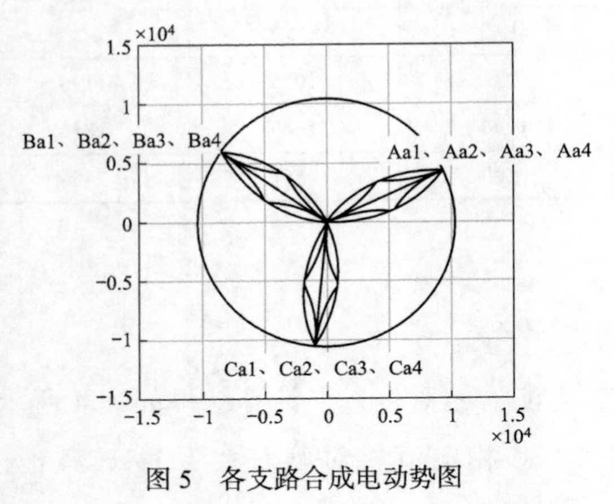

图5 各支路合成电动势图

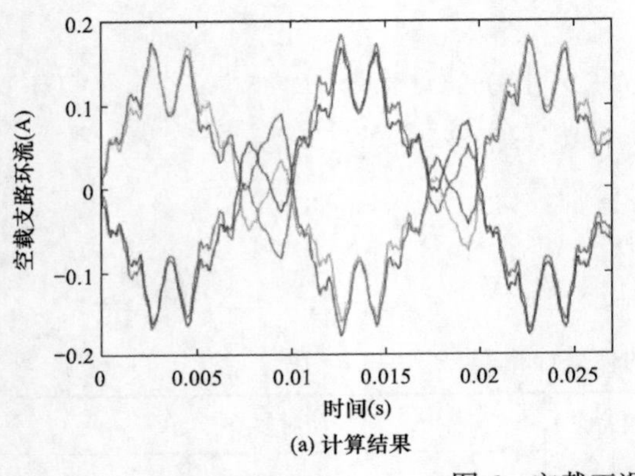

(a) 计算结果

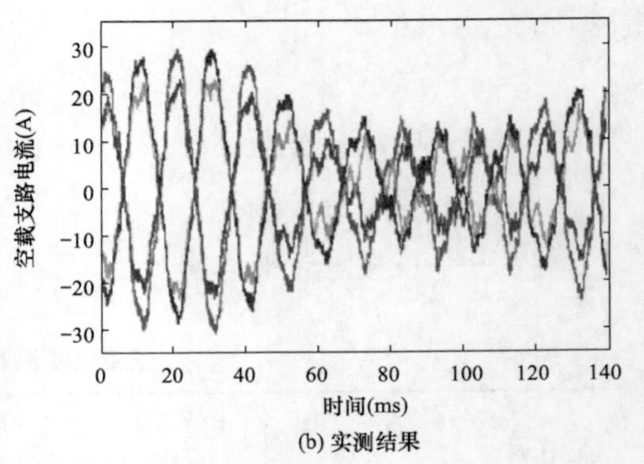

(b) 实测结果

图6 空载工况下支路电流图

此时的支路电压和空载线电压测量结果如表5、表6所示。各支路电压幅值相等，相位相同，三相电压幅值相等，相位相差180°，为三相对称、支路平衡绕组。理论分析采用的是理想模型，且忽略铜环引线的影响，因此，三相各支路分析结果均有理想的对称性。

表5 空载工况A相支路电压表

工况	A相第一支路电压	A相第二支路电压	A相第三支路电压	A相第四支路电压
基波（V）	9936.6	9936.6	9936.6	9936.6
相位（°）	95.102	95.102	95.102	95.102

表 6　　空载线电压表

工况	U_{ab}	U_{bc}	U_{ca}
基波（V）	18931.6	18931.8	18931.8
相位（°）	−174.90	65.10	−54.90

2.3 支路不平衡电流

表 7～表 9 为此电站各工况在 100% 时三相各支路电流不平衡情况。在定子绕组方案为分数极路比 4 支路对称绕组的情况下，由表 7～表 9 可知，此抽水蓄能电站 A 相支路电流的不平衡度较小，不平衡度均小于 1%；B 相支路电流不平衡度稍大，其中 B 相第三支路电流普遍偏小，不平衡度最大值为 2.04%；C 相支路电流不平衡度最大，其中 C 相第三支路电流路电流最小，不平衡度最大值为 4.16%。

表 7　　A 相不平衡电流计算表

工况	A 相第一支路电流（A）	A 相第二支路电流（A）	A 相第三支路电流（A）	A 相第四支路电流（A）	不平衡电流（A）	不平衡度（%）
空载	10.21	10.59	14.72	14.75	4.54	—
短路（100%）	2635	2636	2668	2669	34	0.32
电动（100%）	2301	2265	2348	2285	83	0.90
发电（100%）	2337	2351	2398	2355	61	0.65

表 8　　B 相不平衡电流计算表

工况	B 相第一支路电流（A）	B 相第二支路电流（A）	B 相第三支路电流（A）	B 相第四支路电流（A）	不平衡电流（A）	不平衡度（%）
空载	9.11	7.15	8.75	8.71	1.96	—
短路（100%）	2747	2773	2568	2609	205	1.92
电动（100%）	2363	2370	2220	2281	150	1.62
发电（100%）	2422	2446	2254	2311	192	2.04

表 9　　C 相不平衡电流计算表

工况	C 相第一支路电流（A）	C 相第二支路电流（A）	C 相第三支路电流（A）	C 相第四支路电流（A）	不平衡电流（A）	不平衡度（%）
空载	9.53	9.79	12.85	14.01	4.48	—
短路（100%）	2650	2800	2503	2715	297	2.78

续表

工况	C 相第一支路电流（A）	C 相第二支路电流（A）	C 相第三支路电流（A）	C 相第四支路电流（A）	不平衡电流（A）	不平衡度（%）
电动（100%）	2275	2470	2084	2439	386	4.16
发电（100%）	2313	2500	2151	2454	349	3.71

单独分析发电工况 100% 负荷时各支路电流情况，如表 10 所示，在本抽水蓄能电站真机试验时，其支路电流 A 相比较均匀，而 C 相差别较大，为相电流的 2.1%。

表 10　发电工况 100% 负荷各支路电流表

相位	第一支路（A）	第二支路电流（A）	第三支路电流（A）	第四支路电流（A）	最大偏差
A 相	2337	2351	2398	2355	0.4
B 相	2422	2446	2254	2311	1.1
C 相	2313	2500	2151	2454	2.1

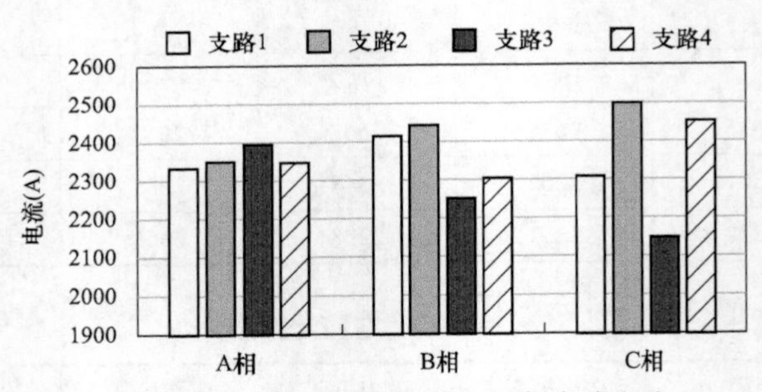

图 7　发电工况 100% 负荷工况各支路电流

理论分析均按照电机为理想结构，无偏心，电机尺寸、材料、安装均按设计要求完全满足，因此计算结果均为理想情况。实际上，电机在制造安装过程中不可避免地会出现与设计不符的情况：

（1）转子不圆、偏心、气隙不均匀等，造成气隙磁场不均匀。

（2）定子绕组端部引线长短不一，产生的漏感和互感大小不等。

（3）材质不均。

（4）制造组装偏差。

上述情况的出现，可能导致支路电势和支路阻抗出现不完全一致的情况，将引起定子支路电流不完全相等。但这些因素在实际电机设计、制造、安装中，是不可避免的，因此环流或大或小都会存在。

3 不同电站对比分析

表 11～表 13 为 A 电站各工况在 100% 时三相各支路电流不平衡情况。A 电站也为分数极路比 4 支路对称绕组，较于本文研究电站的发电电动机，A 电站发电电动机三相不平衡电流较小，不平衡度均小于 1%，最大不平衡电流仅为 96.7A。

表 11　A 电站 A 相不平衡电流计算表

工况	A 相第一支路电流（A）	A 相第二支路电流（A）	A 相第三支路电流（A）	A 相第四支路电流（A）	不平衡电流（A）	不平衡度（%）
空载	11.5	11.6	11.5	11.9	0.4	0.86
短路（100%）	2678.1	2645.8	2670.6	2636.8	41.3	0.39
电动（100%）	2442.8	2415.3	2434.8	2399.5	43.3	0.45
发电（100%）	2390.8	2364.5	2389.4	2352.5	38.3	0.40

表 12　A 电站 B 相不平衡电流计算表

工况	B 相第一支路电流（A）	B 相第二支路电流（A）	B 相第三支路电流（A）	B 相第四支路电流（A）	不平衡电流（A）	不平衡度（%）
空载	11.3	13.9	11.0	13.3	2.9	5.86
短路（100%）	2634.3	2717.4	2620.7	2702.2	96.7	0.91
电动（100%）	2432.2	2452.0	2417.2	2440.5	34.8	0.36
发电（100%）	2357.8	2427.9	2337.7	2417.4	90.2	0.95

表 13　A 电站 C 相不平衡电流计算表

工况	C 相第一支路电流（A）	C 相第二支路电流（A）	C 相第三支路电流（A）	C 相第四支路电流（A）	不平衡电流（A）	不平衡度（%）
空载	11.2	12.8	10.7	12.6	2.1	4.44
短路（100%）	2671.0	2691.1	2627.4	2656.3	63.7	0.60
电动（100%）	2465.5	2459.3	2392.8	2434.0	72.7	0.75
发电（100%）	2405.7	2405.5	2339.2	2376.6	66.5	0.70

表 14～表 16 为 B 电站各工况在 100% 时三相各支路电流不平衡情况。B 电站的发电机配置与 A 电站相同，均为分数极路比 4 支路对称绕组，其电磁方案、

绕组排布方式完全相同。B 电站三相支路不平衡电流均较小，不平衡度最大仅为 0.54%，最大不平衡电流仅为 62A。

表 14　　　　　　　　　　**B 电站 A 相不平衡电流计算表**

工况	A 相第一支路电流（A）	A 相第二支路电流（A）	A 相第三支路电流（A）	A 相第四支路电流（A）	不平衡电流（A）	不平衡度（%）
空载	14.29	13.19	9.99	15.68	5.69	10.71
短路（100%）	2878	2850	2865	2875	28	0.24
电动（100%）	1420	1411	1422	1426	15	0.26
发电（100%）	14.29	13.19	9.99	15.68	5.69	10.71

表 15　　　　　　　　　　**B 电站 B 相不平衡电流计算表**

工况	B 相第一支路电流（A）	B 相第二支路电流（A）	B 相第三支路电流（A）	B 相第四支路电流（A）	不平衡电流（A）	不平衡度（%）
空载	12.70	13.78	10.79	14.67	3.89	7.48%
短路（100%）	2841	2898	2903	2894	62	0.54
电动（100%）	1407	1427	1437	1436	30	0.53
发电（100%）	12.70	13.78	10.79	14.67	3.89	7.48%

表 16　　　　　　　　　　**B 电站 C 相不平衡电流计算表**

工况	C 相第一支路电流（A）	C 相第二支路电流（A）	C 相第三支路电流（A）	C 相第四支路电流（A）	不平衡电流（A）	不平衡度（%）
空载	8.10	10.71	13.62	16.95	8.85	17.9
短路（100%）	2870	2852	2885	2881	33	0.29
电动（100%）	1404	1392	1413	1417	25	0.44
发电（100%）	8.10	10.71	13.62	16.95	8.85	17.9

事实上，常规接法的水电机组上也存在着支路电流不平衡的情况，表 17 为测得的 C 常规水电站水轮发电机支路电流情况，可以看出，尽管该发电机采用的常规 4 支路接线方式，三相支路不平衡电流依然较大，最大不平衡电流为 258A，不平衡度最大为 3.27%。经计算，支路电流间存在一定偏差，最大偏差为 2.05%。但由此表明，本文所研究的发电电动机的支路电流不平衡现象不是由于分数极路比 4 支路对称绕组接线技术带来的，常规接线的机组也存在。因此，无论常规绕组还是特殊 4 支路绕组，实际机组运行中或大或小都存在支路电流不平

衡量，主要影响因素有转子不圆、偏心、定子绕组端部引线排布、材质不均、制造组装偏差等。

表 17　　C 常规水电站负载 100% 工况不平衡电流计算表

工况	C 相第一支路电流（A）	C 相第二支路电流（A）	C 相第三支路电流（A）	C 相第四支路电流（A）	不平衡电流（A）	不平衡度（%）
空载	2046	1968	2070	1812	258	3.27
短路（100%）	2076	1902	1956	1986	174	2.20
电动（100%）	—	1902	1956	2088	186	3.13
发电（100%）	2046	1968	2070	1812	258	3.27

4　不平衡电流产生的原因分析

从不平衡电路回路来分析其产生的原因，如图 8 所示为整体回路结构示意图，本体部分由两部分组成，第一部分为由绕组和铁心组成的电机主电抗 X_1，第二部分为中性点和主引线产生的电抗 X_2。从图 8 可知，在支路电流测量时，位于中性点和机端的铜环引线包括在测量回路中，不能排除其影响。另外，主引线和中性点引线的布置位置不同，导致各相各支路的铜环引线长度及路径均不相同。

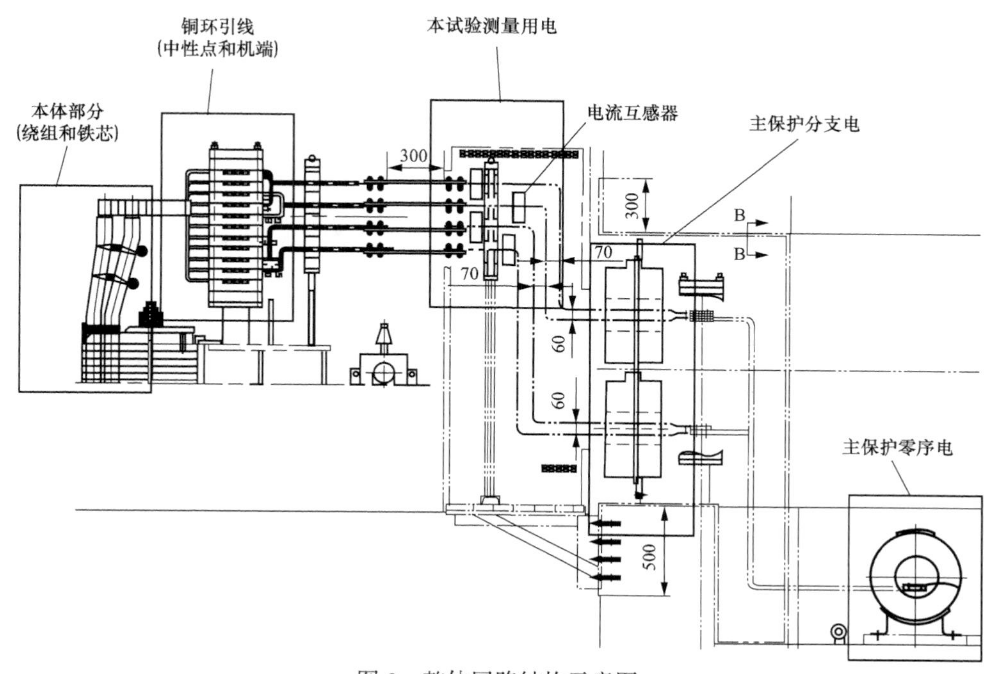

图 8　整体回路结构示意图

4.1 本体部分 4 支路对称性分析

由 2.2 分析可知，空载工况支路环流很小，约为额定电流的 0.13%，支路电势基本相等，符合支路电势相等的设计指标。各支路电压幅值相等，相位相同，三相电压幅值相等，相位相差 180°，为三相对称、支路平衡绕组。理论分析采用的是理想模型，且忽略铜环引线的影响，三相各支路分析结果均有理想的对称性，证明本文研究的 4 支路方案是对称支路绕组。

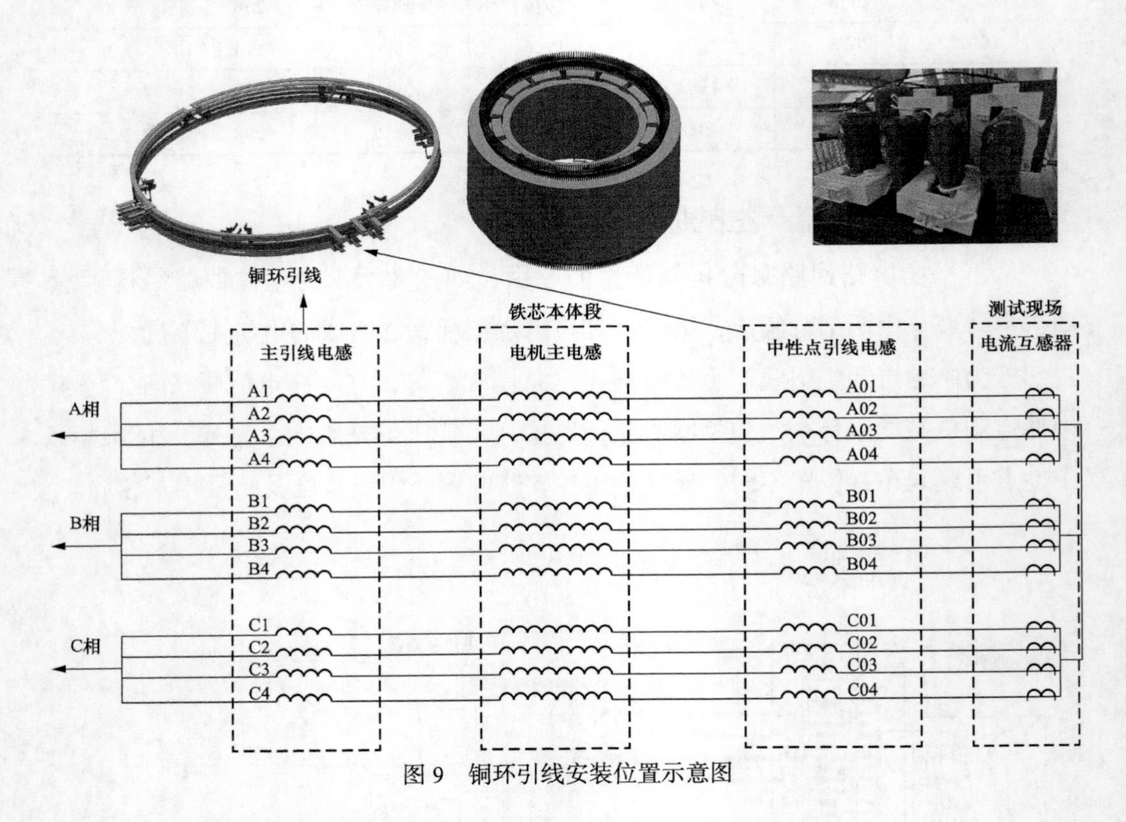

图 9　铜环引线安装位置示意图

4.2 铜环引线 4 支路对称性分析

图 10 为本文所研究的电站铜环引线结构图，其中存在绕成圆圈的铜环引线，并且铜环引线处在变化的磁场中。根据法拉利电磁感应定律，猜测铜环引线会产生感应电动势，若铜环引线封闭则会形成感应电流。针对此猜测进行了仿真计算和现场试验验证。

4.2.1 铜环引线电感仿真计算（见图 11）

根据电感线圈的基本理论，各支路铜环引线的长度及路径和相邻铜环的所属相不同，其自感和互感不同。通过仿真计算了本抽水蓄能电站各支路铜环电抗，

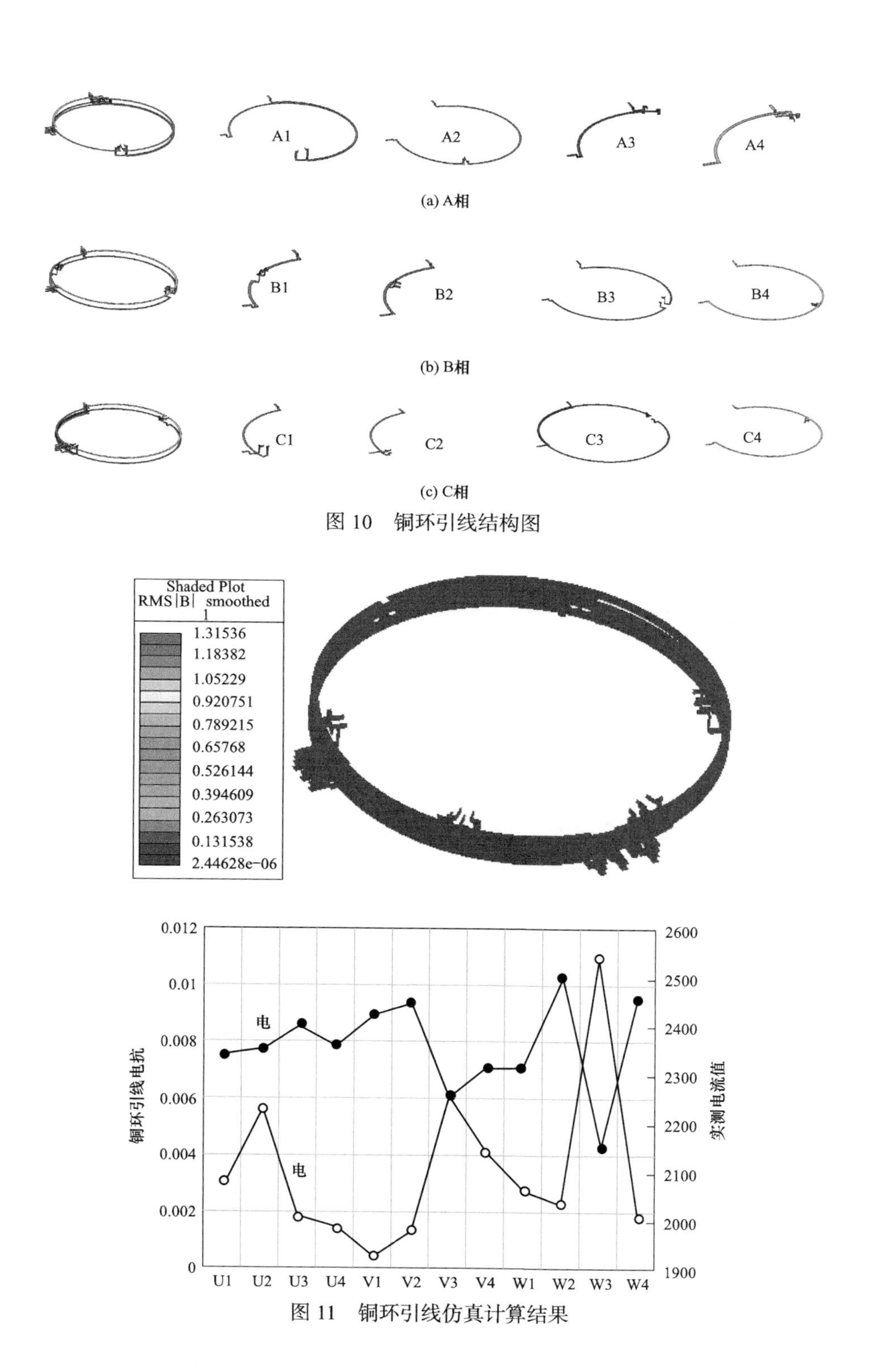

图 10 铜环引线结构图

图 11 铜环引线仿真计算结果

其大小与实测各支路电流的大小变化规律相反，说明支路不平衡电流偏大是由于铜环引线差异造成的。

4.2.2 铜环引线电感效应试验验证

为了验证不同路径的铜环引线的电感效应，在试验室用电缆进行了验证试验，试验线路图及现场装置如图 12～图 13 所示。试验 1 是在电缆不绕圈的情况下施加 400V 的交流电压，测量回路阻抗及电流；试验 2 是将电缆绕圈进行测试，试验结果如表 18 所示。

由此可知，不同结构的铜环引线会产生不同的电感效应，影响支路电流大小。

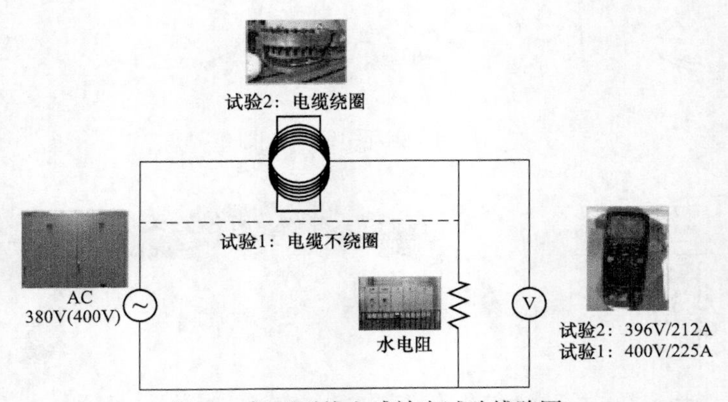

图 12 铜环引线电感效应试验线路图

图 13 铜环引线电感效应试验现场装置图

表 18 **铜环引线电感效应试验结果**

试验项目	电压（V）	电流（A）	回路阻抗（Ω）	电流偏差
试验 1（电缆不绕圈）	400	225	1.754	5.8%
试验 2（电缆绕圈）	396	212	1.868	

因此本文所研究电站发电电动机所使用的4支路方案是对称绕组，支路不平衡电流偏大不是由4支路绕组方案引起的。铜环引线各支路的结构差异是引起各支路不平衡电流偏大的主要原因。

5 不平衡电流对电机的影响分析

5.1 对相电流的影响

表19为本抽水蓄能电站1号机组实测相电流，由此可知，不同运行工况下，相电流不平衡量最大约为额定电流的1%，远小于电机允许限值（电机允许9%负序电流长期运行），故不会对电机造成影响。

表19　铜环引线电感效应试验结果

工况	A相	B相	C相	最大值	最小值	差值	差值/平均值（%）
电动	9197	9251	9217	9251	9197	54	0.586
发电50%	4672	4695	4645	4695	4645	50	1.071
发电75%	7168	7190	7150	7190	7150	40	0.558
发电100%	9441	9433	9418	9441	9418	23	0.244

5.2 对电压波形质量的影响

电源谐波电压总畸变率（THD）是衡量电源质量的重要指标之一，用来表示电压中所有谐波成分的总畸变程度。THD越小，表示电源输出的信号越接近纯正正弦波形，电源质量也就越好。表20为本电站抽水蓄能机组的THD实测与计算对比，图14为理论计算波形与实测波形对比。不管从数据还是波形来看，电压波形畸变极小，4支路方案下的电压波形质量满足标准要求。

表20　THD实测与计算对比

工况	A相	B相	C相	理论计算
1号机组	0.795	0.796	0.794	0.667
2号机组	0.789	0.791	0.792	
3号机组	0.787	0.788	0.790	
4号机组	0.768	0.764	0.764	

5.3 对定子绕组温升的影响

根据前面分析，C相支路间电流相差最大，故计算线棒分别通最大支路电流和最小支路电流时的线棒温升来研究支路电流不平衡对线棒温升的影响，结

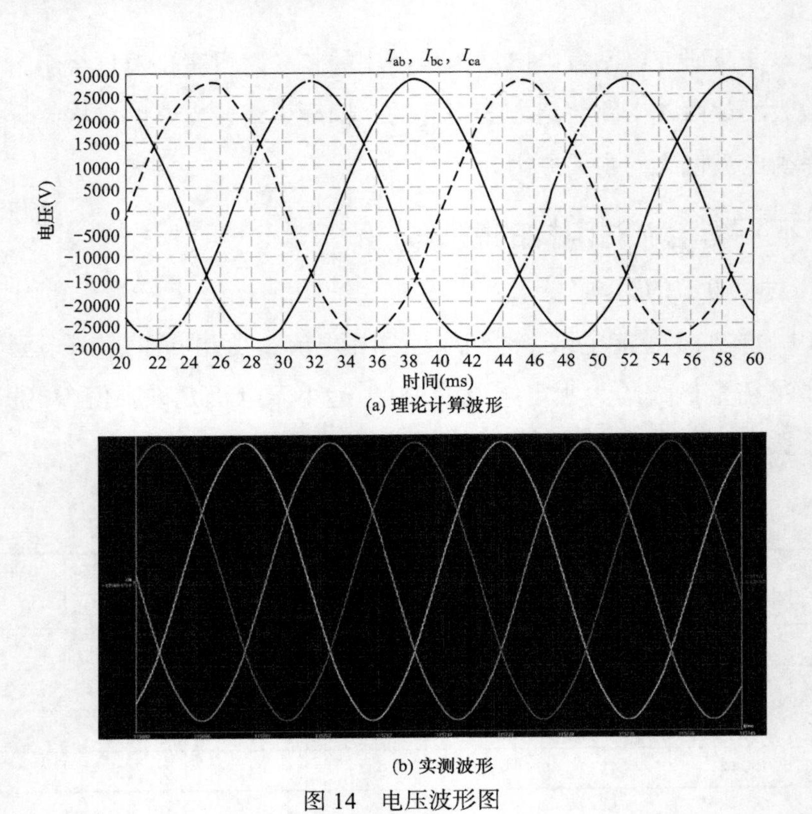

(a) 理论计算波形

(b) 实测波形

图 14 电压波形图

果如表 21 和图 15 所示。RTD 最大温升比额定情况大 2.8K，最小温升比额定小 4.6K，但温度均在考核范围内，不会对电机造成不良影响。

表 21 定子绕组温度仿真结果（考虑不平衡电流影响）

情况	冷风温度℃）	温升（K）	定子绕组层间 RTD 温度（℃）
设计额定电流	40	63.2	103.2
100% 负载最大电流	40	66	106
100% 负载最小电流	40	58.6	98.6

5.4 对保护整定值的影响

不平衡电流对零序电流保护整定值可能有一定的影响，一般按照计算给定的保护整定值都可满足整定要求，如果个别电站不平衡电流过大时，电站会根据现场实测值调整整定值，在本抽水蓄能电站现场没有进行整定值调整

经过测量，本文所研究电站的完全纵差、不完全纵差和裂相横差实际监测的电流为 $0.01I_{gn}$，远小于 DL/T684—2012《大型发电机变压器继电保护整定计算导则》和《某抽水蓄能电站继电保护整定计算书》要求的跳闸值 $0.3I_{gn}$，满足机组

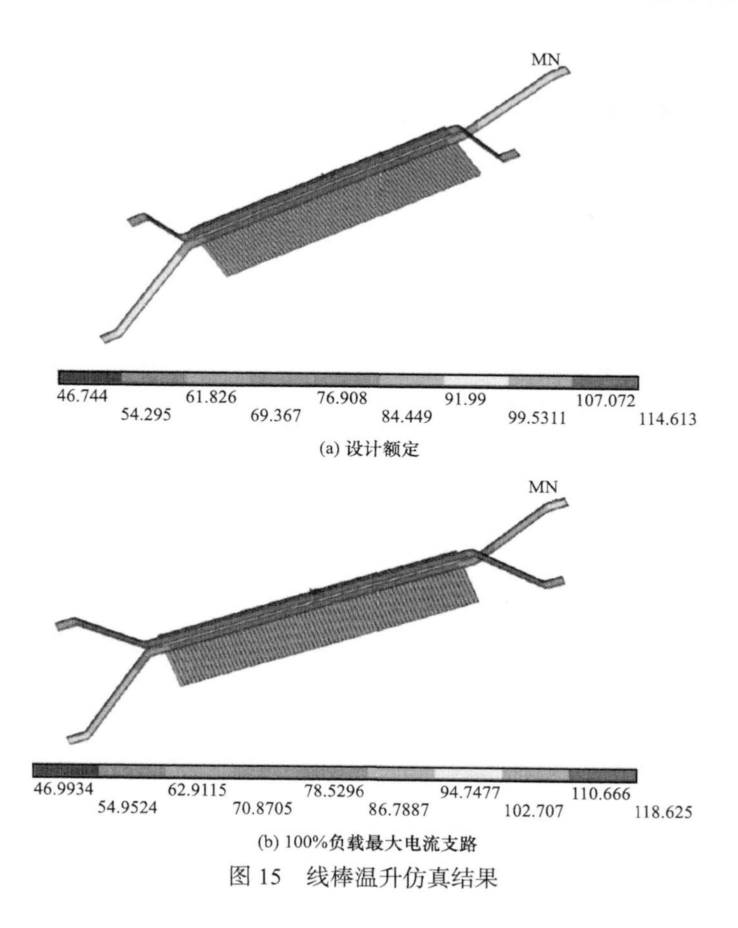

(a) 设计额定

(b) 100%负载最大电流支路

图 15　线棒温升仿真结果

长期安全可靠运行。

非常规接线在火电和水电上均有应用：

（1）火电方面，浙江镇海 390MW 燃气轮发电机、福建晋江 350MW 燃气轮发电机以及大唐高井 320MW 空冷汽轮发电机均采用了 2 极 3 支路的非常规不对称绕组接线，已稳定运行 8 年，性能优异、电气参数、温升、振动等指标均符合技术规范要求。

（2）水电方面，本抽水蓄能电站属首台采用非常规对称绕组接线运行机组，A 电站和本文研究的抽水蓄能接线完全一致，目前均运行良好，东电的永泰机组也为非常规对称绕组接线。

5.5　小结

本抽水蓄能电站发电电动机支路电流的不平衡量对相电流、电压波形质量、温升、保护整定等影响很小，相电流、电压波形及各测点温度均满足合同和标准要求，电机可以长期、安全、可靠运行。

目前国内外均未有标准对电机各相支路电流差异进行要求，仅对电机端电压波形畸变率和定子温升有规定，如满足标准，电机就可以长期稳定运行。

6 结论

根据本抽水蓄能电站真机现场支路电流的实测结果及分析，可以得出以下结论：

（1）不同工况下三相电流基本相等，三相对称，跟常规接线的机组一样。

（2）空载工况支路环流很小，支路电势基本相等，符合支路电势相等的设计指标，说明绕组是对称的，可以保证机组安全可靠并网。

（3）本抽水蓄能电站发电电动机的支路电流不平衡现象不是由于新开发的4支路接线技术带来的，而是由于制造安装等多种因素叠加引起。

（4）三相不平衡电流约远小于电机允许限值，电压波形质量符合标准要求，电机可以长期、安全、可靠运行；线棒温升均在考核范围内，不会对电机造成不良影响。不平衡电流的存在并不影响保护配置，满足机组长期安全可靠运行要求。

目前针对抽水蓄能发电机组4支路特殊设计及支路电流不平衡的情况的研究较少，因为行业内不关注支路电流的情况，也从未配置支路电流监测用的电流互感器来测量支路电流，但不平衡电流总是存在的，本文的研究全面验证了新4支路方案的可行性，计算分析支路不平衡电流及产生的原因，为新技术的推广应用奠定了理论基础。

后续针对机组中铜环引线的布置进行研究，在满足引出线位置的前提下，考虑铜环自身电磁感应效应的影响，改变引线布置以避免铜环各支路结构差异过大，达到减小支路电流不平衡量的目的。并尝试计算整机三维模型做进一步验证，可以计及铜环引线长度并不均匀、动态偏心、轴向偏心等气隙不均匀以及机座筋板等环境因素对铜环互感的影响，模拟电机运行的真实情况。

参考文献

[1] 葛杨. 发电电动机定子绕组4支路与7支路设计方案对比分析研究［D］.

济南：山东大学，2017.
[2] 何雪飞，朱南龙，何万成. 发电电动机定子绕组4支路技术在荒沟抽水蓄能电站的应用[J]. 科技视界，2017，6（202）：270-271.

作者简介

杜诗悦（1993—），女，工程师，主要从事高压电气设备故障诊断工作。E-mail：462866580@qq.com

夏斌强（1983—），男，高级工程师，主要从事电气设备故障诊断工作。E-mail：77173375@126.com

尚 欣（1994—），女，工程师，主要从事水电机组运行监测与评估工作。E-mail：1185662000@qq.com

于楚翘（1994—），女，助理工程师，主要从事抽水蓄能机组继电保护工作。E-mail：18697475968@163.com

双馈变速抽水蓄能机组稳定性参数测试与评价方法研究

魏 欢，张 飞，尚 欣

（国网新源控股有限公司抽水蓄能技术经济研究院，北京市 100761）

摘要 振动与压力脉动稳定性参数反映了水电机组的设计、制造和安装等各项水平，国内外标准主要按固定转速来制定机组振动和压力脉动等稳定性参数评价标准，当转速大幅变化时，如何评价稳定性参数是必须予以面对的客观现实问题。通过梳理水电机组的振动和压力脉动测量与评价的国内外相关标准，分析并明确定速与双馈变速抽水蓄能机组之间的运行方式差异，针对转速大幅变化情况下的机组稳定性参数评价进行专题研究，形成初步的测试与评价方法，最终期望依托双馈变速抽水蓄能机组工程项目的实测研究来进一步完善变速机组的稳定性参数测量与评价方法。

关键词 变速抽水蓄能机组；稳定性参数；振动与压力脉动；测试与评价方法

0 引言

截至 2022 年底，我国已建抽水蓄能电站装机容量 4579 万 kW，在建 1.21 亿 kW[1]。从 20 世纪 60 年代至今，国际上已采用变速抽水蓄能机组的电站约 11 座，共 20 台机组，在建约 7 座电站，共 17 台机组[2-4]。当前对于变速抽水蓄能机组稳定性参数的测试方法和试验数据积累缺少相关工作的开展，如果按照目前相关标准中振动以转速为依据，对 70%～100% 额定负荷的稳态工况进行评价，由于变速抽水蓄能机组运行时转速可能会跨越评价界限值，稳定运行负荷区间也更为宽泛，其评价的合理性也会存在疑问。

本文以国际上更为广泛应用的大型双馈变速抽水蓄能机组（以下称变速机组）为研究对象，通过对现有国内外相关标准进行分析和研究，同时分析变速机组的运行方式，针对转速大幅变化情况下的机组稳定性参数评价难题进行专题研究，并形成初步的测试与评价方法，以期为变速机组稳定性参数测试与评价起到指引作用。

1 变速机组特点

1.1 结构对比

同容量双馈抽水蓄能变速机组与定速机组两种机型的系统组成大致相同，机组的大小尺寸较为接近。与定速机组一样，变速机组系统也是由水泵水轮机、发电电动机、变频器、控制系统等组成。对于变速机组的发电电动机，其定子与定速机组的相同，转子由硅钢片叠片形成隐极式圆筒形，转子设有线槽，在线槽中布置三相交流励磁绕组，旋转磁场即由三相交流励磁电流在转子内旋转产生，励磁系统为三相交流励磁装置，体型远大于定速机组的普通可控硅直流整流装置。变速机组的水泵水轮机与定速机组的大体相同。

1.2 运行对比

抽水蓄能机组通常按照抽水工况为基础进行水力设计，以发电工况进行校核，所以水轮机的运行范围会偏离最优工况区域。定速机组发电工况主要运行在50%～100% 负荷区间，抽水工况以单一额定转速运行，只能根据扬程来调整入力，无法在固定扬程下进行入力调节，因此定速机组的调节性能有限。

已建、在建的大部分变速抽水蓄能机组转速调节范围在 ±（4%～7%）之间，变速机组在发电工况下可通过降低转速向更优工况运行，主要运行范围可扩展至 40%～100% 负荷区间，在运行效率、压力脉动以及空化性能方面更具优越性。变速机组在抽水工况下可通过改变转速调节入力和流量，保持最高效率，具有较好的调节性能，输入功率调整范围可达最大输入功率的 30%～40%。目前国内河北丰宁抽水蓄能电站作为国内第一个引用大型变速机组的项目，其水轮机工况的转速变化范围为 −7%～+1.1%，水泵工况转速变化范围为 −7%～+7%[5]。

2 测试工况的选择

变速机组的测试工况在参考定速机组的同时结合变速机组特点进行选择，依据 GB/T 17189—2017《水力机械（水轮机、蓄能泵和水泵水轮机）振动和脉动现场测试规程》[6]，需要试验的工况取决于现场条件、机组情况和试验目的，考虑在下列稳态工况点进行机组振动与压力脉动的现场测试：

（1）水轮机变转速工况：在 50%～最高稳定运行转速区间选择 3～5 个点，包括最高稳定运行转速，待转速稳定后采集振动各测点数据。

（2）空载变励磁工况：最高稳定运行转速下，在 25%、50%、75% 和 100% 额定机端电压下采集振动各测点数据。

（3）发电变负荷工况：在至少高、中、低 3 个水头下非保证负荷区间选择 3～5 个负荷点、保证负荷区间选择 6～10 个负荷点采集各测点振动与压力脉动数据。

（4）抽水运行工况：在至少高、中、低 3 个扬程下分别选择至少 3 个输入功率点采集各测点振动与压力脉动数据。

（5）调相运行工况。

3 振动测量与评价

3.1 测点位置

对于抽水蓄能机组，对振动的监测应首要确认满足转子的动平衡，所以在上、下导轴承处测得机组主轴的径向振动（摆度）和机架振动尤为重要。在长时间运行后频繁的工况转换过程中可能受到疲劳、磨损和变形等影响，轴承支架和主轴等主要受力构件的振动会产生相应的变化，比如主轴连接部分出现松动，导致大轴不平行度和转子不平衡加剧，并且油温升高，油膜刚度增大，机坑基础开裂和支撑刚度降低等导致机组动力学刚度发生变化，进而致使机组轴承支架和主轴振动情况恶化。因此，对振动的监测应能够反映机组主要受力部件的受力情况或者结构动力学刚度的变化，在上述对振动敏感的区域应设置测点。

在定速机组中发电机磁拉力不平衡或气隙不均匀有可能导致轴承支架振动增大，定子铁芯也可能会产生 2 倍工频（100Hz 极频）的振动，这一部分的振动虽然很少会传递到转动系统中，但仍然有必要进行关注。对于由于水力或流道原因导致的振动，监测水导轴承径向振动（摆度）和顶盖振动则特别关键。

抽水蓄能变速机组与常规水电机组一样主要分为旋转部件与固定部件，所以相应的测量位置也分为旋转部件测量与固定部件测量。旋转部件测量的主要是主轴径向振动（摆度）与轴向位移，固定部件测量的是以顶盖振动、支架振动、定子机座和铁芯振动为主，其中支架振动分为承受轴向力的支架振动（推力轴承支架）和承受径向力的支架振动（导轴承支架）[7]。在 GB/T 7894—2009《水轮发电机基本技术条件》[8] 和 GB/T 22581—2008《混流式水泵水轮机基本技术条件》[9] 中分别给出了相应测点，机组振动或状态监测相关标准[10-12] 中则给出了机组的测点布置，各个标准所要求的测点位置相同。基于变速机组与定速机组结构大致相同，变速机组的振动测点位置与定速机组保持一致，试验过程中可以考虑增加部分测点位置对应数量为后续合理评价机组状态提供数据分析基础，位置综合列于表 1，分布如图 1 所示。

表 1　　变速机组振动测点配置

测点	数量	备注
上导摆度	2	互成 90°
下导摆度	2	互成 90°
水导摆度	2	互成 90°
上机架水平振动	2	中心体内侧，互成 90°，径向
上机架垂直振动	2	中心体内侧，与水平振动测点相近，轴向
定子铁芯水平振动	4	定子铁芯中部
定子铁芯垂直振动	4	定子铁芯上部
定子机座水平振动	2	定子机座外壁相应定子铁芯高度 2/3 处，径向
定子机座垂直振动	2	定子机座上部，轴向
下机架水平振动	2	中心体内侧，互成 90°，径向
下机架垂直振动	2	中心体内侧，与水平振动测点相近，轴向
顶盖水平振动	2	顶盖中心侧，互成 90°，径向
顶盖垂直振动	2	顶盖中心侧，与水平振动测点相近，轴向
主轴轴向位移	1～2	上端轴处
键相	1～2	与某一测振方向一致

3.2　传感器类型的选择

当前量化振动的有 3 种物理单位，分别是位移、速度和加速度，其中，位移是用峰峰值表征振动幅度，速度是用有效值表征振动的能量，加速度是用峰值表征振动中冲击力的大小，三者可以互相转化，位移的一阶导数为速度，速度的一阶导数为加速度，因各类型传感器测试原理不同，各个物理量对应传感器的频率

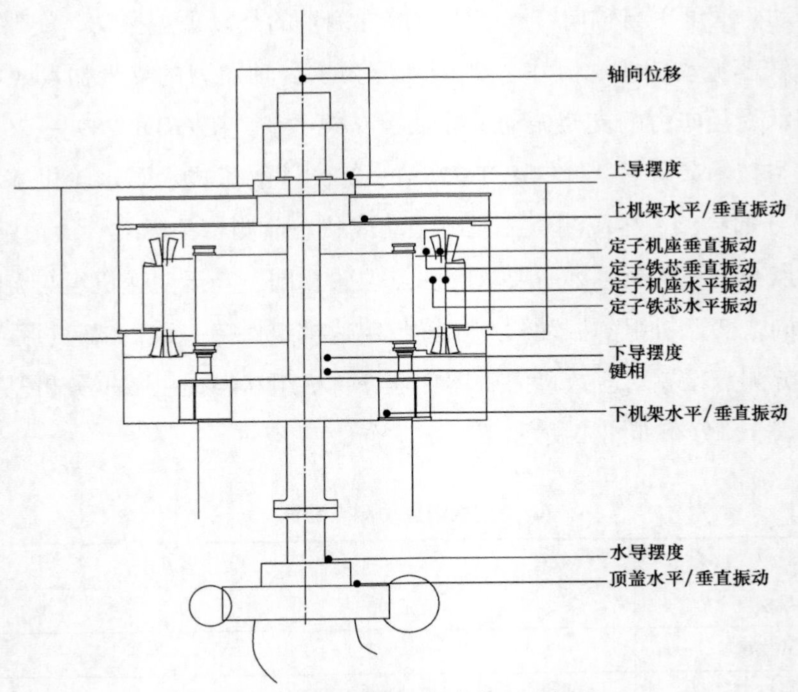

图 1　变速机组振动测点位置示意图

响应范围存在差异。当采用积分或者微分方法获取信号时可能存在误差，所以各振动物理量应采用对应的振动传感器进行测量。

在进行故障诊断时为突出故障频率成分，对于频率小于 10Hz 的低频振动，常以位移作为振动标准，对于频率介于 10～1000Hz 的中频振动，以速度有效值作为振动标准，对于频率大于 1000Hz 的高频振动，以加速度作为振动标准。相关理论表明，振动部件的疲劳是与振动速度成正比，而振动所产生的能量则是与振动速度的平方成正比，由于能量传递的结果造成了磨损和其他缺陷，振动速度有效值反映了振动强度[7]。

我国相关标准[10, 11]规定：对应转速不大于 300r/min 的低速机组采用低频速度传感器，测量振动位移；对于大于 300r/min 的中高速机组采用加速度传感器或速度传感器，测量机组的振动速度，通过频谱分析换算为位移量。目前极少有采用加速度传感器测量并评价机组振动。

抽水蓄能机组绝大多数属于中高速机组，对应的转频大多在 10Hz 左右，活动导叶与转轮叶片所引发的动静干涉及卡门涡现象，其高频约为数百赫兹。对于变速机组固定部件的振动监测，传感器应能较好地响应比较低的频率，建议选用低频速度传感器来进行监测。对于主轴摆度，因为监测的是相对位移，建议采用非接触式电涡流位移传感器进行测量，其频率响应从0～10000Hz，可监测并分析转子的不平衡、不对中、轴承磨损、轴裂纹及发生摩擦等机械问题。

3.3 振动的特征值

涉及水电机组振动标准体系的主要是时域和频域技术，在时域技术中采用相关特征值量化机组的振动情况来评价其稳定性，主要特征值就是振动位移峰峰值和速度有效值；在频域技术中则通过分析频谱来研究机组产生异常振动的原因。

时域技术中的有效值计算不存在什么差异。关于峰峰值的计算，张飞等[13]对稳态工况下振动峰峰值的计算做了对比研究分析，推荐采用95%置信区间算法，其鲁棒性优于其他方法，对噪声的敏感性低，峰峰值的置信区间按照分位数法进行定义，上、下侧分位数分别是2.5%和97.5%，如图2所示。按照GB/T 17189—2017[6]要求计算周期数不少于8个。

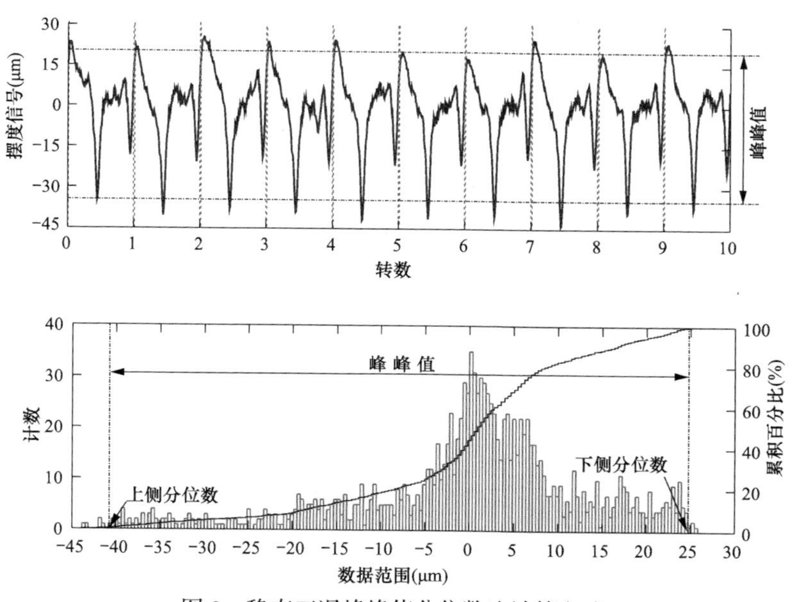

图2 稳态工况峰峰值分位数法计算方式

水电机组振动特征值除了峰峰值和有效值，还包括转频幅值、转频相位、倍转频幅值、倍转频相位和轴心位置坐标等。目前对水电机组振动的评价主要还是依靠峰峰值和有效值。

3.4 振动的评价

目前水电机组振动监测已基本实现标准化，但是对测量结果的评价标准化却存在诸多问题[14]。关于抽水蓄能机组振动监测评价的相关标准，见表2所列，振动评价标准可分为四类：安装技术规范、运行与检修技术规范、基本技术条件和试验技术规范，分别由安装单位、运行维护单位、主机厂家和科研院所主导制定。这些标准是多方参与协调的结果，有其一定的适用性。

表2　　抽水蓄能机组振动评价相关标准

标准号	标准名称
GB/T 18482—2010	可逆式抽水蓄能机组启动试运行规程[15]
GB/T 20834—2014	发电电动机基本技术条件[16]
GB/T 22581—2008	混流式水泵水轮机基本技术条件[17]
GB/T 32584—2016	水力发电厂和蓄能泵站机组机械振动的评定[18]
DL/T 293—2011	抽水蓄能可逆式水泵水轮机运行规程[19]
DL/T 305—2012	抽水蓄能可逆式发电电动机运行规程[20]
DL/T 1904—2018	可逆式抽水蓄能机组振动保护技术导则[21]

机组振动分为固定部件振动与旋转部件振动，各标准均对固定部件和旋转部件分别展开评价。固定部件的振动主要按机架受力情况进行区分，其中，推力轴承机架因主要承受轴向力作用而评价垂直方向振动，导轴承机架因径向受力而评价其水平振动，定子机座和铁芯因主要径向受力而评价其水平振动。旋转部件的振动也包括径向和轴向振动，各标准均针对其径向振动进行评价。

各标准都规定了稳态运行工况下的限值或报警值，如GB/T 18482—2010[15]按转速分别列出了抽水蓄能机组各部位振动允许值，见表3；GB/T 32584—2016[18]给出的抽水蓄能机组正常运行限值，见表4；DL/T 1904—2018[21]给出的抽水蓄能机组正常运行报警值，见表5和表6。GB/T 18482—2010[15]的评价以转速375r/min为分界点，分别提出不同的振动允许值，没有去区分具体工况。GB/T 32584—2016[18]评价区域限值的确定基于全球水电机组长期运行的振动数据，得到各类机型振动数据样本的中位数，A/B分区界限为该中位数的1.6倍，B/C分区界限为该中位数的2.5倍，评价范围为70%～100%额定出力。DL/T 1904—2018[21]中限值设定的总体原则：统计机组在稳定区域稳定工况下运行至少6个月的实际数据，并累积峰峰值样本，按照正态分布3σ原则统计获得的平均峰峰值，以此作为基准值，新投运机组初期以设计值或合同值为基准值，报警值不大于基准值的1.6倍，停机值不大于基准值的2.5倍，评价范围为50%～100%额定出力。以上标准抽水工况皆参照发电工况对应正常运行范围执行。对于变速机组，如果以转速划分振动允许值，当机组运行转速位于分界转速值附近时，如何去评价将是一个难题，因此不考虑以转速去区分和评价变速机组振动。相比定速机组，变速机组发电工况负荷范围和抽水工况入力范围也随之扩大，因此需在此基础上针对变速机组进行适当的考虑，让其评价更加合理。

表 3　可逆式抽水蓄能机组各部位振动允许值

项目	额定转速（r/min）	
	n<375	n≥375
顶盖水平（mm）	0.05	0.04
顶盖垂直（mm）	0.06	0.05
带推力轴承支架的垂直振动（mm）	0.05	0.04
带导轴承支架的水平振动（mm）	0.07	0.05
定子铁芯部位机座水平振动（mm）	0.02	0.02
定子铁芯振动（100Hz 双振幅值）（mm）	0.03	0.03

表 4　抽水蓄能机组正常运行振动限值

测点	主轴振动位移 峰—峰值 S_{p-p}（μm）			轴承座（支架）振动速度 均方根值 V_{rms}（mm/s）		
	水导轴承	发电机驱动端轴承	发电机非驱动端轴承	水导轴承	发电机驱动端轴承	发电机非驱动端轴承
A/B 区界限	170	160	220	2.0	1.0	1.0
B/C 区界限	260	250	350	3.0	1.5	1.5

注　立式抽水蓄能机组水轮机工况正常运行范围：70% 额定出力～100% 额定出力。

表 5　抽水蓄能机组正常运行主轴摆度报警值和停机值

测量项目		主轴摆度位移峰—峰值 S_{p-p}（μm）		
		上导轴承	下导轴承	水导轴承
50%～100% 额定出力	报警值	350	350	350
50%～100% 额定出力	停机值	500	500	500

表 6　抽水蓄能机组正常运行振动报警值和停机值

测量项目		机架、顶盖振动速度均方根值 V_{rms}（mm/s）					
		上机架水平	上机架垂直	下机架水平	下机架垂直	顶盖水平	顶盖垂直
50%～100% 额定出力	报警值	1.6	1.6	1.6	2.0	3.0	3.5
50%～100% 额定出力	停机值	2.5	2.5	2.5	3.0	4.5	5.0

考虑到机组振动受设计、制造、安装及运维等各方面影响，即使是同一型式的机组其振动特性也表现得不一样。在满足 DL/T 1904—2018[21] 报警值限定条件下，参考 GB/T 32584—2016[18] 对机组正常运行的界限划分，对变速机组进行初步评价。在对足够多的变速机组进行长时间持续的监测之后，摸清变速机组的振动特性，建立样本数据库，参照 GB/T 32584—2016[18] 划区的方法探索针对变速机组的正常运行振动限值的方案。

4 压力脉动测量与评价

4.1 测点位置

GB/T 17189—2017[6] 中提出水泵水轮机压力脉动应在以下关键部位进行测量：蜗壳进口、尾水管进口 $0.4D_2$ 处、活动导叶与转轮高压侧叶片进口之间区域，根据需要和布置可能，增加其他测量部位，如顶盖与转轮上冠之间的区域、尾水管肘管等部位。机组通流部件压力脉动测点应与 GB/T 15613—2008《水轮机、蓄能泵和水泵水轮机模型验收试验》[22] 规定的模型试验测点一致，结合以上两项标准的要求及实际工程测试需求，确定压力脉动测点应包括表 7 中的测点，位置示意见图 3。

表 7　　变速机组压力测点配置

测点位置	测点数量	备注
主进水阀上游侧	4	P_1
蜗壳进口测压断面	4	P_2
蜗壳末端	1	P_3
固定导叶间	2	P_4
活动导叶与转轮叶片之间	4	P_5
上止漏环外侧	2	P_6
下止漏环与基础环间	2	P_7
上止漏环内侧	2	P_8
尾水管进口（$0.4D_2$）	2	P_9
尾水锥管进口（$1.0D_2$）	2	P_{10}
尾水肘管 $+Y$ 方向	1	P_{11}
尾水肘管 $-Y$ 方向	1	P_{12}
尾水管出口	4	P_{13}

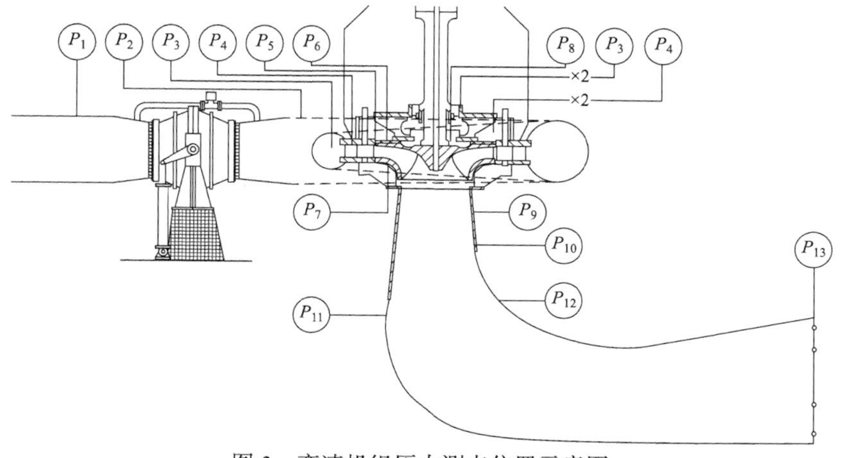

图 3　变速机组压力测点位置示意图

4.2　压力脉动传感器的选择与安装

测试用压力脉动传感器应具有良好的响应速度，工作压力应保证在稳态工况下示值范围大于量程的 1/3～1/2，且满足被测流道中可能出现的最高压力或负压。如测量钢管和蜗壳的传感器应能承受最高水头和最大水锤压力之和而不改变其灵敏度及固有频率，测量尾水管的传感器则应能在负压状态下正常工作。

依据 GB/T 17189—2017[6]要求，压力脉动传感器应选择安装在有足够刚度的引水管路上，其长度应尽可能小于 0.3m，且有防止共振的可靠固定措施，不应采用软管与集流管测量压力脉动，测试前应将引水管路中的空气排除干净。

4.3　压力脉动的特征值

时域和频域分析是压力脉动的基本分析方法[23]。压力脉动的频域分析通过傅里叶变换获得，可以确定其中各频率成分及对应的幅值。通过时域分析可以获得压力信号的平均值、峰峰值和混频压力脉动相对幅值等特征参数，其中，混频压力脉动相对幅值 A 为峰峰值 ΔH 与净水头 H 的比值，是主要评价机组压力脉动水平的指标。峰峰值采用 95% 置信区间算法进行计算，采用双侧分位数法确定，分位数值宜为 2.5% 和 97.5%[13]，稳态工况下峰峰值计算所用的数据应不少于 8 个主频对应的周期。

4.3　压力脉动的评价

关于压力脉动的评价，国际、国内各项标准鲜有提及。仅在标准 GB/T 15468—2020《水轮机基本技术条件》[24]中有压力脉动评价相关阐述：在电站空化系数下测取尾水管压力脉动混频峰峰值，在最大水头与最小水头之比小于 1.6

时，其保证值宜不大于相应运行水头的 2%～11%，低比转速取小值，高比转速取大值；原型水轮机尾水管进口下游侧压力脉动峰峰值宜不大于 10m 水柱。为了对测得的抽水蓄能变速机组压力脉动数据有一个基本的评价，选取若干有代表性的抽水蓄能电站压力脉动合同保证值作为参考评价依据，列于表 8 中，其中电站 4 为某抽水蓄能电站变速机组的合同保证值。

表 8　　各抽蓄电站压力脉动保证值

名称	合同保证值			
	电站 1	电站 2	电站 3	电站 4
尾水管管壁压力脉动（峰峰值振幅 ΔH）$\Delta H/H$：				
水轮机最优工况运行时不大于	0.5	1.0	2.0	2.0
水轮机额定工况运行时不大于	1.0	2.0	3.0	3.0
水轮机部分负荷或空载运行时不大于	3.5	4.0	4.0	4.0
水泵工况运行时不大于	0.5	1.8	2.0	2.0
导叶与转轮之间的压力脉动（峰峰值振幅 ΔH）$\Delta H/H$：				
水泵工况在整个运行扬程范围内运行时最大值不大于	4.0	5.0	5.0	6.0
水泵最优工况运行时不大于	3.6	3.8	3.8	4.0
水泵工况零流量运行时不大于	3.1	12.0	12.0	15.0
水轮机最优工况运行时不大于	3.0	3.0	2.0	6.0
水轮机额定工况运行时不大于	3.6	5.5	3.5	7.0
水轮机 75% 负荷运行时不大于	5.2	7.8	5.5	10.0
水轮机 50% 负荷运行时不大于	6.6	9.0	7.8	12.0
水轮机空载工况运行时不大于	10.0	12.0	11.8	17.0
顶盖与转轮之间的压力脉动（峰峰值振幅 ΔH）$\Delta H/H$：				
水泵工况在整个运行扬程范围内运行时最大值不大于	1.5	2.0	3.0	3.0
水轮机额定工况运行时不大于	1.4	1.6	2.0	2.0
水轮机部分负荷或空载运行时不大于	2.6	3.8	4.0	4.0
蜗壳进口压力脉动（峰峰值振幅 ΔH）$\Delta H/H$：				
水泵工况在整个运行扬程范围内运行时最大值不大于	1.2	4.9	2.5	5.0
水轮机额定工况运行时不大于	1.0	3.9	2.5	4.0
水轮机部分负荷运行时不大于	1.3	7.8	4.5	6.0

压力脉动合同保证值是主机厂家基于水泵水轮机模型试验提供的特定运行范围的压力脉动相对幅值，模型压力脉动的测试结果在较好情况下反映了原型水泵水轮机的特性，可以为评价变速机组水泵水轮机压力脉动水平提供一定的数据支撑。

5 结论

本文梳理了当下抽水蓄能机组的发展形势，综述了标准中关于抽蓄机组振动和压力脉动测试与评价的情况，提出了当前由于变速抽水蓄能机组缺少稳定性参数评价，亟需研究针对变速机组振动和压力脉动测试和评价的方法，获得以下结论：

（1）抽水蓄能变速机组与定速机组结构上大致相同，振动和压力脉动各测点可参考水电机组测试标准体系中抽水蓄能定速机组的相关要求执行。

（2）抽水蓄能变速机组运行范围相较定速机组更为宽大，尤其是抽水工况运行时可调整输入功率，在参考定速机组的测试工况同时应重点关注变速机组特有运行工况情况，实现对变速机组全范围工况稳定性参数的监测与评价。

（3）当前缺少针对转速大幅变化情况下的机组稳定性参数评价，借鉴相关标准中定速机组的测试方法，统一针对变速机组的测试手段，在没有具体的评价相关标准时，应参照合同保证值。随着变速机组越来越多的投入，积累足够多的变速机组稳定性数据后可为下一步的标准修订和完善提供参考。

参考文献

[1] 水电水利规划设计总院，中国水力发电工程学会抽水蓄能行业分会. 抽水蓄能产业发展报告 2022 [R]. 北京：中国水利水电出版社，2023.

[2] 张滇生，陈涛，李永兴，等. 日本抽水蓄能电站在电网中的作用研究 [J]. 电力技术，2010，19（1）：15-17.

[3] 郭海峰. 交流励磁可变速抽水蓄能机组技术及其应用分析 [J]. 水电站机电技术，2011，34（2）：1-4，64.

[4] 邱彬如. 世界抽水蓄能电站新发展 [M]. 北京：中国电力出版社，2006.

[5] 喻冉，杨武星，孙文东，等. 抽水蓄能变速机组抽水和发电工况运行范围简析 [J]. 水电与抽水蓄能，2021，7（6）：87-90.

[6] 全国水轮机标准化技术委员会. GB/T 17189—2017，水力机械（水轮机、蓄能泵和水泵水轮机）振动和脉动现场测试规程 [S]. 北京：中国标准出

版社，2018.
[7] 张飞，刘兴华，潘伟峰，等. 水电机组振动监测与评价技术综述 [J]. 大电机技术，2021（4）：45-54.
[8] 全国旋转电机标准化技术委员会发电机分技术委员会. GB/T 7894—2009，水轮发电机基本技术条件 [S]. 北京：中国标准出版社，2010.
[9] 全国水轮机标准化技术委员会. GB/T 22581—2008，混流式水泵水轮机基本技术条件 [S]. 北京：中国标准出版社，2009.
[10] 全国大型发电机标准化技术委员会. GB/T 28570—2012，水轮发电机组状态在线监测系统技术导则 [S]. 北京：中国标准出版社，2012.
[11] 电力行业水轮发电机及电气设备标准化技术委员会. DL/T 556—2016，水轮发电机组振动监测装置设置导则 [S]. 北京：中国电力出版社，2016.
[12] 电力行业水电站自动化标准化技术委员会. DL/T 1197—2012，水轮发电机组状态在线监测系统技术条件 [S]. 北京：中国电力出版社，2012.
[13] 张飞，刘诗琪，薛小兵，等. 水电机组振动与压力脉动峰峰值算法对比研究 [J]. 水力发电学报，2018，37（9）：65-73.
[14] 王宪平. 水轮发电机组振动和摆度标准分析和应用探讨 [J]. 水力发电，2017，43（9）：65-69.
[15] 中国电力企业联合会. GB/T 18482—2010，可逆式抽水蓄能机组启动试运行规程 [S]. 北京：中国标准出版社，2010.
[16] 全国大型发电机标准化技术委员会. GB/T 20834—2014，发电电动机基本技术条件 [S]. 北京：中国标准出版社，2014.
[17] 全国水轮机标准化技术委员会. GB/T 22581—2008，混流式水泵水轮机基本技术条件 [S]. 北京：中国标准出版社，2008.
[18] 全国水轮机标准化技术委员会. GB/T 32584—2016，水力发电厂和蓄能泵站机组机械振动的评定 [S]. 北京：中国标准出版社，2016.
[19] 电力行业水轮发电机及电气设备标准化技术委员会. DL/T 293—2011，抽水蓄能可逆式水泵水轮机运行规程 [S]. 北京：中国电力出版社，2011.
[20] 电力行业水轮发电机及电气设备标准化技术委员会. DL/T 305—2012，抽水蓄能可逆式发电电动机运行规程 [S]. 北京：中国电力出版社，2012.
[21] 电力行业水轮发电机及电气设备标准化技术委员会. DL/T 1904—2018，

可逆式抽水蓄能机组振动保护技术导则［S］. 北京：中国电力出版社，2018.

［22］全国水轮机标准化技术委员会. GB/T 15613.3—2008，水轮机、蓄能泵和水泵水轮机模型验收试验　第三部分：辅助性能试验［S］. 北京：中国标准出版社，2008.

［23］李承军. 抽水蓄能机组压力脉动的测试与分析［J］. 水力发电，2001（5）：53-55，72.

［24］全国水轮机标准化技术委员会. GB/T 15468—2020，水轮机基本技术条件［S］. 北京：中国标准出版社，2020.

作者简介

魏　欢（1992—），男，中级工程师，主要从事抽水蓄能机组调试、性能测试技术研究与实践。E-mail：m18310314738@163.com

张　飞（1983—），男，高级工程师，主要从事水电机组性能测试技术研究与实践。E-mail：spiritgiant@126.com

尚　欣（1994—），女，中级工程师，主要从事抽水蓄能机组调试、性能测试技术研究与实践。E-mail：1185662000@qq.com

水电站高处设备清扫工具现状与改进

杨敬沫，张印玲，王大蔚，刘　向，王晨曦，王政伟，
栗文玲，李　晨，刘志勇

（国网新源控股有限公司检修分公司，天津市　300131）

摘要　保障安全、可靠地供电是对电站的基本要求，如果设备上存在污秽，易发生发热、污闪等现象，尤其是当高处设备存在污秽时，不仅会影响其自身，如果污秽掉落，还会影响到低处的设备，对电站安全运行产生威胁，因此，加强高处设备清扫则变得尤为重要。介绍一种高空清扫工具，以解决目前清扫水电站设备效率低、存在安全隐患且清扫效果差的技术问题。

关键词　水电站；高处；清扫；效率

1　水电站高处设备清扫工具现状

水电站设备进行清扫时涉及大型设备、高空母线管和消防管路等，设备超高、灰尘大、日常保养难度大，尤其是母线管和消防管路[1]。目前针对电站的一些高设备，主要是人工爬到这些设备上进行清扫，或者采用端部捆绑抹布的长杆配合登高梯进行吹扫，这两种清扫方法存在三个问题：一是效率低，用端部捆绑抹布的长杆，往往用一会抹布就松了还得重新安装；二是检修人员爬到母线管上属于高空作业，高处作业存在高处坠落危险隐患；三是清扫得不干净，难以施力在抹布上，这样只能擦去表面的一些浮沉，清扫得不全面且不彻底。如图 1 所示为高处清扫现场图片。

图 1　高处清扫现场图片

2　高处清扫工具的改进方案

高处清扫工具的结构见图 2，由下向上依次为手柄、管夹、清洁刷、粘扣带、刷头。

手柄由内管和外管组成，内管从外管的底端插设至外管中，外管可沿内管滑动，这样手柄可沿其轴向伸长或缩短。刷头安装在伸缩柄上，刷头的形状与待清扫设备的表面形状相配合。清洁刷，铺设在刷头上，刷头的表面铺设有粘扣带，清洁刷粘附在所述粘扣带上。清洁刷为棉布材料制成的清洁刷。

管夹由管夹本体、连接件和锁紧件组成，其能将内管和外管以及外管和接头加紧固定。

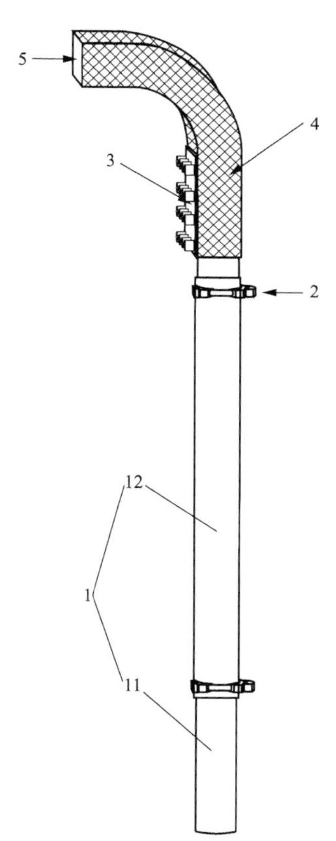

图 2　高处清扫工具的结构示意图

1—手柄；11—内管；12—外管；2—管夹；3—清洁刷；4—粘扣带；5—刷头

3　高空清扫工具的具体使用方法

为了更清楚地说明该清扫工具的使用方法，下面对其每一部分做详细介绍。

刷头安装在伸缩柄上，操作人员在地面上通过将伸缩柄伸长或缩短便可将刷头调整至待清扫设备的高度位置处，无需攀爬到高处进行清扫作业，作业更安全，此外，通过将刷头设置成与待清扫设备的表面形状相配合的形状，并将清洁刷铺设在刷头上，操作人员施加的力经伸缩柄和刷头能够更准确地传递至清洁刷上，使得清洁刷能够更好地对待清扫设备的表面进行清扫，接触面积大，清扫效率更高，并且清扫力度大，清扫效果更好。

刷头根据待清扫设备的表面形状进行设计，例如，根据不同外径的管路设计不同直径的圆弧型[2]；根据不同设备的外轮廓形状设计成L形、直线形；根据多个设备之间间隙的形状设计成圆柱形、正方体形、长方体形。此外，刷头的不同侧面可设计成不同的形状，如凹曲面、凸曲面、平面、斜面等，以与不同设备的表面相配合。刷头的结构如图3所示，清洁刷可铺设在刷头的其中一个或多个侧面上，也可铺设在刷头的各个侧面上。

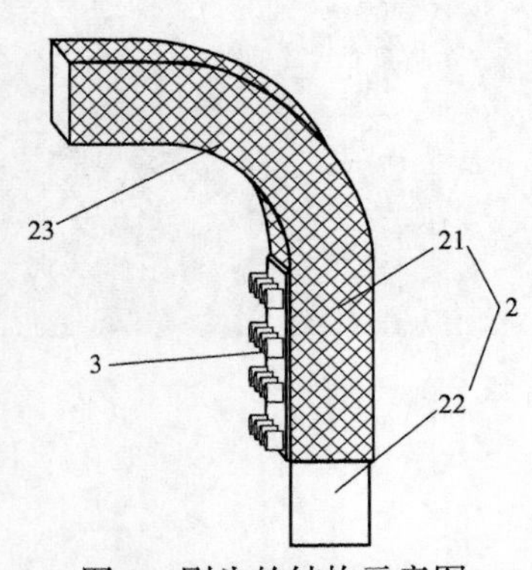

图3　刷头的结构示意图

2—刷头；21—刷头本体；22—接头；23—粘扣带；3—清洁刷

刷头的表面铺设有粘扣带，清洁刷黏附在粘扣带上，易于安装和拆卸，当清扫一段时间后，清洁刷上附着的灰尘等杂物较多时，便可将清洁刷从刷头上拆下进行清洗，将清洗完的清洁刷再重新黏附在刷头的粘扣带上，实现清洁刷的重复利用，同时，避免过脏的清洁刷继续使用而影响清洁效果，或者将新的清洁刷黏附在刷头的粘扣带上[3]。刷头的各个侧面均铺设有粘扣带，均可黏附清洁刷，也可根据待清洁设备的表面形状，将清洁刷黏附在刷头上形状更合适的侧面上进行清洁。其中，刷头的其中一个或多个侧面上铺设有粘扣带。

清洁刷为棉布材料制成的清洁刷。相较于其他材质的清洁刷，棉布材料的清洁刷清扫时，灰尘会附着在清洁刷上而不会四处飞扬，避免飞扬的灰尘弄脏周围的设备，也能避免飞扬的灰尘被作业人员吸入而对其身体造成伤害。清洁刷也可采用其他容易黏附灰尘的材料制成的清洁刷。

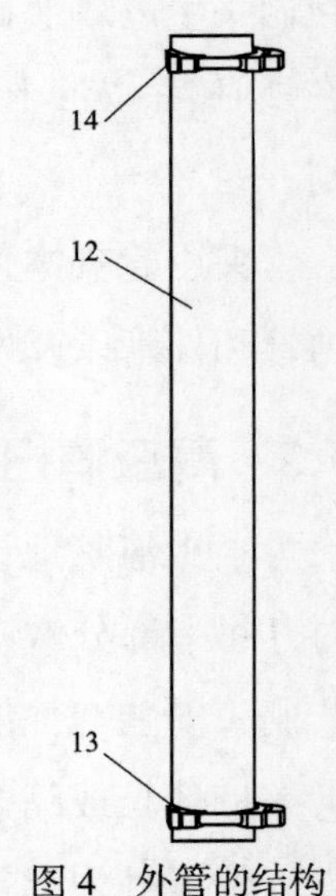

图4　外管的结构示意图

12—外管；13—第一夹持件；14—第二夹持件

外管的结构如图4所示，外管上设有第一夹持件，第一夹持件能将外管和内管夹紧固定。当需要调节伸缩柄的长度时，作业人员通过将第一夹持件解开，便可将外管沿内管滑动进行调节，当调节至所需的长度后，作业人员通过将第一夹持件夹紧，便可将外管和内管固定。通过外管上设置的第一夹持件进行止动，相较于其他止动结构，制作简单，易于操作，且更稳定，避免清扫过程中外管和内管之间松动。外管沿内管滑动一定距离后，可通过其他止动结构进行止动，如在外管设置插孔，并在内管上沿其轴向间隔设置多个调节孔，通过插销穿过插孔插设至对应的调节孔中，从而将外管和内管固定；或者在外管的内壁面上沿其轴向间隔设置多个凹槽，并在内管上设置与该凹槽相匹配的卡块，从而将外管和内管固定。可选的，内管和外管螺纹连接，通过旋转内管或外管实现伸缩柄的伸长或缩短。

外管上还设有第二夹持件，第二夹持件能将外管和接头夹紧固定。当需要更换刷头时，作业人员通过将第二夹持件解开，便可将接头从外管的顶端拔出，将更换的刷头的接头插入外管的顶端后，作业人员通过将第二夹持件夹紧，便可将外管和接头固定。通过外管上设置的第二夹持件将刷头固定，相较于其他止动结构，制作简单，易于操作，且更稳定，避免清扫过程中外管和刷头之间松动。刷头也可通过连接螺栓、卡扣结构等其他可拆卸连接的结构与外管连接。接头套设在外管的顶端，在接头上设置第二夹持件将接头和外管夹紧固定。接头与外管螺纹连接。

第一夹持件和第二夹持件在解开状态下的内径略大于外管的外径。第一夹持件和第二夹持件在夹紧状态下的内径略小于外管的外径。外管上设有第一限位槽和第二限位槽，第一限位槽和第二限位槽分别靠近外管的底端和其顶端设置，第一夹持件安装在第一限位槽内，第二夹持件安装在第二限位槽内，以防止第一夹持件和第二夹持件在解开状态下沿外管的轴向滑动。

管夹的具体结构如图5所示，管夹本体为具有一开口的环形结构，管夹本体套设在外管上，连接件依次穿过管夹本体的两端并挡于管夹本体的开口处，锁紧件与连接件的一端铰接，锁紧件可绕一与管夹本体的轴线平行的轴线朝管夹本体转动，并将连接件向外拉，使管夹本体的直径变小，从而将外管和内管夹紧固定。第一夹持件也可采用抱箍、卡箍等其他类型的管夹结构将外管和内管夹紧固定。

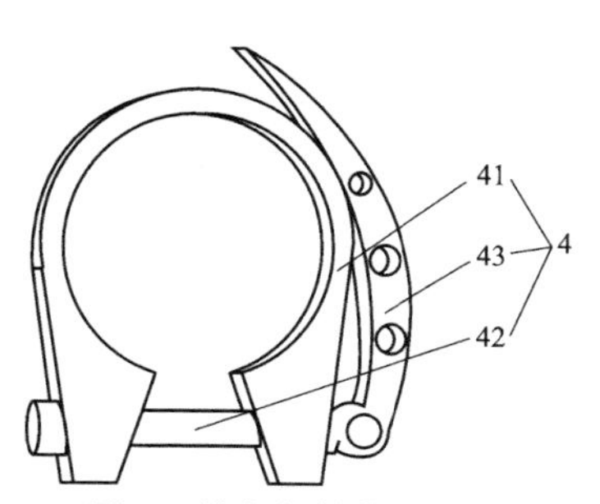

图5　管夹的结构示意图

41—管夹本体；42—连接件；

43—锁紧件

4 主要特点

4.1 结构合理，重量轻巧，操作便利

该工具采用可伸缩设计通过将刷头安装在伸缩柄上，操作人员在地面上通过将伸缩柄伸长或缩短便可将刷头调整至待清扫设备的高度位置处，无需攀爬到高处进行清扫作业，使作业人员劳动强度大大降低，进一步提高劳动效率。

4.2 清扫速度与效果大大提高

通过将刷头设置成与待清扫设备的表面形状相配合的形状，并将清洁刷铺设在刷头上，操作人员施加的力经伸缩柄和刷头能够更准确地传递至清洁刷上，使得清洁刷能够更好地对待清扫设备的表面进行清扫，接触面积大，清扫效率更高，并且清扫力度大，清扫效果更好。

4.3 作业安全性提高

该工具设计长度可自由调节，避免了作业人员登高作业的风险，同时采用绝缘材料的设计也避免在带电作业时人员触电，安全性大大提高。

4.4 零部件少不易损坏

该工具主要以三大部件组成且各零件连接可靠，零部件少，使用维护成本很低，可供多个清扫作业延续使用。

5 结束语

经过长期的实践和探索才想到这个提高高处设备清扫效率的工具。该工具具有清扫效率高、清扫效果好和作业更安全等特点，适合清扫水电站高处设备，其他类似工程可参考借鉴。

参考文献

[1] 黄晓萍. 浅谈变电站电气设备绝缘清扫技术［J］. 电世界，2018（4）：13-14.

[2] 毛以平. 变电设备的带电清扫及安全措施探讨［J］. 中国新技术新产品，2013（16）：147.

[3] 廖朝辉，夏水英，张攀. 变电站二次设备清扫工具现状与改进［J］. 低碳

世界，2017（26）：86-87.

作者简介

杨敬沫（1990—），女，助理工程师，主要从事水电站检修工作。
E-mail：2367356778@qq.com

仙居抽水蓄能电站镜板泵油循环系统故障原因分析与处理

赵志文[1]，程　晨[2]

（1. 浙江衢江抽水蓄能有限公司，浙江省衢州市　324000；
2. 浙江仙居抽水蓄能有限公司，浙江省仙居县　317300）

摘要　浙江仙居抽水蓄能电站（以下简称仙居电站）机组自调试、投运以来，发电电动机镜板泵油循环系统先后发生建压失败、集油槽密封盖紧固螺栓断裂、油箱甩漏油等故障问题。通过分析认为，厂家在对高转速、大容量抽水蓄能机组镜板泵油循环系统的设计、计算等方面掌握深度不够，是导致上述故障问题的主要原因，经过多年的改进处理，达到了预期的效果。对仙居电站镜板泵油循环系统的多年改进实践经验进行总结，希望能够为后续高转速、大容量抽水蓄能机组镜板泵油循环系统的设计、结构等方面提供一定的参考。

关键词　镜板泵；油循环系统；建压失败；螺栓断裂；甩漏油；油雾

0　引言

仙居电站为高水头、高转速、大容量日调节纯抽水蓄能电站，在华东电网承担削峰填谷、调频、事故备用和调相等功能，安装有 4 台 375MW 立式单级可逆式蓄能机组，额定转速 375r/min，推力轴承额定负荷 970t。由于电站水头高、转速大、启停频繁等特点，使得镜板泵油循环系统运行条件比较复杂，加上厂家在对镜板泵油循环系统的结构设计、强度计算、设备选型等方面掌握深度不够，导致镜板泵油循环系统先后发生建压失败、密封盖紧固螺栓断裂、油箱甩漏油等故障问题，经多年的改进处理，故障问题已经消除。本文就仙居电站机组发电电动机镜板泵油循环系统发生故障的原因分析及处理情况进行阐述。

1 设备结构及原理

型式：顺流镜板泵循环冷却

泵压力：3.0～4.0bar

泵内直径：1300mm　　泵外直径：2440mm

泵孔数：12 个　　泵孔直径：50mm

外置式油罐数量：2 只　　外置式油罐容量：3.1m^3/ 只

筒式冷却器数量：5 只（4 主 1 备）　筒式冷却器设计换热容量：350kW/ 只

仙居电站发电电动机采用立轴半伞式结构，推力及下导轴承布置于下机架中心体内，推力头、镜板与下端轴锻造合为一体，推力头的外径兼作下导轴承的滑转子。推力轴承采用弹簧束支撑结构，其和下导轴承共用同一个油箱和冷却润滑循环系统，为满足循环油冷却流量要求，在机坑外设置油罐及筒式油冷却器。沿推力头半径方向设计泵孔，在镜板外缘由推力头、上密封盖、下密封盖等部件组成集油槽，用以汇集泵出的热油，然后送入冷却润滑循环系统管路。为保证下导瓦的冷却效果，将其布置在集油槽内。通过设置梳齿式密封、接触式随动密封、气封（初设引至下挡风板）和吸排油雾系统（含油箱盖上 2 只吸排油雾机、机坑外 1 只吸油雾装置）等组合方式共同实现对油箱内产生油雾的密封及进行抽排处理，同时通过挡油管与挡油环间设有的微小间隙形成的压差而产生的泵油效应来实现防甩油现象的发生。在油箱侧面设置 RTD 引出线孔，当油温升至 60℃、推力瓦温升至 85℃、下导瓦温升至 75℃时，分别将发出报警信号，保护机组设备的安全运行，见图 1。

由图 1 可见，设计推镜板泵油循环系统工作原理为：在机组停机状态时，油箱静止油位在下导瓦高度中心线以上 30mm，推力轴承镜板等设备全部浸泡在油中；当机组开始启动后，充满于镜板泵孔中的油在离心力的作用下产生压力差，压力差大小随着机组转速的升高而增大，并在额定转速下形成稳定的压力差。在离心力的作用下，油箱中的油从镜板泵入口区域甩至集油槽内开始建压，当所建压力超过整个循环系统管路阻力时，热油开始循环流动，经油冷却器进行冷却后注入推力瓦间内侧返回到油箱内，完成油箱内的热交换。同时在镜板泵入口区域形成低压区，油在大气压力作用下从油箱内侧不断流入镜板泵孔。整个循环系

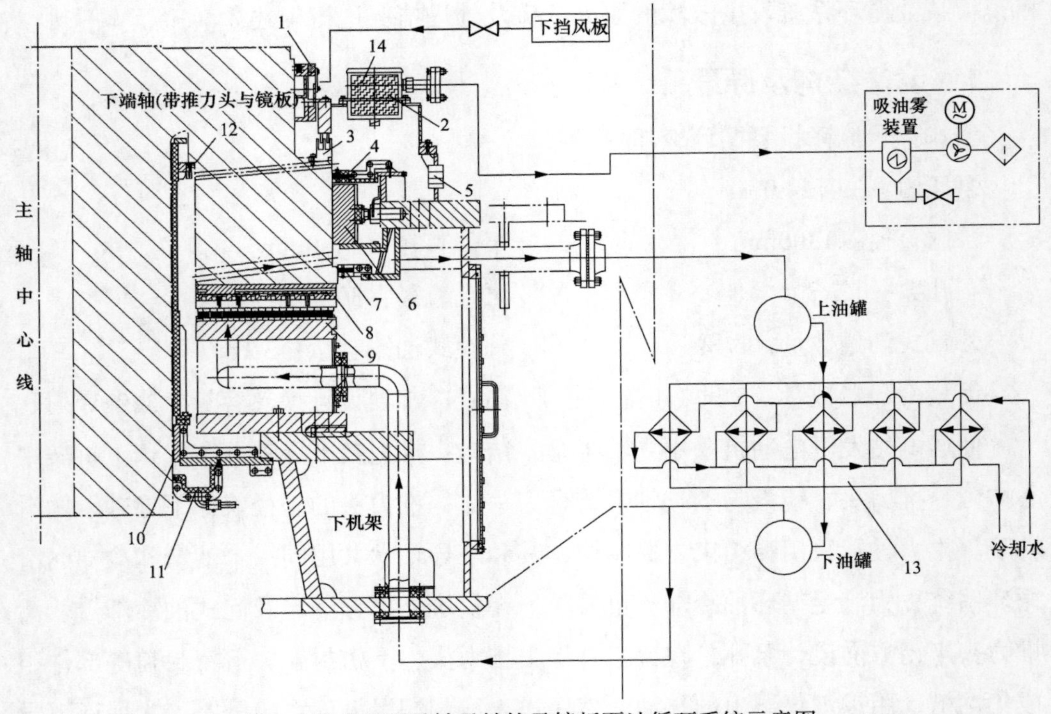

图 1　推力及下导轴承结构及镜板泵油循环系统示意图

1—油箱油挡；2—油箱盖；3—梳齿环；4—集油槽上密封盖；5—RTD 引出线孔；6—下导瓦；7—集油槽下密封盖；8—推力轴承瓦；9—推力轴承基础环；10—挡油管；11—集油盒；12—挡油环；13—筒式油冷却器；14—吸排油雾机

统路径为：镜板泵入口→镜板泵孔→镜板泵出口→集油槽→出油管路→油冷却器→回油管路→推力瓦间→油箱→镜板泵入口。

2　故障原因分析及处理

仙居电站在机组调试、运行过程中，发电电动机镜板泵油循环系统先后发生过建压失败、集油槽上密封盖螺栓断裂、油箱严重甩漏油及油雾等问题。

2.1　镜板泵油循环系统建压失败

仙居电站在 1 号机组首次启动调试过程中，当机组升速从 0%～100% 过程中，监控显示镜板泵油循环系统一直压力为 0bar，并且油箱油温、推力瓦温、下导瓦温上升速度较快。现场检查循环系统出油管热油温度 45.2℃，回油管路冷油温度 14.4℃，两者之间温差 30.8℃，存在循环系统出油流量过小，甚至没有出油流量的可能。查看工厂轴承试验报告为在升速至 20% 左右循环系统开始建压，升速至 40% 时循环系统压力超过 1bar，升速至 90% 时循环系统压力至

0.3～0.4bar，试验结果满足设计要求。显然现场实际运行情况与工厂试验结果相差较大。

在现场逐一排除油箱油位过低吸空、管路堵塞等原因后，油循环系统仍然不能建压，无法在继续开展调试工作。为进一步查明原因，拆除油箱盖、上密封盖等部件检查，发现镜板泵集油槽上密封盖存在上翘、密封块磨损严重等情况，且推力头外边沿出现“发热烧黑”现象，同时在油箱内发现大量的棉絮状非金属状物质，其通过理化分析为密封块的磨损物，如图 2、图 3 所示。

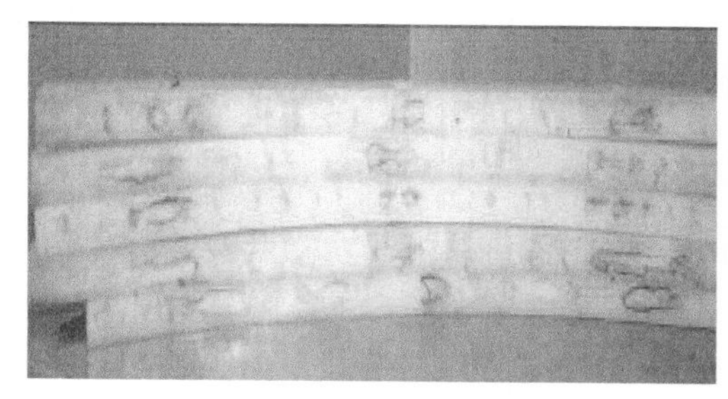

图 2　严重摩擦的上密封盖密封块

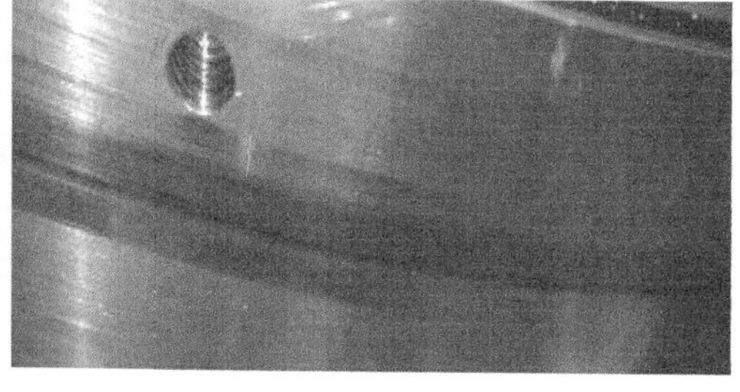

图 3　推力头外边沿出现“发热烧黑”现象

分析认为，集油槽上密封盖密封块（材质为白色聚四氟乙烯）的磨损应是其接触式随动密封的弹簧压紧力及前进压缩量过大所引起。在机组启动运行过程时，由于密封块与推力头之间形成密封面接触、压力大而产生大量摩擦热，致使密封块热膨胀产生较大的间隙，导致集油槽泄压始终无法建压。

根据上述分析，仙居电站采取如下处理措施：

（1）更换刚度较小的接触式随动密封块的弹簧，以减少弹簧压紧力。

（2）采用工厂试验时用的铝青铜作为基体，表面镶嵌更加耐磨的密封块（材质为黑色石墨碳精），同时在密封块上设置沟槽减少接触面并有助于润滑，如图 4 所示。

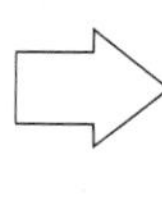

图 4　更换前后的密封块结构

在更换新的集油槽上密封盖密封块及其随动弹簧后，首台机组重新开始调试工作，在启动机组 20～30min 后镜板泵油循环系统初次建压成功，压力至 0.2bar 左右后运行正常，但存在建压时间过长、压力不稳定的问题。

2.2 镜板泵上密封盖紧固螺栓断裂

1 号机组在投产后不久，在一次并网发电稳定运行过程中，监控显示油箱油温、瓦温、振动等运行参数值在短时间内持续快速上升的情况，现场检查发现布置在机坑外的吸油雾装置出现大量渗漏油的情况，机组被迫紧急停机。

停机后检查发现渗漏油来自吸油雾装置底部的积油盆满后溢出，同时在吸油雾管中还有油在持续不断流出。进一步拆开油箱密封盖、上密封盖等部件检查，发现镜板泵集油槽上密封盖 48 颗紧固螺栓中的 23 颗出现断裂，断裂位置大多出现在安装面受力集中的部位，其余紧固螺栓均出现不同程度的扭曲变形、松动的情况，如图 5 所示。

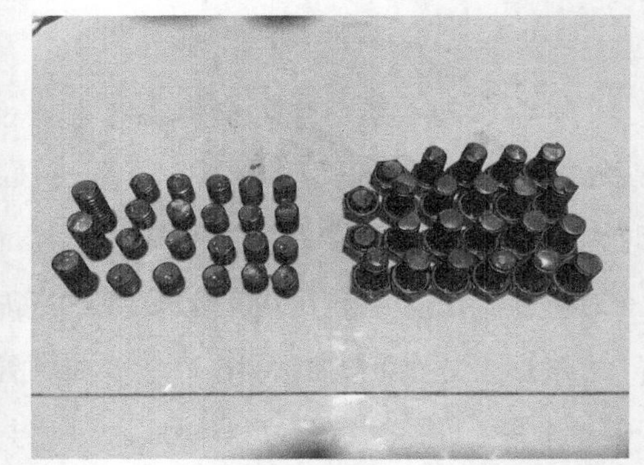

图 5　集油槽上密封盖紧固螺栓孔及断裂螺栓

根据厂家集油槽上密封盖设计计算报告，针对 M12 紧固螺栓是按照静载荷下进行强度计算，结果为在静载荷下最大应力 382.9MPa，低于其屈服强度 640MPa，是符合原设计要求的。为进一步深入分析紧固螺栓断裂的原因，厂家对上密封盖重新建模并补充了 M12 紧固螺栓在动载荷（2 倍泵孔通过频率 150Hz 油压脉动）下的强度计算。结果为集油槽上密封盖在油压作用下，上翘最大变形量达 1mm；在油压波动状态下，紧固螺栓寿命仅为 121h，极易出现疲劳断裂。分析认为，紧固螺栓断裂原因为在机组运行时上密封盖受到集油槽油压向上的作用力产生上翘形变，并以紧固螺栓为支点形成杠杆作用，将其产生的附加剪切力传递给紧固螺栓。在机组停机后，上密封盖上翘形变恢复，传递给紧固螺栓的附加剪切力消失。在机组长时间开停操作后，紧固螺栓经反复受力产生疲劳损伤，最终断裂失效，造成集油槽大量泄漏后被吸排油雾装置抽出，如图 6、图 7 所示。

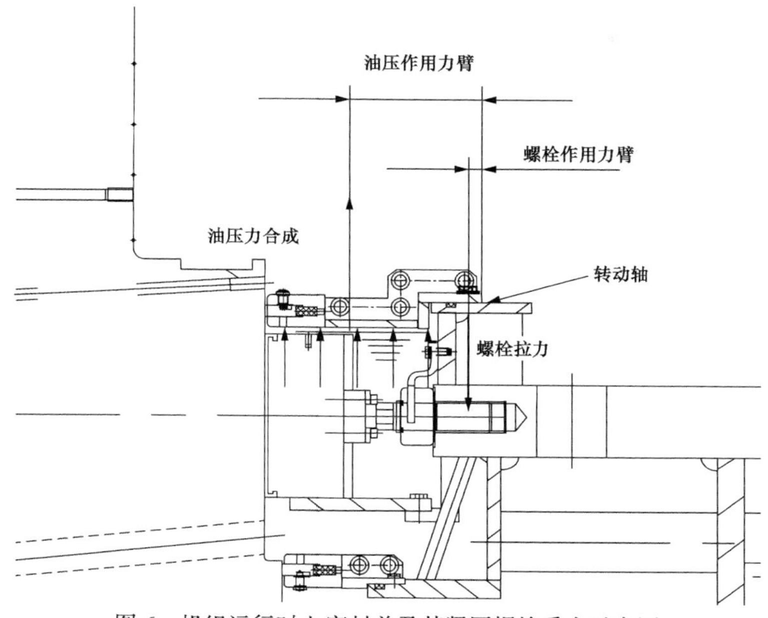

图 6　机组运行时上密封盖及其紧固螺栓受力示意图

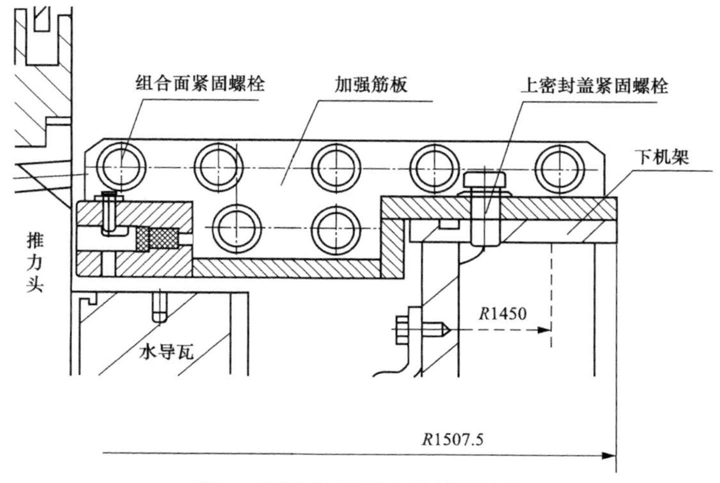

图 7　新的集油槽上密封盖结构

根据现场分析及计算结果，只有减小紧固螺栓的受力才能增大其强度，避免产生疲劳断裂。为此，厂家重新设计新集油槽上密封盖，并采取如下优化措施：

（1）在保留原有的 48 颗 M12 紧固螺栓的基础上增加 96 颗 M16 的固定螺栓，使紧固螺栓的平均受力减小到原来的 28%。

（2）将新集油槽上密封盖外径由 $R1450$ 增加至 $R1507.5$，以加大紧固螺栓的作用力臂，减小在机组运行时产生的附加剪切力。

（3）将上密封盖加强筋板加长加高，以增加其刚强度。

（4）将上密封盖组合面紧固螺栓由 4 颗 M12 更换成 7 颗 M16，以增强其整体刚强度。

（5）在上密封盖组合面间增加橡胶垫作为缓冲，可有效降低其整体上翘形变。

在采取上述优化措施处理后，机组在经过长时间运行后没有在发生过上密封盖紧固螺栓断裂的情况。

2.3 镜板泵集油槽改造处理

仙居电站自首台机启动调试以来，油箱一直存在严重的甩油、漏油及油雾的问题，在风洞内部地面、下机架盖板等区域上及设备上有大量积油，并洒漏至水车室，导致控制环、拐臂、连杆等设备表面存在严重的环境及安全隐患，需要及时进行清理。同时，机组启动后镜板泵油循环系统建压长达 20～30min，且压力不稳定及下导瓦温变化趋势异常的情况一直存在，没有得到彻底有效解决。

经过长期对推力及下导轴承设备跟踪检查发现，其甩油、漏油点主要集中分布在油箱密封盖接触式随动密封及其组合面、RTD 引线格兰头密封、挡油管等位置。据统计，在机组运行高峰期每隔 20 天需要进行一次大约 50L 的补油操作，每周需要对水车室进行一次清油工作。为进一步查明原因，在现场通过油箱观察窗使用内窥镜对油箱内部进行观察，发现机组在升速 70% 以上镜板泵油循环系统开始逐渐建压，同时在集油槽上密封盖接触式随动密封部分位置处开始出现可见向外喷射的情况，并随机组转速升高向外喷射压力增大、数量增多，喷射距离可直至观察窗及油箱密封盖内壁。另外现场测试，在机组高速运行情况下，油箱内压力较转子下部风区压力高，即在转子下部形成负压区。

根据现场检查及测试结果，分析认为导致油箱甩漏油的主要原因为：

（1）仙居电站机组为半伞式结构，发电电动机推力及下导轴承设备共用一个油箱，其中下导瓦被包裹在集油槽内。在停机状态油箱静止油位处在下导瓦高度中心线以上 30mm，集油槽上部是存在空气的，因此，在机组启动镜板泵开始运行过程中，只有先将集油槽上部空气排出，油充满集油槽后才会开始建立稳定的压力。即在镜板泵运行 20～30min 后，集油槽上部全部空气是通过上密封盖接触式随动密封处被挤压排出，集油槽内建立 2.0～4.0bar 的压力值，循环系统开始稳定运行。

（2）由于油箱上部油挡位置处于机组发电电动机通风冷却系统的路径上，在机组高速运行时该位置处于负压区，进一步增强油雾混合物的抽出力量，被抽出的油雾混合物进入通风冷却流道，在风洞内的定子、转子、空冷器、地面等位置冷凝后形成积油。

（3）选择的 RTD 引出线格兰头密封结构不合适，该结构安装后在引出线与格兰头密封之间始终存在微小间隙，压力油及油雾会沿引出线“爬升”出油箱，形成漏油。

（4）油箱密封盖组合缝之间的橡皮密封长时间使用后失效，导致组合缝出现漏油，如图 8 所示。

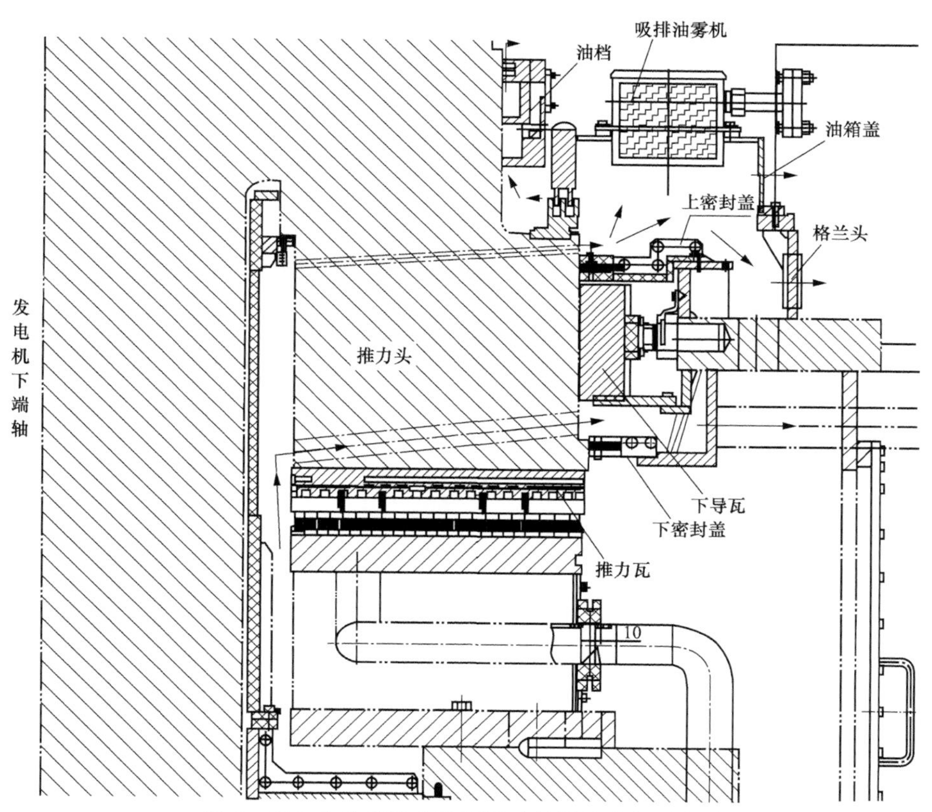

图 8　发电电动机推力及下导油箱漏油路径示意图

根据上述原因分析，如何从根本上解决集油槽上空腔排气充油是技术关键。为此，厂家重新设计上密封盖、下密封盖、L 型板等，具体处理措施如下：

（1）集油槽上密封盖下移将下导瓦从集油槽中分隔开设置，是在大大减少集油槽容量使其更容易建压，同时又将集油槽浸泡的油中从而避免集油槽上空腔、空气的存在，并且从集油槽上密封盖处排、逸出的少量油以不会直接喷射至油箱内壁，避免产生大量的油雾。

（2）将上密封盖移到下导瓦以下部位后，在原上密封盖位置增设环氧稳流板，有助油箱运行油位的稳定，减小波动。

（3）从油循环系统回油总管上对称分接出两根油管直接至下导瓦背面位置供冷却用，并在环氧稳流板下面的下机架位置周边上钻 96 个回油孔，作为下导瓦冷却油返回油箱的通道。

（4）取消油箱油挡引至下挡风板的 2 根补气管，增设引致水车室顶部的 3 根均气管，将推力头上的 4 个均压孔封堵 2 个，同时在油箱盖上增加 2 只吸排油雾机至数量达到 4 只，以改善油雾的密封及排出功能。

（5）在吸油雾装置进油雾管最低位置增加排油管，定期（每月）打开排出积油，保持管路通畅。

（6）将其中一只筒式冷却器的进油管位置由上油罐中部改至顶部，并在上、下油罐顶部两端共增设 4 只自动排气阀，以进一步排出循环系统中空气。

（7）将 RTD 引线格兰头密封结构改造为航空插头结构的双层密封，并通过工厂预制，现场整体焊接于油槽壁上，完全保证密封的可靠性。

（8）改进油箱盖安装工艺控制，在组合缝安装时增加涂抹面密封胶，以增加组合缝密封效果，如图 9 所示。

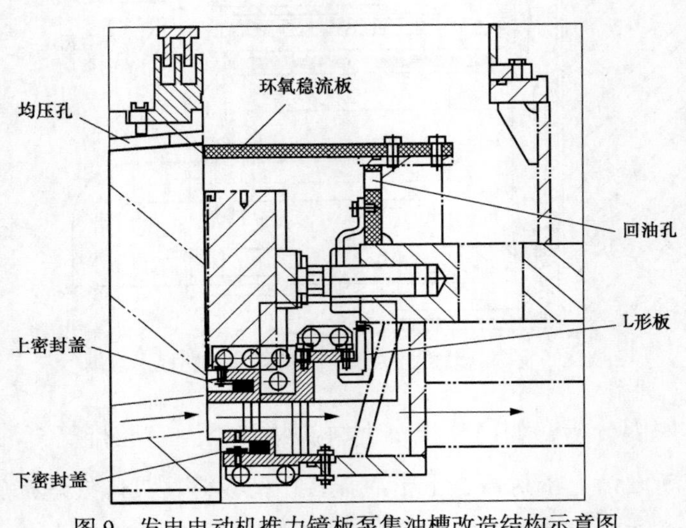

图 9　发电电动机推力镜板泵集油槽改造结构示意图

通过上述改造处理，机组启动后镜板泵油循环系统建压过程基本上与机组转速同步，3～5min达到压力稳定，下导瓦温变化趋势正常；同时，甩油、漏油的问题得到彻底解决，非检修期间没有在发生过补油的情况，目前仍存在少量的油雾，但总体达到预期的效果。

3 结束语

（1）国内厂家在大容量、高转速的抽水蓄能机组上首次使用镜板泵技术，没有成熟的使用经验，后续电站在采用该技术设计时，建议厂家务必梳理清楚原厂家设计思路并进行充分论证后方可实施；对于实施方案要求厂家进行专门的计算、分析、论证等工作，同时开展1：1真机模型试验，并保证一定的试验时间验证其设计效果，以便尽早发现、解决问题。

（2）厂家在针对导轴承及油箱进行防甩油、漏油、油雾等专题的设计、计算时，应综合分析考虑机组运行时风压、油压等影响因素，同时对动密封（含接触式随动密封等）的结构设计，应考虑其使用条件、应用范围等。

（3）对于RTD引出线等静密封的结构设计，宜采用航空插头结构的双层密封，并且出线孔应布置在油箱盖顶部，能有效防止漏油。同时设备组合缝应设计采用密封胶进行平面密封（或“O”型密封），避免使用平面橡皮密封。

参考文献

[1] 杨仕福，张全胜，郑小康，等. 仙居抽水蓄能电站镜板泵外循环及密封故障处理［J］. 水电与抽水技术，2016，2（6）：25-30.

[2] 赵宏图，张雷，赵志文. 仙居抽水蓄能电站轴承油雾问题的分析与处理［J］. 抽水蓄能电站工程建设文集2018，2018.

作者简介

赵志文（1972—），男，高级工程师，主要从事抽水蓄能电站的建设、运行、维护及检修管理工作。E-mail：zzw721228@126.com

程　晨（1996—），男，工程师，主要从事抽水蓄能电站的运行、维护及检修管理工作。E-mail：1810779373@qq.com

小断面 TBM 施工组合出渣方式研究及应用

晏　凯，张永平

（安徽桐城抽水蓄能有限公司，安徽省桐城市　231400）

摘要　TBM 出渣与掘进之间即密切联系而又相互制约，如何对长距离、小断面 TBM 出渣设备进行选型与配置，是影响 TBM 施工效率的重要因素。安徽桐城抽水蓄能电站 TBM 出渣设备采用梭矿车 + 连续皮带机 + 自卸汽车出渣，有效解决了 TBM 在长距离、小转弯半径隧洞内出渣受限的问题。

关键词　TBM；出渣设备；连续皮带机；梭矿车

0　引言

全断面隧道掘进（Tunnel Boring Machine，TBM）是一种快速、高效、安全、机械化程度高的施工方法，主要应用于地铁、水电、交通、矿山、市政等隧洞工程中。

TBM 掘进出渣技术主要包括有轨运输、无轨运输、连续皮带机运输等，常用的有轨运输与无轨运输存在成本高、效率低、安全隐患突出、所需人力物力多、受运输坡度限制、运输时间长、工序耽误情况多、设备维保频繁等弊端，且所需作业空间大，如遇受限作业空间的隧洞便不能满足出渣要求；连续皮带机出渣也相应存在弊端，例如隧道转弯半径较小时，连续皮带延伸较困难、皮带跑偏频繁。本文以安徽桐城抽水蓄能电站自流排水洞与排水廊道工程为例，对长距离、小转弯半径隧洞 TBM 出渣系统进行研究与应用。

1 工程概况

安徽桐城抽水蓄能电站装机容量 4×320MW，额定发电水头 355m。主要枢纽建筑物包括上水库、下水库、输水系统、地下厂房系统和地面开关站等，为一等大（1）型水电工程。

自流排水洞开挖断面采用 ϕ3.53m 圆形断面，长 6120.7m，TBM 掘进机在桩号 ZLD0＋100 处始发掘进，在桩号 ZLD6＋120.7 接厂房下层排水廊道处底板高程 71.5m，平均纵坡 2.2‰，之后继续掘进厂房排水廊道工程。排水廊道分为三层，上层排水廊道整体呈“曰”字型布置，与通风兼安全洞、主变压器排风洞连通；中层排水廊道整体呈“口”字型布置，与进厂交通洞、主变压器进风洞和尾闸运输洞连通；底层排水廊道整体呈“Π”字型布置，与地下厂房下部 3 号施工支洞、管路廊道连通。螺旋形排水廊道共长 2450.6m。另有一部分廊道与螺旋形 TBM 法施工廊道平面相交。螺旋形排水廊道开挖断面采用 ϕ3.53m 圆形断面，TBM 掘进机在桩号 PS0＋000 处接自流排水洞终点里程继续掘进，隧道坡度为上坡形式，分别为 1‰、2‰、3.2‰、4.5‰、5‰，地质主要以Ⅱ、Ⅲ类围岩为主。排水廊道线路总体示意如图 1 所示。

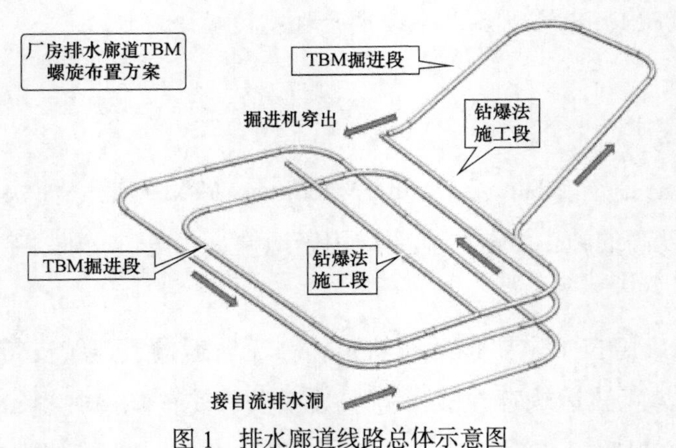

图 1　排水廊道线路总体示意图

2 工程难点

桐城抽水蓄能电站自流排水洞和排水廊道工程采用 TBM 施工，总长 8571.3m，13 处转弯，最大转弯半径 150m，最小转弯半径 30m。

TBM 是集开挖、出渣、支护以及灌浆等多个工序于一身的施工方法，TBM 掘进机与出渣设备之间密切联系而又相互制约，任何一个环节配合不当，都会使整个掘进系统阻塞和混乱，造成生产资料的浪费，导致整个工程成本的提高。可见，隧道出渣设备的选型与配置是否合理，对于提高设备利用效率、圆满地完成施工任务、提高经济效益都具有十分重要的意义。如单独选用连续皮带机出渣，在小转弯半径洞段连续皮带易跑偏，且甩渣严重，增加了连续皮带机的维保工作量，对 TBM 掘进机的连续施工影响较大。如单独选用梭式矿车出渣，对于长距离隧洞易造成 TBM 掘进机后积渣严重，严重影响 TBM 掘进效率。因此，需要有一套合适的出渣系统与 TBM 施工相配套，能够高效地把渣料运出隧道，保证 TBM 隧道施工的连续性。

3　工程应用

结合桐城抽水蓄能电站自流排水洞与排水廊道断面小、距离长、转弯半径小且多的特点，运用组合式出渣系统（梭矿车＋连续皮带机＋自卸汽车）解决 TBM 出渣难题。该出渣系统由两列 $10m^3$ 梭式矿车组合储渣、两列 $10m^3$ 梭式矿车和 25t 电机车组合转渣、长距离连续皮带机输渣、两辆 $9m^3$ 自卸车洞外运渣等系统组成。从隧洞外沿隧道底部布置矿车轨道至 TBM 掘进机 6 号台车后方，用于梭式矿车运输。

储渣梭式矿车通过牵引杆与 TBM 掘进机 6 号台车连接，位于 TBM 掘进机配套皮带下方，主要用于存储 TBM 开挖渣料。

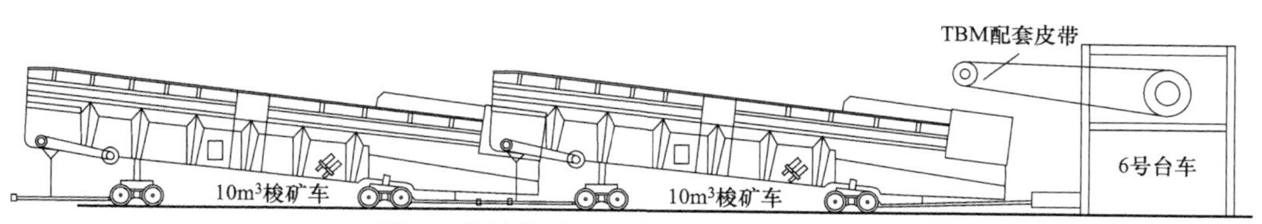

图 2　储渣梭式矿车与 TBM 连接示意图

两列 $10m^3$ 转渣梭式矿车以 25t 电机车为动力，通过轨道将储渣梭式矿车存储的渣料运至转渣平台处，通过转渣平台将 TBM 开挖渣料转至连续皮带机上。

图 3　转渣梭式矿车与电机车组合示意图

连续皮带机从自流排水洞洞口沿隧洞侧壁布置至自流排水洞桩号 ZLD5＋750

处，在该处设置一转渣平台用于转渣梭矿车转运 TBM 开挖渣料。连续皮带机中间架采用 3m 一段的模块化设计，通过膨胀螺栓固定于隧洞侧壁上，其下方依靠支撑三脚架相互连接，连续皮带机上配置槽型托辊用于支撑皮带传输。连续皮带机将转渣平台转运至皮带机上的渣料直接输送至洞口，经两辆 $9m^3$ 自卸车进行转运至弃渣场。

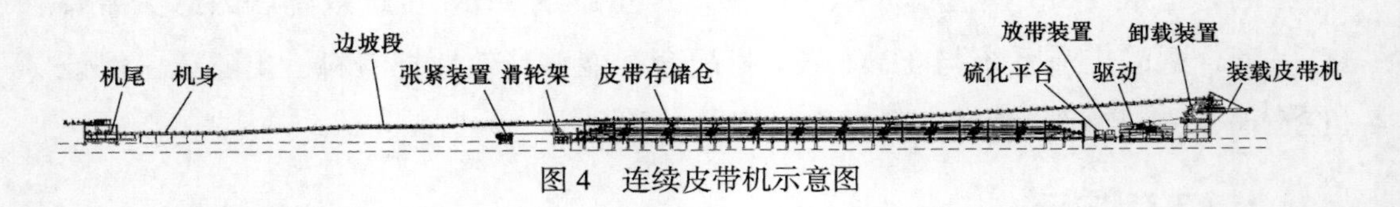

图 4　连续皮带机示意图

通过 25t 电机车牵引两列 $10m^3$ 转渣梭式矿车将储渣梭式矿车内的 TBM 掘进渣料运输至连续皮带机上，再通过连续皮带机将 TBM 掘进渣料输送至洞外，实现 TBM 掘进机在小转弯半径的隧洞内高效掘进，有效解决了 TBM 在长距离、小转弯半径隧洞内出渣受限的问题。

4　结论

（1）以往传统单一的出渣方式，受作业空间、坡度、转弯半径的影响较大，本工程在小转弯半径段增设梭式矿车，满足在小转弯半径洞室运输渣料的需要，保证 TBM 掘进效率，且工艺流程简单，工序衔接效率高，成本相对低。

（2）以往传统的出渣方式，连续皮带机在小曲线段容易跑偏或是根本无法满足连续出渣，且连续皮带在曲线段维保困难，本工程将曲线段的连续皮带出渣改为梭式矿车出渣，有效避免了连续皮带在小转弯段的弊端。

参考文献

[1] 杨银伟. 超长隧洞 TBM 皮带机出渣系统检修技术与费用研究 [J]. 国防交通工程与技术，2023，21（3）：71-75.

[2] 韩强. 长距离输水隧洞单洞双机 TBM 皮带机出渣系统设计 [J]. 陕西水利，2023（1）：151-153.

[3] 唐建国，彭正阳，张祥富，等. 掘进参数对抽水蓄能电站斜井 TBM 刀盘

出渣效率的影响规律［J］. 隧道建设（中英文），2022，42（S2）：29-35.
［4］严振林. 小曲线 TBM 隧道出渣用调车平转桥研究及设计［J］. 铁道建筑技术，2022（8）：76-80.
［5］王文胜. 地铁 TBM 出渣系统研究及应用［J］. 铁道建筑技术，2022（1）：31-33，70.
［6］冉建西，李文新，李鹏. 新疆某输水工程 TBM 连续皮带机出渣速度研究［J］. 水利技术监督，2021（11）：192-195.
［7］王新，刘波波. TBM 隧洞施工长距离出渣问题研究［J］. 陕西水利，2018（6）：202-203，206.
［8］杨银伟. 超长隧洞 TBM 皮带机出渣系统检修技术与费用研究［J］. 国防交通工程与技术，2023，21（3）：71-75.

作者简介

晏　凯（1992—），男，工程师，主要研究方向：水工结构设计、水电工程建设与管理等。E-mail：kai-yan@sgxy.sgcc.com.cn

张永平（1995—）男，助理工程师，主要研究方向：水电工程建设与管理等。E-mail：yongping-zhang@sgxy.sgcc.com.cn

长龙山抽水蓄能电站 2 号机组导叶拒动导致动水关球阀原因分析

许青凤，黄　麦，祁立成，王铮鸿

（华东天荒坪抽水蓄能有限责任公司，浙江省湖州市　313300）

摘要　介绍了长龙山抽水蓄能电站 2 号机组在发电停机过程中，导叶关至 41% 后无法继续关闭，最终导致紧急事故停机，球阀动水关闭。针对该事件，对事故原因逐一分析排查，最终确认故障原因为 2 号机组调速器分段关闭装置分段开关阀 403MDV 内部卡涩，对该阀门进行更换后导叶动作正常。探讨了一起导叶拒动案例，为从事调速器工作的检修人员提供指导与借鉴。

关键词　发电停机；导叶拒动；分段装置卡涩；动水关球阀

0　引言

长龙山抽水蓄能电站安装有 6 台可逆式水泵水轮机组，装机容量 2100MW，额定水头 710m，其中 1～4 号机组额定转速 500r/min，5～6 号机组额定转速 600r/min，两种机型的导叶接力器均为同侧布置，调速器系统均由能事达供货。调速器控制器采用 A/B 套冗余控制，电液转换器采用“伺服电机 + 比例阀”的非对称冗余配置。

1～4 号机组发电停机时导叶关闭规律为“先快后慢”的两段式关闭，该规律的实现由控制系统及执行机构共同完成，执行机构主要由电液转换器、主配压阀、事故配压阀、工况转换阀、分段关闭阀及油压装置等组成。以上任一环节出现故障，均可能导致导叶拒动。

1 故障分析排查

1.1 故障现象

2021 年 12 月 26 日，2 号机组发电停机过程中，停机令触发后，负荷降至 150MW 左右不再下降，导叶开度降至 41.46% 也不再下降，监控出现“2 号机组调速器 A/B 套事故动作”“2 号机组主配拒动动作”“2 号机组导叶侧大故障动作”“2 号机组调速器紧急停机动作”等报警，2 号机组转机械事故停机，90s 后转紧急事故停机，球阀动水关闭。机组转速降至 0 后，导叶仍未关闭。监控报警信息如表 1 所示。

表 1　停机流程监控报警信息表

时间	监控信息条
09:53:29	2 号机组停机令下达成功
09:53:59:807	2 号机组主配拒动动作
09:54:02:917	2 号机组导叶侧大故障（调速器电气柜通信 A 套）动作
09:54:14:431	2 号机组调速器 A/B 套均事故动作
09:54:14:431	2 号机组机械事故停机信号动作
09:54:14:566	2 号机组紧急停机阀投入动作
09:54:14:566	2 号机组失电关闭阀投入动作
09:55:44:570	2 号机组机械事故停机至旋转停机第 1～3 步超时报警动作
09:55:44:705	2 号机组紧急事故停机信号动作
09:55:44:818	2 号机组事故配压阀动作
09:55:45:425	2 号机组关球阀命令（球阀控控柜通信）动作
09:56:45:592	2 号机组流程分 GCB 动作
09:56:53:422	2 号机组球阀全关（球阀控制柜通信）动作

1.2 故障排查

1.2.1 监控或调速器 PLC、电气控制回路故障

由上文的监控报警信息对照图 1 中 2 号机组功率、转速、导叶开度曲线可知，监控流程至停机令下达，导叶动作情况正常。当导叶开度降至 41% 后，导叶不再动作、负荷不再下降，调速器发出相关故障报警，并进行主备用切换，但切换后导叶仍然不动作。随后触发机械事故停机流程，调速器紧急停机电磁阀、失电关闭电磁阀均动作，此后导叶仍不动作，因而触发紧急事故停机，监控发令投入调速器事故配压阀、关闭球阀，直至球阀全关、机组停机，导叶仍未关闭。由上可知，监控和调速器控制系统均正常执行各项指令。

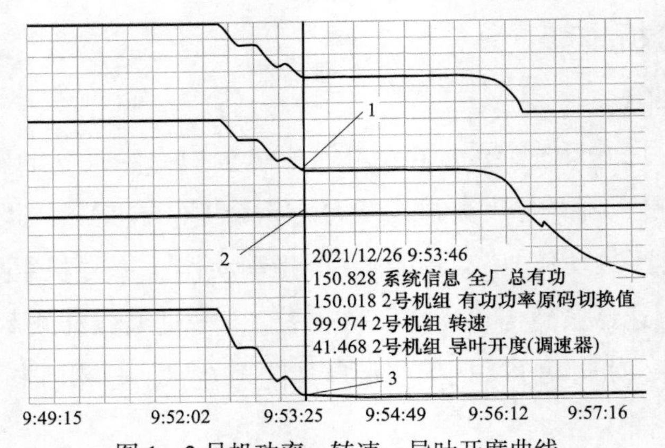

图 1　2 号机功率、转速、导叶开度曲线

1—有功功率为 150MW；2—转速为 99.9r/min；3—导叶开度为 41.46%

由图 2 可知，停机令发出 180s 后导叶开度仍未降至空载开度以下或有功功率仍未降至 -90～20MW 之间，则将触发机械事故停机流程，投入调速器紧急停机电磁阀和失电关闭电磁阀。触发机械事故停机流程后 90s 内，导叶仍未关至空载开度以下或有功功率仍未降至 -90～20MW 之间，则将触发紧急事故停机流程，投入调速器事故配压阀，关闭球阀。

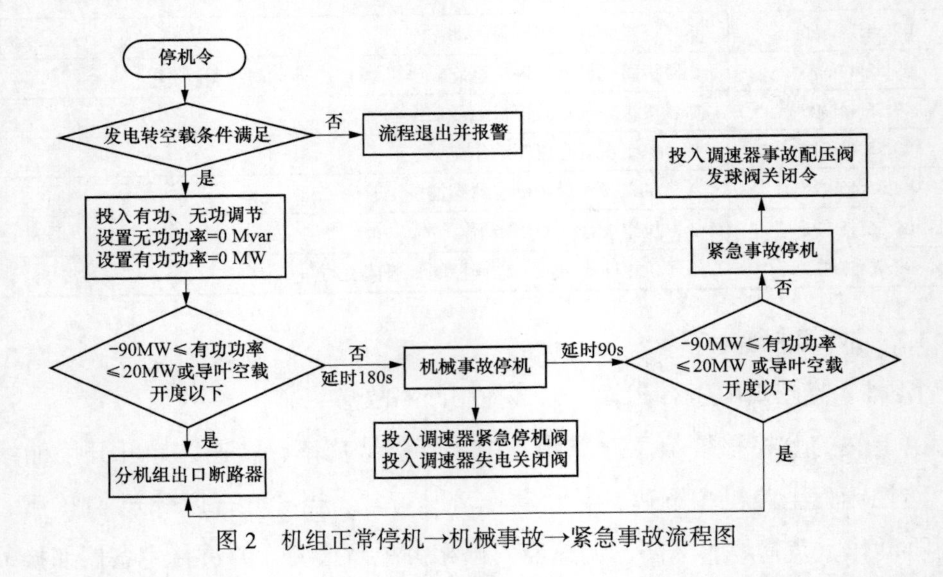

图 2　机组正常停机→机械事故→紧急事故流程图

由上述分析可知，在本次事故中监控和调速器均按正确流程执行未见异常，排除了监控或调速器 PLC、电气控制回路故障的可能性。

1.2.2　调速器主配压阀、事故配压阀同时故障

由上文可知，调速器进行主备用切换后导叶仍然无法关闭，结合概率学基本

可以排除伺服电机或比例伺服阀故障的可能性；又由上文可知，监控收到紧急停机阀、失电关闭阀正确动作的信号，可排除紧急停机阀或失电关闭阀故障的可能性。故将排查重点放在接力器至主配这段回路。

（1）正常停机液压原理图。调速器事故配压阀 402DV 由 4 个插装阀组成，正常停机时，事故配压阀 402DV 不动作，插装阀 2、4 导通。紧急停机电磁阀 301EV、失电关闭电磁阀 302EV 不动作，主配压阀上腔的控制油只能经过紧急停机阀、失电关闭阀、切换阀、伺服电机（或比例伺服阀）排至回油箱，主配以正常速率变成导叶关闭方向油位。接力器开启腔的油经过分段开关阀 403MDV、工况转换阀 403EDV、事故配压阀 402DV 的插装阀 2 送至主配压阀 301DV，再由主配压阀送至回油箱。

（2）机械事故停机液压原理。调速器事故配压阀 402DV 由 4 个插装阀组成，机械事故停机时，事故配压阀 402DV 不动作时，插装阀 2、4 导通。紧急停机电磁阀 301EV、失电关闭电磁阀 302EV 动作，主配压阀上腔的控制油可以直接通过紧急停机阀、失电关闭阀排至回油箱，可实现主配较快速变成导叶关闭方向油位。接力器开启腔的油经过分段开关阀 403MDV、工况转换阀 403EDV、事故配压阀 402DV 的插装阀 2 送至主配压阀 301DV，再由主配压阀送至回油箱；同理，压力油罐的压力油经主配压阀 301DV、事故配压阀 402DV 的插装阀 4 送至接力器关闭腔，如图 3 所示。

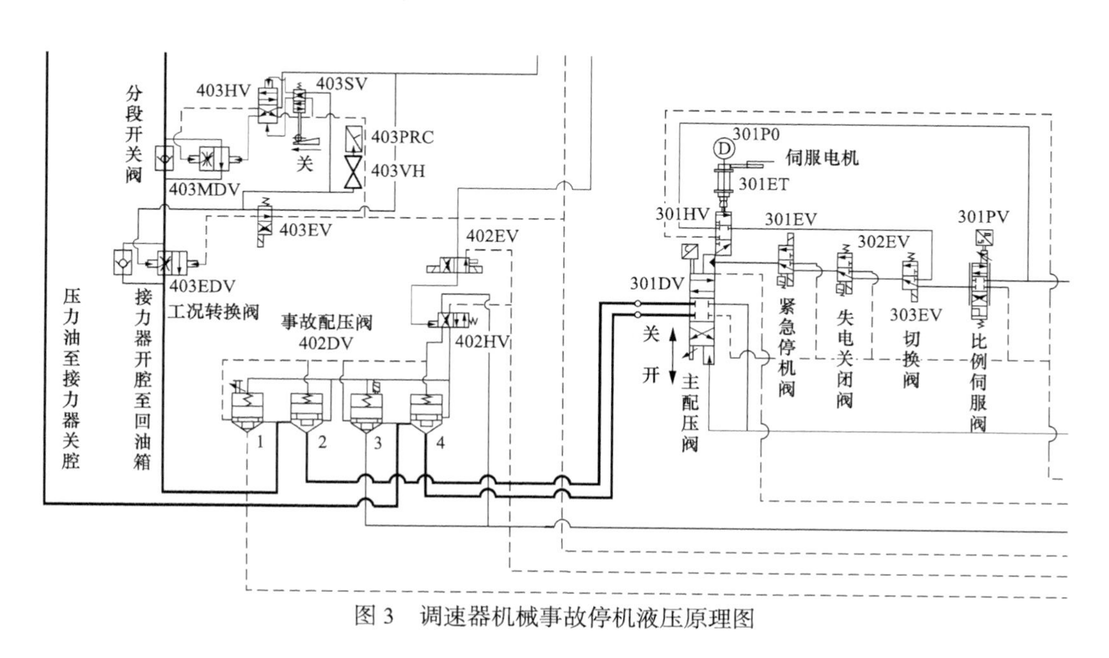

图 3　调速器机械事故停机液压原理图

（3）紧急事故停机液压原理。紧急事故停机时，402DV 动作，插装阀 1、3 导通，接力器开启腔的油经过 403MDV、403EDV、402DV 的插装阀 1 直接接通回油；同理，压力油罐的压力油经 402DV 的插装阀 3 送至接力器关闭腔，如图 4 所示。

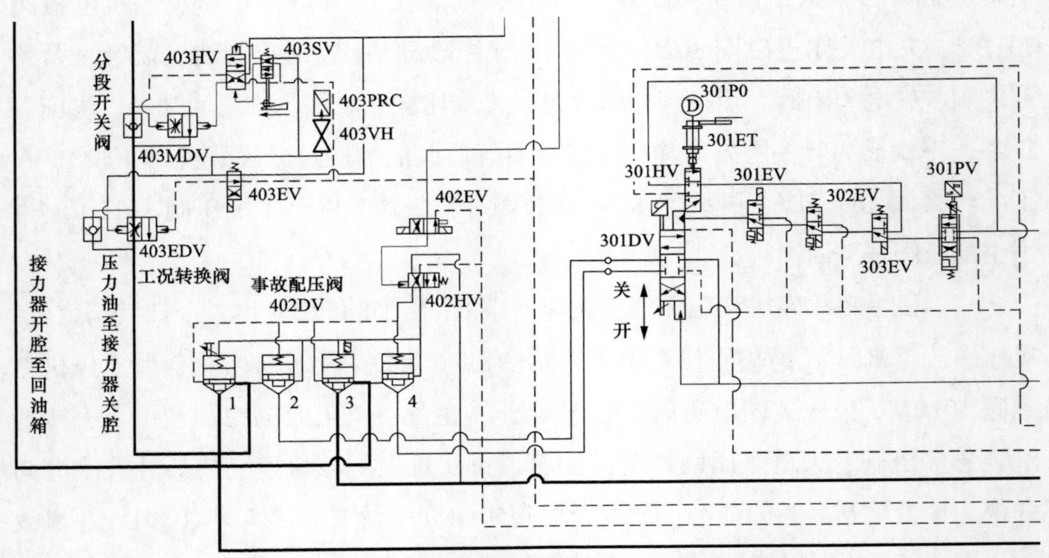

图 4　调速器紧急事故停机液压原理图

综上所述，正常停机和机械事故停机时接力器开启腔排油均经过主配压阀，假设主配压阀故障，那么正常停机流程和机械事故停机流程均将无法关闭导叶；而紧急事故停机时接力器开启腔排油不经过主配压阀，所以导叶应能够关闭。但实际情况是，紧急停机时导叶也无法关闭，所以排除主配压阀故障的可能性。

又因为紧急事故停机时收到了事故配压阀正确动作的反馈信号，所以排除事故配压阀故障的可能性。

综上所述，将故障点确定在了分段关闭装置处。

1.2.3　调速器分段关闭装置堵塞

调速器分段开关阀 403MDV、工况转换阀 403EDV 结构相似。向接力器开启腔供油时，油从两个阀的 D 口流向 C 口，粗调机构（如图 5 左所示）的锥面受到压力，支撑弹簧被压缩，油就可以顺畅通过，相当于一个逆止阀。

接力器开启腔排油时，油从两个阀的 C 口流向 D 口，此时若 A 口带压，粗调杆下移，则粗调机构的锥面有一个较大的间隙，可以使油较快流过（不限速，直通）；若 B 口带压，则粗调杆回缩，粗调机构的锥面间隙变小，则油流变慢（节流）。由此可见，只要调节粗调杆上方调节杆的伸入量，就可调节油流速率，进而调节导叶关闭速率。

此外，该装置还设有一个精调机构（如图 5 右），接力器排油时，部分油沿 C → E → F → D 流动，通过调节锥阀的间隙，可以精细调节油流速率[1]。

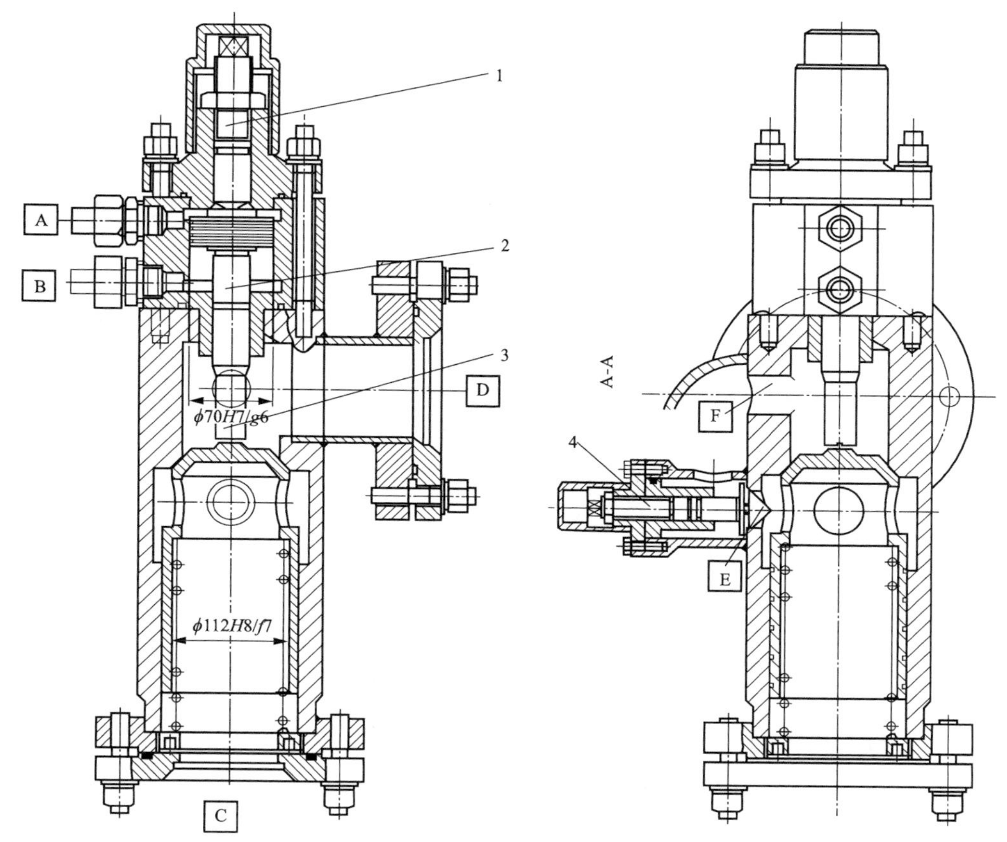

图 5 调速器紧急事故停机液压原理图

1—调节杆；2—粗调杆；3—粗调机构；4—精调机构

403MDV 和 403EDV 两者配合，可以实现三种不同速率，本厂速率如表 2 所示。

表 2　　分段关闭装置配合表

403MDV	403EDV	导叶关闭速率	工况
直通	直通	5%/s	水泵关闭
直通	节流	4%/s	水轮机工况快关段

续表

403MDV	403EDV	导叶关闭速率	工况
节流	节流	1.4%/s	水轮机工况慢关段

注 403MDV、403EDV 均走直通位以及向接力器开启腔供油时，导叶的速率由主配压阀上的限位螺母和事故配压阀上的调整螺母进行整定。

由表 2 可知，403EDV 无论走直通还是节流，油流速度均较快，结合上文分析可知，粗调杆上方的调节杆伸入量较大，403EDV 的 B 口带压，粗调杆回缩后，粗调机构锥面仍有较大间隙，因此，被异物堵塞的可能性较小。

当 403EDV 保持节流位，403MDV 从直通位切至节流位，油流速度变化较大，由此推断 403MDV 在 B 口带压，粗调杆回缩后，锥面间隙很小，油主要靠精调机构沿 C → E → F → D 路线排走。若 E 口堵塞，则导叶的确存在无法关闭的可能。于是，运维人员通过现场试验对分段关闭装置进行了检查：

（1）球阀全关，机组停机后，手动励磁 2 号机组调速器分段关闭装置工况转换电磁阀 403EV（走交叉位）由图 4 可知此时 403MDV、403EDV 此时均走直通位，导叶关闭，由此可知分段装置连接管路无堵塞。

（2）手动开启导叶至 50%，将 403EV 复位（走平行位），手动关闭导叶，导叶无法关闭。

（3）转动 403MDV 的精调机构调节螺母，使 E 口处间隙变大。

（4）手动关闭导叶，导叶能正常关闭，由此验证了 403MDV 的 E 口堵塞使导叶无法关闭的推断。

（5）对已经调整好分段时间的备品进行检查，发现粗调杆上移后（慢关段）粗调机构锥面没有缝隙，排油仅靠 C → E → F → D 一条回路。

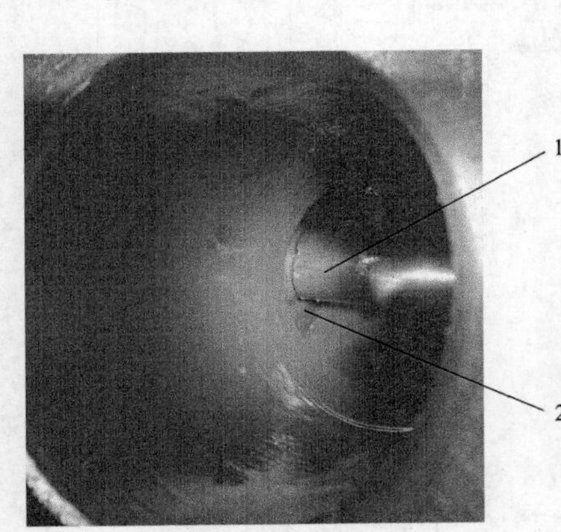

图 6 粗调机构锥面

1—粗调杆；2—粗调机构锥面

1.3 处理过程

（1）拆除 2 号机组调速器分段关闭装置分段开关阀 403MDV，用已经调整好开关时间且正常动作的备品对其进行了更换。

（2）更换后进行了导叶开关试验，动作紧急停机电磁阀关导叶、动作事故配压阀关导叶试验，导叶开关速率均正常。

（3）检查球阀本体螺栓、接力器螺栓、拐臂螺栓、伸缩节螺栓、旁通管螺栓，均无松动，所有油、水管路均无渗油渗水现象。

（4）检查球阀动水关闭时引水压力钢管压力上升至 8.3MPa，尾水管进口压力上升至 1.08MPa，球阀位移 1.3mm，球阀关闭时间为 56s，均在正常范围内。

（5）进行发电空载试验，试验正常。

2 暴露问题

（1）故障发生后，现场排查发现回油箱内存在较多杂质，说明设备安装时验收工作不到位，设备投运前对管路冲洗不彻底，导致机组运行时异物进入阀门本体造成卡涩，造成事故扩大。

（2）调速器液压控制回路中，对分段关闭装置的设计存在缺陷，慢关段节流时仅靠精调机构的锥阀控制排油，且没有进行冗余配置，对设备可靠性无保障，一旦出现任何故障就会导致导叶无法关闭，甚至扩大至动水关球阀，对其他设备健康状态产生较大压力。

（3）暴露出事故配压阀回路设计缺陷。事故配压阀应满足动作时能直接操作接力器，紧急关闭导水机构，对机组实现安全可靠的保护。但该电站液压回路中，接力器开启腔油管并没有直接接至事故配压阀，而是通过了导叶分段装置。因此，当分段装置内部出现堵塞后，无论是正常停机还是事故紧急停机，都无法实现关闭导叶，事故配压阀失去其基本功能。

3 相关经验及建议

（1）提高设备安装的验收标准，在重要控制回路、容器的验收环节中设三级验收，明确其验收标准，应将人为因素导致设备异常的几率控制为零。

（2）定期进行油化验，避免由于油质问题造成阀门卡涩的风险。

（3）联系设备厂家对此阀进行设计优化，应保证设备控制回路有两路冗余，增强设备运行的可靠性与安全性。

（4）结合机组大修对调速器液压回路进行改造，目前事故停机的回路存在严重缺陷。事故配压阀应直接连接至导水机构接力器，其油路上不应该有其他机构，对设备正常功能将造成影响。

参考文献

［1］ 程远楚，张江滨，等．水轮机自动调节［M］．北京：中国水利水电出版社，2010.